数据库原理与基础

张 晖 郑 斌 林 钦 编著

北京理工大学出版社
BEIJING INSTITUTE OF TECHNOLOGY PRESS

内容简介

本书是一本数据库入门教材。全书分为 11 章，内容包括：数据库简介、关系数据库系统、数据库语言、创建与管理数据库、模式与表的管理、关系代数、查询、数据管理、视图、索引、数据库安全性。本书不仅介绍数据库的来源与历史、基本定义与体系结构、数学概念与理论，还介绍实际操作语法说明、案例与注意事项；既有理论基础，又有实际操作演示，并安排了实验教程。本书中的案例操作演示内容都已在 SQL Server 2019 版本上测试通过。

本书既可作为应用型本科计算机专业及数据相关专业入门学习的教材，又适合数据库和 SQL 语言的初学者阅读。

图书在版编目（CIP）数据

数据库原理与基础/张晖，郑斌，林钦编著． －－北京：北京理工大学出版社，2021.8
ISBN 978 - 7 - 5763 - 0209 - 7

Ⅰ．①数… Ⅱ．①张… ②郑… ③林… Ⅲ．①数据库系统 - 高等学校 - 教材 Ⅳ．①TP311.13

中国版本图书馆 CIP 数据核字（2021）第 166469 号

出版发行/北京理工大学出版社有限责任公司

社　　址/北京市海淀区中关村南大街 5 号

邮　　编/100081

电　　话/（010）68914775（总编室）
　　　　　（010）82562903（教材售后服务热线）
　　　　　（010）68944723（其他图书服务热线）

网　　址/http：//www.bitpress.com.cn

经　　销/全国各地新华书店

印　　刷/北京侨友印刷有限公司

开　　本/787 毫米×1092 毫米　1/16

印　　张/16　　　　　　　　　　　　　　责任编辑/曾　仙

字　　数/373 千字　　　　　　　　　　　　文案编辑/曾　仙

版　　次/2021 年 8 月第 1 版　2021 年 8 月第 1 次印刷　　责任校对/刘亚男

定　　价/48.00 元　　　　　　　　　　　　责任印制/李志强

图书出现印装质量问题，请拨打售后服务热线，本社负责调换

前　　言

随着"工业4.0"与"中国制造2025"的提出，以新技术、新业态、新产业为特点的新经济蓬勃发展。大数据、5G、云计算、人工智能等新技术的涌现，促使数据在新经济发展过程中的作用越来越重要，联系越来越紧密。新时代背景下，工程应用人才的数据素养日显重要，各数据应用领域的研究、探讨与应用往往建立在对数据的获取、存储、处理、分析和利用的基础上。高等工程教育迫切需要建立跨学科工程教育培养模式，以满足新经济对复合型的工科人才的需求。

"数据库原理与基础"课程是高校计算机类专业以及其他学科专业中非常重要的核心专业基础课程，是对大学生进行的数据素养教育的重要组成部分。本书是福建省新工科研究与改革实践项目的配套教材，编者在总结多年教学经验的基础上，尝试以一些不同的角度来理解与解读数据库基础与操作技术，其内容适用于应用型本科计算机专业以及其他学科数据相关专业人员的入门学习使用。

本书分为11章，内容包括：数据库简介、关系数据库系统、数据库语言、创建与管理数据库、模式与表的管理、关系代数、查询、数据管理、视图、索引与数据库安全性。本书的内容不仅涉及数据库的来源与历史、基本定义与体系结构、数学概念与理论，还涉及实际操作语法说明、案例与注意事项；既有理论基础又有实际操作演示。对于数据库的基础知识，本书作了翔实而丰富的介绍。另外，本书的案例操作演示内容都已在 SQL Server 2019 版本上测试通过。

表 0 - 1　课程知识结构

章节内容	配套实验	内容联系
第1章：数据库简介	—	
第2章：关系数据库系统	数据库管理系统的安装	
第3章：数据库语言	—	
第4章：创建与管理数据库	创建与管理数据库	
第5章：模式与表的管理	模式与表的管理	
第6章：关系代数	—	
第7章：查询	查询	
第8章：数据管理	数据管理	
第9章：视图	视图与索引	
第10章：索引		
第11章：数据库安全性	数据安全	

1

本书是福建省 2020 年省级新工科研究与改革实践项目的配套教材，由张晖进行教材总体规划与编制，其中，第 3、10 章由郑斌编写，第 9 章由林钦编写，其他章节及附录部分实验教程由张晖编写。此外，苗海珍完成了教材案例数据库的整理工作，林钦编写了配套习题库，郑斌编排了配套课件，李元甲协助梳理了教学大纲并为本书的编写提供了工程经验，卓琳为本书的编写提出了宝贵的经验与建议。在此，一并表示感谢。

　　受时间和能力所限，书中难免有不足之处，真诚希望各位读者对本书提出宝贵的意见。

CONTENTS 目录

第1章

数据库简介

1. 能用自己的语言或列举实例解释信息、数据、数据素养、数据生命周期等基本数据概念。
2. 能列举实例解释基于文件系统管理数据的方法，总结由此造成的问题。
3. 能用自己的语言解释 DB、DBMS、DBAP、DBS 等基本数据库概念，能说出这四种术语的区别。
4. 能说出数据库产生的原因与历史进程，总结学习数据库课程的目标与大致方向。
5. 能用自己的语言或列举实例解释数据模型（DM）、数据结构、操作与数据完整性的概念。
6. 能识别概念模型与逻辑模型五种模型的异同点，学习使用常用模型解决数据描述问题。
7. 能用自己的或列举实例解释数据模式（schema）的概念。
8. 能用自己的语言解释三级模式结构、二级映射对于数据独立性的意义。
9. 能总结数据库系统的组成结构，明确学习数据库内容的自我定位。
10. 细化本章节知识点，总结各知识点的顺序链。

数据素养指标

1. 了解并熟悉与数据相关的基本概念。
2. 了解结构化、非结构化、半结构化数据，区别其数据特征。
3. 认识到数据具有数据收集、分析、利用、共享、最终消亡等阶段（即生命周期）。
4. 了解各种常用数据文件的格式。
5. 认识到数据对科研、生活等方面具有重要意义。

6. 理解并使用合适的数据模型结构进行数据的描述与组织。

7. 了解数据库管理的相关基本概念，为数据管理打下基础。

8. 了解数据库管理系统的体系结构，为数据管理打下基础。

本章导读

1. 数据库概述：信息、数据、结构化、非结构化与半结构化数据、数据生命周期、数据素养等基本概念。

2. 数据管理技术的发展：人工管理、文件系统、数据库管理等三个阶段。

3. 数据库管理系统的发展：基于文件系统的数据管理、基于层次与网状模型的 DBMS、基于关系模型的 DBMS、ISO SQL 标准、OODBMS 和 ORDBMS 等发展事件。

4. 数据库管理系统的优缺点：优点与缺点说明。

5. 数据模型：两类数据模型（概念模型、逻辑与物理模型）；数据模型的基本要素（数据结构、数据操作、数据的完整性约束条件）；基于对象的数据模型（E–R 模型、OODM 模型）、基于记录的数据模型（层次模型、网状模型、关系模型）。

6. 数据库系统的体系结构：数据库系统模式的基本概念；三级模式结构（外模式、模式、内模式）；模式的映射的概念；数据独立性（逻辑数据独立性、物理数据独立性）。

7. 数据库系统的组成：硬件、软件、人员三个组成部分说明。

1.1　数据库概述

数据库技术产生于 20 世纪 60 年代末—70 年代初，其主要目的是有效地管理和存取大量数据资源。数据库技术是一门研究、管理和应用数据库的软件科学，是现代信息科学与技术的重要组成部分，是计算机数据处理与信息管理系统的核心。经过几十年的发展，信息资源已成为政府机构、工业企业、互联行业、金融银行等行业领域的重要财富和资源。特别是随着大数据、5G、云计算、人工智能等新技术的涌现，数据库技术、知识、技能的重要性得到了进一步体现。数据库系统已成为人们生活中密不可分的一部分。随着信息社会的高速发展，社会对人们的数据素质能力要求也在不断提高。

因此，关于数据库的课程不仅是计算机类专业、信息管理专业的重要课程，也是许多非计算机专业的选修课程。本节将介绍信息与数据的基本概念、数据库产生的原因与发展、数据库的基本结构，这些内容将为学习后续章节打下良好的基础。

1. 信息

"信息"一词在英语、法语、德语、西班牙语中均是"information"，在日语中为"情报"，我国古代用的是"消息"。根据对信息的研究成果，科学的信息概念可以概括如下：

信息是对客观世界中各种事物的运动状态和变化的反映，是客观事物之间相互联系和相互作用的表征，其所表现的是客观事物运动状态和变化的实质内容。

从物理学上来讲，信息与物质是两个不同的概念，信息不是物质，虽然信息的传递需要能量，但是信息本身并不具有能量。信息最显著的特点是不能独立存在，信息的存在必须依托载体。例如：有一张照片，上面显示的是一个可爱的小孩。那么"信息"是照片吗？不是，而是它传递出来的内容：这张照片上有"一个可爱的小孩"。照片是物质，信息通过照片来表现实质内容。

2. 数 据

有一句话是这么说的"数据是爆炸了，信息却很贫乏"，那么数据与信息之间到底有什么关系呢？以照片为例，照片是数据吗？照片所使用的图像符号是"数据"，图像符号表达的内容是"信息"。数据和信息之间是相互联系的。数据是反映客观事物属性的记录，是信息的具体表现形式。数据经过加工处理之后，就成为信息；而信息需要经过数字化转变成数据，才能被存储和传输。

可以对数据做如下定义：描述事物的符号记录称为数据。描述事物的符号既可以是数字，也可以是文字、图形、图像、音频、视频等。数据有多种表现形式，它们都可以经过数字化后存入计算机。

数据的表现形式还不能完全表达其内容（信息），需要经过解释，数据和关于数据的解释是不可分的。例如，"93"是一个数据，其表达的信息既可以是一位同学某门课的成绩，也可以是某个人的体重，还可以是计算机系 2013 级的学生人数。数据的解释是指对数据含义的说明，数据的含义称为数据的语义，数据与其语义是不可分的。

3. 按数据结构角度的数据分类

数据分类：把具有某种共同属性或特征的数据归并在一起，通过其类别的属性或特征来对数据进行区别。数据可以有多种分类方式。例如：按数据的表现形式，可分为文字、图形、图像、音频、视频等；按性质分类，可分为定性（如居民地、河流、道路等反映数据属性的数据）、定量（如长度、面积、体积等反映事物数量特征的数据）、定时（如年、月、日、时、分、秒等反映事物时间特性的数据）、定位（如各种坐标数据等反映事物位置特征的数据）。

在此，特别介绍与数据库关系比较密切的数据分类：结构化数据、非结构化数据与半结构化数据。

（1）结构化数据：又称行数据，是由二维表结构来逻辑表达和实现的数据，严格地遵循数据格式与长度规范，主要通过关系型数据库进行存储和管理。结构化数据的特点是能够用数据或统一的结构加以表示。例如：描述一个名为李良、年龄 19 岁的计算机系学生，可用 {李良 – 姓名（10 个字符长度）、19 – 年龄（数字）}、计算机 – 所属系（15 个字符长度）的方式来组织数据，形成一行即一条记录。

（2）非结构化数据：是指数据结构不规则或不完整，没有预定义的数据模型，不便于用数据库二维逻辑表来表现的数据。非结构化数据的格式多样，标准也是多样性的，而且在技术上非结构化信息比结构化信息更难标准化和理解。例如：所有格式的办公文档、文本、图形、图像、音频和视频数据等。

（3）半结构化数据：是指介于结构化数据（如关系型数据库）和非结构化数据（如声

音、图像文件等）之间的数据。它一般是自描述的，数据的结构和内容混在一起，没有明显的区分。例如，HTML、JSON 与 XML 等格式的数据。以 XML 数据为例：

```
<学生 >
    <姓名 >张朝阳 </姓名 >
    <年龄 >13 </年龄 >
    <朋友 >
        <姓名 >李明山 </姓名 >
        <年龄 >12 </年龄 >
    </朋友 >
</学生 >
```

4. 数据生命周期

任何事物都会有生命周期，数据生命周期是数据从创建到销毁的整个过程。具体可分成以下 6 个阶段：

（1）数据采集：指新的数据产生或现有数据内容发生显著改变或更新的阶段。

（2）数据存储：指非动态数据以任何数字格式进行物理存储的阶段。

（3）数据处理：指组织机构内部针对动态数据进行的一系列活动的组合。

（4）数据传输：指数据在组织机构内部从一个实体通过网络流动到另一个实体的过程。

（5）数据交换：指数据经由组织机构内部与外部组织机构及个人交互过程中提供数据的阶段。

（6）数据销毁：指通过对数据及数据的存储介质以相应的操作手段，使数据彻底丢失且无法恢复的过程。

说明：特定的数据所需经历的生命周期由实际的业务场景所决定，并非所有的数据都会完整地经历这 6 个阶段。

5. 数据素养

数据素养是指具备数据意识和数据敏感性，能够有效且恰当地获取、分析、处理、利用和展现数据，并对数据具有批判性思维的能力，是对统计素养和信息素养的延伸和扩展。它至少包括以下五个方面的维度：对数据的敏感性；对数据的收集能力；对数据的分析、处理能力；利用数据进行决策的能力；对数据的批判性思维。随着我国新经济与新技术的发展，社会对于当代大学生的数据素质要求也在不断提高。高校作为教育的一线阵地，在开展大学生的数据素养教育，进而提高公众的数据素养方面起着重要作用。"数据库"课程的开展是培养大学生数据素养的重要组成部分，对于提高大学生数据意识、数据分析与处理等方面的能力具有重要的作用。

对于数据素养的研究，国外要早于国内，从目前掌握的文献来看，较早明确提出"数据素养"这一概念可以追溯至 2004 年 *Information literacy*，*Statistical literacy*，*Data literacy*（《信息素养、统计素养和数据素养》）。其中，数据密集型科研范式是数据素养兴起的外在驱动力。2009 年，*The Fourth Paradigm：Data-intensive Scientific Discovery*（《第四范式：数据密集型科学发现》）一书出版，标志着数据密集型科研范式的确立。国内最早提及数据素养的论文发表于 2011 年，经过多年研究，国内对于数据素养的研究在理论和实践上都取得了一定的成果。国内关于数据素养的探索由早期的物理学领域，逐渐发展到图书情报与档案管理、教育学、计算机科学、应用经济学等应用工程领域；其对人员培养的关注点，由最初的科研人员素质培养延伸到高校教育对大学生的数据素养教育上。

1.2 数据管理技术的发展

数据库技术是应数据管理任务的需要而产生的。数据管理是指对数据进行分类、组织、编码、存储、检索和维护，它是数据处理的中心问题。数据处理是指对各种数据进行收集、存储、加工和传播的一系列活动的总和。

在应用需求的推动下，在计算机硬件、软件发展的基础上，数据管理技术经历了基于人工的管理、基于文件系统的管理、基于数据库的管理三个阶段。这三个阶段的比较如表1-1所示。

表1-1 数据管理三个阶段的比较

阶段	基于人工的管理	基于文件系统的管理	基于数据库的管理
应用背景	科学计算	科学计算、数据管理	大规模数据管理
硬件背景	无直接存取的存储设备	磁盘、磁鼓	大容量磁盘、磁盘阵列
软件背景	没有操作系统	有文件系统	有数据库管理系统
处理方式	批处理	联机实时处理、批处理	联机实时处理、分布处理、批处理
数据的管理者	用户（程序员）	文件系统	数据库管理系统
数据面向的对象	应用程序	某一应用	现实世界（一个部门、企业、跨国组织等）
数据的共享程度	无共享，冗余度极大	共享性差，冗余度大	共享性高，冗余度小
数据的独立性	不独立，完全依赖于程序	独立性差	具有高度的物理独立性和一定的逻辑独立性
数据的结构化	无结构	记录内有结构、整体无结构	整体结构化，用数据模型描述
数据控制能力	应用程序自己控制	应用程序自己控制	由数据库管理系统提供数据安全性、完整性、并发控制和恢复能力

1.2.1 基于人工的数据管理

20世纪50年代中期以前，计算机主要用于科学计算。当时在硬件方面，外存只有纸带、卡片、磁带，没有磁盘等直接存取的存储设备；在软件方面，既没有操作系统，也没有管理数据的专门软件；对数据所采用的处理方式是批处理。

在这一阶段，数据管理的特点是数据与程序不具有独立性。数据由程序自行携带，这就导致程序严重依赖数据。一旦数据类型、格式，或者数据量、存取方法、输入/输出方式等发生变化，程序就要做出相应修改。同时，因为没有统一的数据管理软件，数据的存储结构、存取方式、输入/输出方式等都由应用程序处理，这就给应用程序开发人员增加了很重的负担，并且效率较低。另外，在此阶段还有大量数据冗余。由于数据是面向应用程序的，一个程序所携带的数据在程序运行结束后就连同该程序一起退出计算机系统，其他程序要想共享该程序的数据，就只能重新组织携带。因此，程序之间经常出现大量重复的数据。

在基于人工的数据管理阶段，应用程序和数据集之间是一一对应的关系，如图1-1所示。例如，某单位可能手工创建一份纸质文件，用于记录有关项目、商品、任务、客户和雇员的所有内部和外部对应关系。更典型的情况是可能存在多份这样的文件，分别被贴上标签，保存在一个（或多个）文件柜中，为了安全起见，这些文件柜还可能被锁，或者放在安全的地方。在我们自己家中，也可能保存一些纸质文件，如银行收据、保单、发票、户口簿、身份证等。当需要查找某项内容时，一般会从所保存文件的第一项开始逐项遍历，直到发现所需的文件。当然，我们也可借助索引方法更快地进行定位。例如，我们可根据逻辑相关性，将保存的文件分门别类地放置在对应的文件夹中。

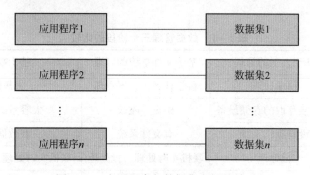

图1-1　应用程序与数据集之间的关系

1.2.2　基于文件系统的数据管理

在介绍基于数据库的数据管理之前，我们还是有必要对它的前身（基于文件系统的数据管理）进行简要回顾。尽管基于文件系统的数据管理已基本不被采用了，但它还是值得研究的。首先，分析基于文件系统的固有问题，可从以前所犯的错误中吸取教训，从而避免在数据库系统中再出现这些问题，学会用更好的方法处理数据；其次，了解如何使用文件系统进行数据管理，对于学习将一个基于文件的系统转换成一个数据库系统会很有帮助。

1. 基于文件系统的数据管理方法

基于文件系统的数据管理是在基于人工的数据管理的基础上发展的计算机数据管理方式。当存储的项目数量较少时，基于人工的数据管理方法尚可以很好地发挥作用。即使项目量较大，若只需要存储和检索它们，基于人工的数据管理方法仍然可以很好地工作。然而，一旦出现交叉引用或者需要在文件中更改信息时，基于人工的数据管理方法就难以为继。例如，一个典型的房产中介机构可能对每处待售或待租的房产、每位可能的购买者和租用者，以及每位员工都有一个独立的数据文件。设想一下回答下面的问题所需付出的工作量：
- 有多少带花园和车库的三居室房产出售？

- 在距离市中心 3 km 以内的地方，有多少房间可以出租？
- 两居室房间的平均租金是多少？
- 员工的年薪总和是多少？
- 上一个月的交易量与这个月计划的交易量相比如何？
- 在下一个财政年度中预计的交易量是多少？

然而，如今客户、高级管理人员和员工需要的信息越来越多，在某些部门，按月、季和年生成报表都是合理的需求。很明显，基于人工的数据管理方法对于这类工作已很不适宜。基于文件系统的数据管理方法正是为了满足工业上能更高效地进行数据访问需要而应运而生的。然而，它仍未能集中存储组织机构的运行数据，而是采用了分散的方法，即每个部门在数据处理（DP）人员的帮助下，存储和控制各自的数据。为了理解其含义，接下来以房产出租的实例进行介绍。

销售部门负责房产的出售和出租业务，接下来以出租业务为例来介绍。当一位客户与销售部门联系，想要在市场上出租其房产，则首先会填写一个类似图 1－2 所示的表格。该表格给出了关于房产的详细信息，如地址、房间数量及房东的详细信息。销售部门还负责答复来自租客的查询，并且为每位租客填写类似图 1－3 的表格。

出租房产情况登记表

[房产编号：]

[房产详细情况]

[房产地址]：___省___市___区____街道____小区__幢___室

[房间面积]：______________ [房间数量]：__________

[房产详情描述]：______________________________

[房产用途]：居住|办公|生产|经营 [月租金]：________

[备注]：______________________________

[房产编号：]

[房东详细情况]

[房东姓名]：______________ [房东电话]：__________

[房东住址]：___省___市___区____街道____小区__幢___室

[备注]：______________________________

图 1－2 出租房产情况登记表

租客情况登记表

[租客编号：]

[房产详细情况]

[租客姓名]：______________ [租客电话]：__________

[租客住址]：___省___市___区____街道____小区__幢___室

[备注]：______________________________

[意向编号：]

[出租意向详细情况]

[意向地址]：______省_____市_____区____街道____小区

[意向房间面积]：__________ [意向房间数量]：________

[求租需求详情描述]：______________________________

[租房用途]：居住|办公|生产|经营 [意向租金范围]：______

[接待员编号]：____________ [接待员姓名]：__________

[接待员电话]：____________ [接待日期]：__________

图 1－3 租客情况登记表

在数据处理部门的帮助下，销售部门创建一个信息系统来处理房产的出租业务。为了简化起见，在此不考虑员工、公司和业主之间的关联信息。销售部门的信息系统需要包括三个文件，分别包含房产、房东与租客的详细信息，如图1-4~图1-6所示。

房产编号	房产地址	房间面积/m²	房产详情	房产用途	月租金	房东编号

图1-4 房产详情表

房东编号	房东姓名	房东住址	房东电话

图1-5 房东详情表

租客编号	租客姓名	租客住址	租客电话	意向租金范围	意向房产

图1-6 租客详情表

合同部门负责处理与房产出租相关的出租协议。当某租客同意租用某处房产时，销售员将填写一份表格，该表格包含客户和房产的详细信息，如图1-7所示。

租约明细情况表

[租客编号：]   [出租房产编号：]

[租客情况]	[出租房产情况]

[租客姓名]：_____ [租客电话]：_____   [房产地址]：___省___市___区____街道____小区__幢__室

[租客住址]：___省___市___区____街道____小区__幢__室   [备注]：_____

[备注]：_____

[租约编号]：_____

[租约详细情况]

[月租金]：_____ [缴交方式]：_____   [开始日期]：_____ [结束日期]：_____

[押金]：_____ [是否已交押金]：_____   [租约期限]：_____

图1-7 租约明细情况表

这个表格将被送到合同部门，由合同部门分配一个租约编号，并且完成支付和租用过程中的详细内容。在数据处理部门的帮助下，合同部门创建一个信息系统来处理租用协议。这个信息系统包括三个文件，分别包含房产、租客和租约的详细信息，与销售部门所含有的数据类似，如图1-8~图1-10所示。

房产编号	房产地址	月租金

图1-8 房产详情表

租客编号	租客姓名	租客住址	租客电话

图 1 – 9　租客详情表

租约编号	月租金	押金	是否已交押金	开始日期	结束日期	租约期限	房产编号	租客编号

图 1 – 10　租约详情表

各个部门通过编写不同的应用程序来访问各自所需的文件，不同部门的应用程序处理自己的数据录入、文件维护和特定报表的产生。更重要的是，数据文件和记录的物理结构和存储是由应用程序定义的。销售部门的文件（图 1 – 4～图 1 – 6）与合同部门的文件（图 1 – 8～图 1 – 10），这两者的处理过程如图 1 – 11 所示。由此可见，在这两个部门间会有大量重复的数据，基于文件的系统通常存在这个问题。

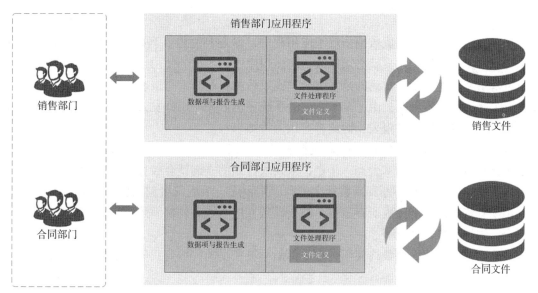

图 1 – 11　销售与合同部门的文件处理过程图

2. 基于文件系统的数据管理问题

在基于文件系统的数据管理中，专门的文件系统把数据组织成相互独立的数据文件，采用"按文件名访问，按记录进行存取"的管理技术。该系统提供对文件进行打开与关闭、对记录读取和写入等存取方式，从而实现记录内的结构性。但是，基于文件系统的数据管理存在以下问题。

1）数据冗余，更新麻烦

由前述的内容可得看出，基于文件系统的数据管理会造成不同部门之间对于数据的处理是各自为政的。每个部门都自己处理程序与文件，数据存在冗余的情况。例如，在销售部门与合同部门之间的 6 个文件中，房产与租客数据就存在大量重复数据。然而，大量无必要的重复数据是不可接受的，原因有以下几方面：

（1）需要花费大量的人力、时间、资金来进行重复数据输入。

（2）冗余数据需要占用存储空间，而存储空间也需要耗费成本。

（3）容易造成数据不一致。当某个部门的重复数据项更新时，其部门对应的数据项也会受影响。例如，租客电话发生变更，如果销售部门对此修订而合同部门没有，就会造成数据不一致，其后果可能是合同部门联系不到租客。

2）文件格式不兼容

由于文件是嵌入应用程序的，因此开发应用程序所用的程序语言不同也会造成文件格式不同，而不同的文件格式存储相同数据项时，其处理方式与存储格式也是不一样的。例如：销售部门文件系统采用 C 语言编写，而合同部门则采用 Java 语言编写；销售部门保存数据时采用的文件格式为纯文本 .txt 文件，而合同部门采用的是逗号分隔值 .csv 文件。当两者需要交换数据时，就需要专门再编写一个软件，将这两个部门的文件转换成公共文件格式才能完成处理过程，而这项工作是需要付出极大代价的。

3）数据独立性差

基于文件的系统会造成数据依赖于应用程序，缺乏独立性。当数据的逻辑结构改变时，应用程序中文件结构的定义就必须修改，应用程序中对数据的使用也要改变。例如：终端用户通过基于文件的系统查看到的是系统处理完成后的查询结果与报表，当用户提出新的需求或者要求修改原有查询时，由于基于文件的系统完全依赖应用开发人员，由应用开发人员编程实现所有要求的查询和报表，因此将产生两种结果：

（1）在一些单位中，数据与查询或报表是紧密绑定的，这就造成无法实现修改的需求或实现修改所需付出的成本太高。于是，未列入计划的查询就会被长期搁置。

（2）另一些单位会不断翻新数据文件和应用程序。最后发展到数据处理部门不堪重负，仅利用现有资源已不能完成所有工作，结果导致程序不能高效地满足用户要求，或者出现文档不全、维护困难等情况。

上述任何一种情况对最终使用者来说都是不可接受的，因此我们需要另一种数据管理的解决方法。

1.2.3 基于数据库的数据管理

上面列出的基于文件系统的数据管理的局限性可以归结为以下两个原因：

（1）数据的定义被嵌入应用程序，而不是分开和独立地存储。

（2）在应用程序规定之外的那些数据，其访问和操作无法得到控制。

为了更高效地访问数据，就需要一种新方法来进行数据管理。数据库和数据库管理系统因此应运而生。其基础概念如下：

1）DB（DataBase，数据库）

数据库：顾名思义，是存放数据的仓库。严格地讲，数据库是"按照数据结构来组织、存储和管理数据的仓库"，是一个长期存储在计算机内的、有组织的、可共享的、统一管理的大量数据的集合。从数据库的概念理解，我们可以得到数据库的三个特性：

（1）永久存储：即定义中"长期存储在计算机内的"的体现。这里表达了两方面的含义。其一是"长期"：永久不是可以永远保存，而是指只要数据没有发生更新，数据就可长时间保存在存储介质中。其二是"存储"：数据存储的介质可以有很多，如纸张、照片等，在此特指适用于计算机处理的存储介质，如磁带、磁盘、光盘等。

（2）有组织：数据在计算机中进行存储时，需要以一定的数据模型为基础进行处理，这样才能保证数据存放得有条理、高效。以超市为例，如果把商品当作数据，那么超市就是数据仓库，所有商品必须按照一定的规则摆放在货架上，这样才能方便用户选取商品。

（3）可共享：前述的基于文件的系统中，我们就注意到数据文件在不同部门之间是各自独立的，部门之间分享数据比较困难。特别是在数据量大的情况下，这个问题尤其显得突出。所以，创建数据库的一个很重要的目标是能实现多用户共享数据。

2）DBMS（DataBase Management System，数据库管理系统）

数据库管理系统：指能够支持用户对数据库进行定义、创建、维护及控制访问的软件系统。数据库管理系统是一个介于用户（或应用程序）与操作系统之间的系统软件。通过数据库管理系统，用户可以科学地组织和存储数据，高效地获取和维护数据。其主要技术特点如下：

（1）采用复杂的数据模型表示数据结构，数据冗余小，易扩充，可实现数据共享。

（2）具有较高的数据和程序独立性。数据库的独立性有物理独立性和逻辑独立性。

（3）数据库管理系统为用户提供了方便的用户接口。

（4）数据库管理系统提供4方面的数据控制功能，分别是并发控制、恢复、完整性和安全性。数据库中各个应用程序所使用的数据由数据库管理系统统一规定，按照一定的数据模型组织和建立，由系统统一管理和集中控制。

（5）增加了系统的灵活性。

3）DBAP（DataBase Application Program，数据库应用程序）

数据库应用程序：指通过向数据库管理系统提出合适的请求（通常是一个SQL语句）来与数据库进行交互的计算机程序。用户通过若干应用程序与数据库交流，这些应用程序负责创建、维护数据库和产生信息。应用程序既可以是一般批处理方式的应用，也可以是在线应用。

如图1-12所示，数据库应用程序表示销售部门和合同部门使用各自的应用程序，通过数据库管理系统访问同一个数据库。各应用程序处理该部门自己的数据录入和特定报表的生成。与基于文件系统的数据管理相比，采用数据库管理的方式由数据库管理系统实现对数据的物理结构和存储控制。

4）DBS（DataBase System，数据库系统）

数据库系统：由数据库、数据库管理系统、应用程序（及其应用开发工具）和各类人员（其中主要是DBA（DataBase Administrator，数据库管理员））组成的存储、管理、处理和维护数据的系统。数据库的建立、使用和维护等工作只靠一个数据库管理系统是远远不够的，还需要专门的人员来完成，这些人员统称为数据库管理员。数据库系统的组成如图1-13所示。

在一般不引起混淆的情况下，人们常常把数据库系统简称为数据库。

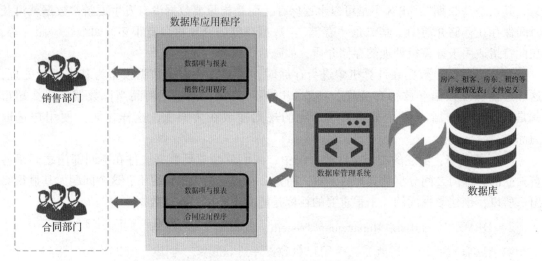

图 1－12　数据库处理过程示意图

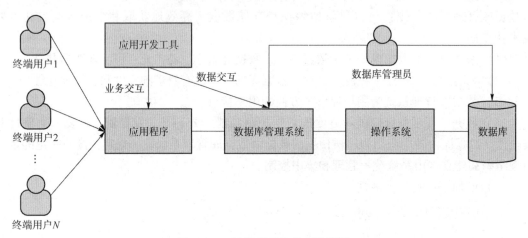

图 1－13　数据库系统组成示意图

1.3　数据库管理系统的发展

　　如前所述，数据库管理系统（DBMS）的前身是基于文件系统的数据管理方法。然而，历史上数据管理各阶段的开始与结束并不存在严格的分界线。事实上，在特定的领域中，基于文件系统的数据管理方法至今仍在使用。有人提出，DBMS 是在 20 世纪 60 年代的阿波罗登月计划中出现的。结果，该计划的主要承担者——NAA（North American Airlines，美国北美航空公司）开发了著名的软件 GUAM（Generalized Update Access Method，通用的更新访问方法）。它基于这样一个概念：多个较小构件组成较大构件，直到组装成最终的产品。这符合倒置树的结构，也称为层次结构（具体概念可参见 1.5.4 节的内容）。在 20 世纪 60 年代中期，IBM（International Business Machines Corporation，国际商业机器公司）加入 NAA，在 GUMA 的基础上于 1969 年发布了 IMS（Information Management System，信息管理系统），这是一种适合主机层次的层次结构数据库。从 IMS 的产生到 IMSV6，都在一直提供着数据群集、数据共享、消息列队等特性支持。这个具有 50 多年历史的数据库，在商务智能以及网络应用连接上都在扮演全新的角色。

在 20 世纪 60 年代中期，另一项重要成就来自 GE（General Electric Company，美国通用电气公司）的 IDS（Integrated Data Store，综合数据存储器）。这项工作是由最早的数据库系统的倡导者——查尔斯·巴赫曼（Charles Bachmann）领导。这导致了一个新型的、称为网状结构（具体概念可参见 1.5.4 节的内容）的数据库管理系统的出现。

为了帮助建立数据库的标准，包含了美国政府和工商界代表的 CODASYL（Conference on Data Systems Languages，数据系统语言会议）于 1965 年成立了表处理任务组，在 1967 年更名为 DBTG（DataBase Task Group，数据库任务组）。1969 年，DBTG 草案发布；1971 年，第一份正式的报告面世。DBTG 报告包含三部分的内容：网状数据库模型、DDL（Data Definition Language，数据定义语言）和 DML（Data Manipulation Language，数据操纵语言）规范说明。DBTG 系统和层次方法代表了第一代 DBMS。

1970 年，IBM 研究实验室的 E. F. Codd 发表了 *A Relational Model of Data for Large Shared Data Banks*（《大型共享数据库的数据关系模型》）这一具有里程碑意义的论文。此后，许多试验性的关系 DBMS 被开发，并且在 20 世纪 70 年代末—80 年代初出现了最早的商业产品。1974 年，IBM 公司的 San Jose 实验室启动了 System R 项目，其目标是论证一个全功能 RDBMS 的可行性。该项目诞生了 SQL（Structured Query Language，结构查询语言），从那时起，它成为 RDBMS（Relational DBMS，关系数据库管理系统）的标准语言，促进了大量商品化 RDBMS 产品的面世，如 IBM 的 DB2、SQL/DS 和 Oracle 公司的 Oracle 等。1970 年，UCB（University of California，Berkeley，加州大学伯克利分校）的 Michael Stonebraker 和 Eugene-Wong，利用 System R 的公开信息开发了 Ingres（Interactive Graphics Retrieval System，交互式图形和检索系统）。该项目在 Ingres 的基础上产生了很多商业数据库软件，包括 Sybase、Microsoft SQL Server、NonStop SQL、Informix 等。1976 年，霍尼韦尔（Honeywell）公司开发了 MRDS（Multics Relational Data Store，分时关系数据存储），这是第一个商用 RDBMS。RDBMS 被称为第二代 DBMS。

1976 年，美籍华裔计算机科学家陈品山（Peter. Chen）提出了实体 - 联系模型，该模型现在已被广泛接受为概念数据库设计技术。此外，E. F. Codd 试图通过一个称为 RM/T（1979 年）和后续的 RM/V2（1990 年）的关系模型扩展版本来解决他工作中的一些不足之处。扩展关系模型更加接近于实际世界的描述，被统一归类为语义数据建模。

为了适应越来越复杂的数据库应用，出现了两类新的系统：OODBMS（Object-oriented Database Management System，面向对象的数据库管理系统）和 ORDBMS（Object-oriented Relative Database Management System，面向对象关系的数据库管理系统）。然而，不同于先前的各种数据模型，这些模型的实际组成并不清晰。这些演变促使了第三代 DBMS 的出现。

20 世纪 90 年代后，Internet、多层 B/S 结构、单位的数据库必须与 Web 应用集成成为趋势。在 20 世纪 90 年代后期，出现了 XML（可扩展标记语言），它对 IT 的许多方面产生了显著影响，包括数据集成、图形界面、嵌入式系统、分布式系统和数据库系统。此外，一些专门的 DBMS 也被推出，如 DW（Data Warehouse，数据仓库）。数据仓库能从不同的数据源中抽取数据，而这些数据源可能原本是由组织机构内的不同部门分别维护的。数据仓库提供了数据分析机制，将可理解的分析结果用于决策支持，如找出企业经营活动的历史趋势等。目前，所有主流的数据库供应商都给出了数据仓库解决方案。专用系统的另一个例子是ERP（Enterprise Resource Planning，企业资源规划）系统。ERP 是建在 DBMS 基础上的一个应用层，集成了一个组织机构的所有业务功能，包括制造、销售、财务、市场、运输、库存和人力资源。流行的 ERP 系统有 SAP（System Applications and Products）的 SAP R/3 和 Oracle 的 PeopleSoft。表 1−2 总结了数据库管理系统的发展过程。

表 1−2 数据库管理系统的发展过程

时间	发展	说　明
20 世纪 60 年代（之前）	基于文件的系统	是数据库管理系统的前身。特点：每个部门存储和控制自己的数据
20 世纪 60 年代中期	层次和网状数据模型	是第一代 DBMS，其最重要的层次系统是 IBM 的 IMS。特点：缺乏数据独立性，且需要开发复杂的程序来处理数据
1970 年	提出关系模型	E. F. Codd 发表了划时代的论文 *A Relational Model of Data for Large Shared Data Banks*，阐述了第一代系统的弱点
20 世纪 70 年代	开发出原型 RDBMS	在此期间出现了两个最重要的原型：加州伯克利大学的 Ingres 项目（始于 1970 年）和 IBM San Jose 实验室的 System R 项目（始于 1974 年），后者导致 SQL 的出现
1976 年	提出 E−R 模型	陈品山发表论文 *The Entity-Relationship Model—Toward a Unified View of Data*（《实体−关系模型−走向统一的数据视图》）。E−R 建模成为数据库设计方法学中重要组成部分
1979 年	出现商品化 RDBMS	商品化 RDBMS（如 Oracle、Ingres 和 DB2）出现，它们代表着第二代 DBMS
1987 年	ISO SQL 标准	SQL 由 ISO（国际标准化组织）标准化，SQL 的后续标准分别发布于 1989 年、1992 年（SQL2）、1999 年（SQL：1999）、2003 年（SQL：2003）、2008 年（SQL：2008）和 2011 年（SQL：2011）
20 世纪 90 年代	出现 OODBMS 和 ORDBMS	这期间先出现 OODBMS，后出现 ORDBMS（1997 年发布带对象特性的 Oracle 8）

1.4 数据库管理系统的优缺点

基于数据库管理系统的数据管理具有很多显著优点，但也有缺点。

1. 数据库管理系统的优点

1）控制减少数据冗余

数据库管理系统实现整体数据的结构化，这是数据库的主要特征之一，也是数据库管理系统与文件系统的本质区别。所谓数据结构化，指的是在数据库管理系统中，数据不再针对某一应用，而是面向全组织，具有整体结构化。不仅数据是结构化的，而且整体是结构化的，数据之间有联系。也就是说，不仅要考虑某个应用的数据结构，还要考虑整个组织的数据结构。在1.2.2节的例子中，基于文件的系统对房产中介机构进行数据管理时，在销售部门和合同部门同时存储了用于出租房产和租客的相同数据信息。而采用数据库方法可通过整体结构化处理将文件集成来避免存储多个数据备份，从而消除冗余。

但是，采用数据库方法并不能消除所有冗余，而是控制数据库内的冗余。有时为了表示实体之间的联系，重复存储某些关键数据项是必要的。在某些情形下，为了提高性能也将重复存储一些数据项。

2）基于集成的数据共享

数据库中的数据（至少在大型系统中）既是集成的又是共享的。数据集成与数据共享代表着在大型环境中数据库管理系统的主要优点。

集成：是指数据库可以被当作几个不同文件的合并，数据库至少可以部分地消除文件之间的冗余。共享：是指数据库中的每项数据可以被不同的用户共享。换言之，每个用户都可以因不同的目的而访问相同的数据，不同的用户甚至可以并发访问同一数据。之所以有并发共享或其他方式的共享，一部分原因在于数据库是集成的。例如，上述例子中的房产信息既可以被销售部门的用户共享，也可以被合同部门的用户共享，即这两个部门的用户因为不同的目的而使用这一共享信息。

共享不仅指现有的应用程序可以共享数据库的数据，而且新的应用程序也能对这些数据进行操作。换句话说，即使不向数据库中添加任何新数据，也可能满足新应用程序的数据要求。

3）减少数据的不一致

采用人工管理或文件系统管理时，由于数据被重复存储，因此一旦不同的应用使用和修改不同的重复数据，就很容易造成数据不一致。例如：销售部门修改了房产的地址，而合同部门没有及时修改，就会出现同一房产的两个记录不一致的情况，这种情况称为数据库的不一致。显然，处于不一致状态的数据库可能向用户提供错误的或矛盾的信息。在数据库管理系统中，数据集成与共享，从而可减少由于数据冗余造成的不一致现象。不过，目前许多DBMS尚不能完全自动保证数据的一致性。因此，数据的不一致只能是减少，而不能完全避免。

4）保持数据完整性

保持数据完整性是指确保数据库中的数据是正确的、一致的。完整性通常用完整约束表达，约束指的是数据库不能违反的一致性规则。约束既可以应用于单条记录中的数据项，也可以应用于记录之间的联系。例如，一条完整性约束可以规定雇员一周工作40 h而不是400 h，或者规定在一个员工的记录中，代表该员工所在部门的部门编号必须对应一个具体存在的部门，而不能是虚假的部门。此外，数据库的集成性使得完整性约束可以由DBA（数据库管理员）确定，而由DBMS（数据库管理系统）执行检查。

值得指出的是，数据完整性在数据库中比在各自独立的文件系统中重要得多。这是因为，数据库中的数据是共享的，如果没有得到正确控制，就有可能一个用户错误更新数据库而生成的错误数据会殃及其他无辜的用户。

5）数据独立性高

所谓"独立性"，是指相互不依赖。数据独立性：指数据和程序相互不依赖，即数据的逻辑结构或物理结构改变了，程序不会随之发生改变。在基于文件的系统中，数据的描述和数据访问逻辑都建立在应用程序中，使得程序依赖于数据。任何对于数据结构的修改（例如，将40字符长的地址改成41字符长，或者改变数据在磁盘中的存储方式），都要求对相关的应用程序进行实际修改。而数据库管理系统让数据与应用程序的独立，把数据的定义从应用程序中分离，从而使应用程序不再受数据描述改变的影响。数据独立性大大减少了应用程序的维护和修改。

6）增强数据的安全性（security）保护

数据的安全性：指保护数据以防止不合法使用造成的数据泄密和破坏。每个用户只能按规定对某些数据以某些方式进行使用和处理。如果没有适当的安全性检查，数据库的集成性将使得数据相比在基于文件的系统中更易受到攻击。然而，其集成性也使得数据库安全性可由 DBA 确定，而由 DBMS 执行检查。例如，数据库管理系统可以采取用户存取权限授权的方式，让 DBA 可以访问数据库中的所有数据，而部门经理只可以访问所有与其部门相关的数据；销售人员只可以访问所有与房产有关的数据而不能访问其他敏感数据（如员工工资的详细信息等）。

7）增强并发（concurrency）控制

当多个用户的并发进程同时存取、修改数据库时，可能发生相互干扰而得到错误的结果或导致数据库的完整性遭到破坏，因此必须对多用户的并发操作加以控制和协调。许多 DBMS 能管理并发的数据库访问，确保不发生这样的错误。

8）提供数据库恢复能力

计算机系统的硬件故障、软件故障、操作员的失误以及被故意破坏也会影响数据库中数据的正确性，甚至造成数据库部分（或全部）数据丢失。数据库管理系统具有将数据库从错误状态恢复到某一已知的正确状态（亦称为完整状态或一致状态）的功能，将发生故障后的数据丢失率降低到最低限度，这就是数据库的恢复功能。

9）平衡冲突请求

DBA 了解企业的全局需求，当用户（或部门）的需求可能产生冲突时，DBA 可以对数据库的设计和操作性使用做若干决策，使得组织机构作为一个整体来实现最佳的资源使用。在决策时可能会以牺牲不重要的应用作为代价，从而为重要的应用提供优良的性能。

10）加强标准化

DBA 对数据库集中控制，使其能定义和强制执行一些必要的标准。可用标准可包括：部门标准、安装标准、社团标准、工业标准、国家标准和国际标准。例如，为了便于在系统之间交换数据而采用标准的数据格式、命名方法、文档规范、更新规程和访问规则等。

2. 数据库管理系统的缺点

1）复杂性高

人们期望 DBMS 提供多种功能，这使得 DBMS 发展为一个相当复杂的软件。数据库设计人员、应用开发者、数据和数据库管理员以及终端用户只有对这些功能了解透彻，才能很好地利用它；反之，将导致错误的设计决策，对组织机构产生很严重的后果。

2）耗费计算资源大

复杂性和功能的多样性使得 DBMS 体积很大，占用大量的磁盘存储空间，并且需要大量的内存空间才能高效运行。

3）DBMS 的软件费用高

DBMS 所需的费用因所提供的环境和功能的不同而有很大的差异。例如，一台个人计算机上的单用户 DBMS 只需要少量的费用（甚至免费），而为企业级用户提供服务的大型多用户 DBMS 就会比较昂贵。目前主要 DBMS 服务商所采用的策略基本上是单用户使用免费，若需要商业运作则收取授权费或服务费等。

4）需要额外的硬件费用

为存储 DBMS 和数据库，通常需要购买额外的存储空间。例如，需要购买服务器、硬盘、内存等，甚至购买专门用于运行 DBMS 的机器。购置附加硬件就会导致系统费用增加。随着云技术的出现，中小企业可以按需购买硬件服务，降低成本。但是，对安全性要求较高的机构仍然需要搭建自己的数据中心，就需要配置相应的硬件设备。

5）迁移成本与风险高

在某些情况下，将已存在的应用转换为可在新的 DBMS 和硬件上运行的应用，其迁移成本与风险是比较大的。这类成本包括培训员工使用新系统的费用、聘请专业人员协助完成系统转换和运行的费用等。存在风险的情况包括：长时间意外停机、数据迁入错误或产生数据丢失、时间紧任务重、项目超期、预算超支等。正是由于存在花费巨大、风险较高的情况，因此一些组织尽管对其在用的系统不满意，但也不转而使用更加现代化的数据库技术。

6）故障带来的影响较大

资源集中管理会增加系统的脆弱性。由于所有用户和应用都依赖 DBMS 的可用性，因此任何一个组成部分的故障都可能导致运行停止。例如：当数据库数据被恶意破坏时，如果没有做好充分的数据备份与容灾措施，其后果与损失将不可估量。

1.5　数据模型

数据模型（data model）用于描述数据、组织数据和对数据进行操作。数据模型是对现实世界数据特征的抽象。

由于计算机不能直接处理现实世界中的具体事物，因此必须事先把现实世界中的具体事物转换成计算机能够处理的数据。数据模型就是对现实世界的模拟。

数据模型是数据库系统的核心和基础。各种机器上实现的数据库管理系统软件都基于（或支持）某种数据模型。

1.5.1　两类数据模型

根据模型应用的不同目的，可以将数据模型划分为两大类。

第一类是概念模型（conceptual model），也称信息模型，它是按用户的观点来对数据和信息建模，主要用于数据库设计。概念模型有多种，其中最常用的就是 E – R（Entity-Relationship，实体与联系）模型，它是基于对象的数据模型的一种。

第二类是逻辑模型和物理模型，用于在机器世界中支持数据库管理系统对数据与信息建模。逻辑模型（logic model）是按计算机系统的观点对数据建模，主要用于数据库管理系统的实现。逻辑模型主要包括：基于记录的数据模型 – 层次模型（hierarchical model）、网状模型（network model）、关系模型（relational model）；基于对象的数据模型 – 面向对象模型（object-oriented database model）、对象关系模型（object relational data model）等。物理模型（physical model）是对数据最底层的抽象，它描述数据在系统内部的表示方式和存取方法，或在磁盘（或磁带）上的存储方式和存取方法，其面向计算机系统。物理模型的具体实现是数据库管理系统的任务，数据库设计人员要了解和选择物理模型，最终用户则不必考虑物理级的细节。

为了把现实世界中的客观事物抽象、组织为某一数据库管理系统支持的数据模型，首先要将现实世界抽象为信息世界，然后将信息世界转换为机器世界。也就是说，首先把现实世界中的客观对象抽象为某种信息结构，这种信息结构并不依赖于具体的计算机系统，不是某个数据库管理系统支持的数据模型，而是概念模型；然后把概念模型转换为计算机上某一数据库管理系统支持的数据模型。将现实世界客观对象进行抽象的过程如图 1 – 14 所示。

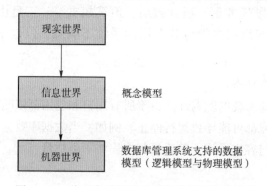

图 1 – 14　将现实世界客观对象进行抽象的过程

1.5.2　数据模型的基本要素

数据模型的基本要素通常包括三部分：数据结构、数据操作和数据的完整性约束条件。

1. 数据结构

数据结构描述的是数据库的组成对象以及对象之间的联系。数据结构描述的内容主要有两类：一类是与对象的类型、内容、性质有关的；另一类是与数据之间联系有关的对象。数据结构是对系统静态特性的描述。

数据结构是刻画一个数据模型性质最重要的方面。在数据库系统中，通常按照其数据结构的类型来命名数据模型。例如，层次结构、网状结构和关系结构的数据模型分别命名为层次模型、网状模型和关系模型。

2. 数据操作

数据操作是指对数据库中各种对象（型）的实例（值）允许执行的操作的集合，包括操作及有关的操作规则。数据操作是对系统动态特性的描述。

数据库的数据操作主要有查询、插入、删除和修改。数据模型必须定义这些操作的含义、操作符号、操作规则（如优先级），以及实现这些操作的语言。

3. 数据的完整性约束条件

数据的完整性约束条件是一组完整性规则。完整性规则是给定的数据模型中数据及其联系所具有的制约和依存规则，用于限定符合数据模型的数据库状态以及状态的变化，以保证数据的正确性、有效性和相容性。

数据模型应该反映和规定其必须遵守的、基本的、通用的完整性约束条件。例如，在关系模型中，任何关系都必须满足实体完整性和参照完整性。此外，数据模型还应该提供用户定义完整性约束条件，以反映具体应用所涉及的数据必须遵守的特定的语义约束条件。

1.5.3 基于对象的数据模型

基于对象的数据模型（Object-Based Data Models）用到实体、属性和联系等概念。实体是组织机构内可区分的对象（如人、地点、事务、概念、事件）。属性是对象的性质，它描述对象某个被关注的方面。联系是实体之间的关联。数据模型是数据库系统的核心和基础，数据的描述、组织与操作主要通过概念模型与逻辑模型两种进行。概念模型主要有 E－R 模型与面向对象模型，而逻辑模型主要有层次模型、网状模型与关系模型。

1. E－R 模型

E－R 模型，全称为实体－联系模型（Entity-Relationship Model），由美籍华裔计算机科学家陈品山发明，是概念模型的描述所使用的数据模型。

E－R 模型的组成部分是：实体集、属性和联系集。其中，实体代表现实世界客观存在的事物，如人、动物、物体、部门、项目等，同一类实体就构成一个实体集。实体的内涵用实体类型来表示。实体类型是对实体集中实体的定义。实体中的特性称为属性，如学生实体的属性有学号、姓名、性别等。在现实世界中，实体和实体之间经常存在着不同类型的联系。

在 E－R 模型中，实体集用矩形框表示，矩形框内写上实体名。实体的属性用椭圆框表示，椭圆框内写上属性名，并用无向边与其实体集相连。实体间的联系用菱形框表示，联系以适当的含义命名，并将名称写在菱形框中，用无向连线将参加联系的实体矩形框分别与菱形框相连，并在连线上标明联系的类型，即一对一、一对多或多对多。

图 1－15 所示是一个"学生－专业"E－R 模型。在该 E－R 模型中，有两个"学生"

实体和"专业"实体,"学生"实体的属性包括"学号""姓名""性别","专业"实体的属性包括"专业号""专业名","专业"实体与"学生"实体之间的联系是一对多的联系,即一个"专业"包含多个"学生",一个"学生"只属于一个"专业"。

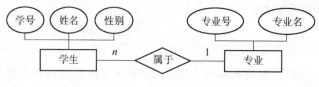

图 1-15 "学生-专业"E-R 模型

2. OODM

OODM(Object-oriented Database Model,面向对象数据模型)扩展了实体的定义,不仅包含描述对象状态的属性,还包含对象相关的动作,也就是行为。对象被认为同时包含状态和行为。

面向对象数据模型把实体表示为类,类描述对象属性和实体行为。例如,CUSTOMER 类不仅含有客户的属性(如 CUST. ID、CUST. NAME 和 CUST. ADDRESS 等),还包含模仿客户行为(如修改订单)的过程。类-对象的实例对应于客户个体。在对象内部,类的属性用特殊值来区分每个客户(对象),但所有对象都属于类,共享类的行为模式。面向对象数据库通过逻辑包含(logical containment)来维护联系。

面向对象数据模型强调对象(由数据和代码组成)而不是单独的数据。这主要是从面向对象程序设计语言继承而来的。与传统的数据库(如层次、网状或关系)不同,面向对象数据模型没有单一固定的数据库结构。编程人员可以给类或对象类型定义任何有用的结构,如链表、集合、数组等。此外,对象可以包含可变的复杂度。基于面向对象数据模型的数据库适合存储不同类型的数据,如图像、声音、视频、文本、数字等。

如图 1-16 所示,"学生"实体与"课程"实体可以规划为两个类图,分别包含各自的特征属性以及对实体对象的增加、删除、修改、查询操作。1...* 与 0...* 体现了两个实体之间多对多的关系,即学生至少选择 1 门课程,而课程可以有 0 个或多个学生选修。说明:出于简化需要,本例中没有体现继承、部分-整体的关联关系等其他 OODM 规则。

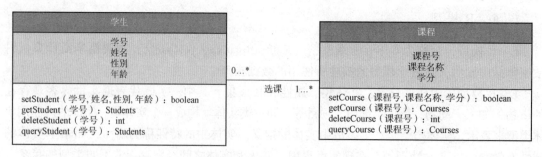

图 1-16 "学生-课程"对象模型图

1.5.4 基于记录的数据模型

在基于记录的数据模型(record-based data model)中,数据库由若干不同类型的固定格式记录（record）组成。每个记录类型有固定数量的字段，每个字段有固定的长度。

常用的基于记录的逻辑数据模型有层次模型、网状模型和关系模型。

1. 层次模型

层次模型（hierarchical data model）是数据库系统中最早出现的数据模型。层次数据库管理系统采用层次模型作为数据的组织方式。层次数据库管理系统的典型代表是 IBM 公司的 IMS（Information Management System），这是 1968 年 IBM 公司推出的第一个大型商用数据库管理系统。

层次模型用树形结构表示各类实体以及实体之间的联系。层次模型规定一个节点只能有一个父节点。在层次模型中，每个节点表示一个记录类型，每个记录类型包含若干个字段。记录类型之间的联系用节点之间的边表示，这种联系是父节点和子节点之间一对多的联系。一个记录类型描述的是一个实体，实体的属性使用字段进行描述。每个记录类型及其字段都必须命名。同一数据库中各个记录类型名称不能相同，同一记录类型中各个字段的名称不能同名。

例如，图 1-17 所示是一个"专业-班级-学生"层次模型。该层次模型有 3 个记录类型。记录类型"专业"是根节点，由"专业号""专业名"字段组成，它有一个子节点"班级"。记录类型"班级"是"专业"的子节点，由"班级号""班级名"字段组成。记录类型"学生"是"班级"的子节点，由"学号""姓名""性别"字段组成。"学生"是叶节点，没有子节点。由"专业"到"班级"、由"班级"到"学生"均是一对多的联系。

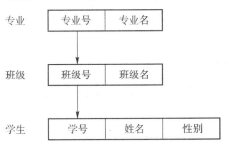

图 1-17　"专业-班级-学生"层次模型

图 1-18 是图 1-17 所示的层次模型对应的一个值。该值是"专业"D01（信息管理专业）记录值及其后一代记录值组成的树。"专业"D01 有 2 个"班级"子记录值：C01 和 C02。"班级"C01 有 2 个"学生"子记录值：S010101 和 S010102。"班级"C02 有 2 个"学生"子记录值：S010201 和 S010202。

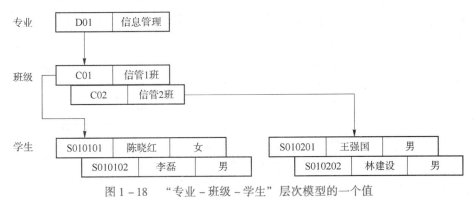

图 1-18　"专业-班级-学生"层次模型的一个值

2. 网状模型

网状模型（network data model）是一种比层次模型更具普遍性的结构。网状数据库管理系统采用网状模型作为数据的组织方式。最流行的网状数据库管理系统的是 Computer Associates 的 IDMS/RO。

网状模型去掉了层次模型的限制，允许一个节点有多个双亲节点，允许多个节点没有父节点。因此，网状模型可以更直接地用图去描述现实世界。与层次模型一样，在网状模型中，每个节点表示一个记录类型，每个记录类型包含若干个字段。节点间的连线表示记录类型之间一对多的父子联系。在网状模型中，子节点与父节点之间的联系可以不唯一。注意：必须为每个联系命名，并指出与该联系有关的父记录类型和子记录类型。

例如，图 1-19 所示是一个"学生选课"网状模型。每个"学生"可以选多门"课程"，对应"学生"记录中的一个值，"选课"记录中有多个值与它对应，但是"选课"记录的一个值只能和"学生"记录中的一个值对应。"学生"和"选课"之间的联系是一对多的联系，联系名为"学生-选课"。同理，"课程"与"选课"之间的联系也是一对多的联系，联系名为"课程-选课"。

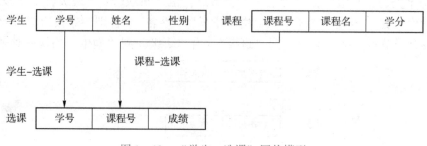

图 1-19 "学生-选课"网状模型

3. 关系模型

关系模型（relational data model）是目前最重要的一种数据模型。1970 年，E. F. Codd 首次提出了数据库系统的关系模型，开创了数据库关系方法和关系数据理论的研究，为数据库技术奠定了理论基础。

关系数据库管理系统采用关系模型作为数据的组织方式，常见的关系模型数据库有 DB2、Oracle、SQL Server、MySQL 等。

关系模型是基于数学的关系代数理论。一个关系模型是由若干个关系组成的，每个关系以二维表格的形式表示。二维表既可以表示实体，也可以表示实体之间的联系；通过表中的属性来实现实体与实体之间的连接。

例如，图 1-20 ~ 图 1-22 所示是一个"专业-班级-学生"关系模型。该关系模型由 3 个关系组成——"专业"关系、"班级"关系和"学生"关系，每个关系用一个二维表形式表示。"专业"关系由"专业号""专业名"属性组成，"班级"关系包括"班级号""班级名""专业号"属性，"班级"关系与"专业"关系之间通过属性"专业号"联系，一个"专业"有多个"班级"。"学生"关系包括"学号""姓名""性别"和"班级号"属性，"学生"关系与"班级"关系之间通过属性"班级号"联系，一个"班级"有多个"学生"。

专业号	专业名
D01	信息管理
D02	物联网

图 1-20　专业表

班级号	班级名	专业号
C01	信管1班	D01
C02	信管2班	D01
C03	物联网1班	D02
C04	物联网2班	D01

图 1-21　班级表

学号	姓名	性别	班级号
20190001	陈明亮	男	C01
20190002	李莉	女	C01
20190003	林建设	男	C02
20190004	王明	男	C02

图 1-22　学生表

1.6　数据库系统的体系结构

观察数据库系统的体系结构可以是分层次、多角度的。从数据库应用开发人员的角度看，数据库系统通常采用三级模式结构，这是数据库系统内部的系统结构。从数据库最终用户的角度看，数据库系统的结构分为单用户结构、主从式结构、分布式结构、客户-服务器、浏览器-应用服务器/数据库服务器多层结构等，这是数据库系统外部的体系结构。

1.6.1　数据库系统的模式

数据库系统的一个主要目的就是为用户提供数据的抽象视图，隐藏数据存储和操作的细节。因此，了解数据库系统的体系结构的起点是：从数据库系统的不同角度对数据进行整体描述，称为数据库模式（schema）。

在数据模型中有"型"（type）和"值"（value）的概念。型是指对某一类数据的结构和属性的说明，值是型的一个具体赋值。例如，将"学生"记录定义为（学号，姓名，性别，系别，年龄，籍贯）这样的记录型，而（201315130，李明，男，计算机系，19，江苏南京市）则是该记录型的一个记录值。

数据库模式是对数据库中全体数据的逻辑结构和特征的描述，它仅涉及型的描述，不涉及具体的值。模式的一个具体值称为模式的一个实例（instance），而同一个模式可以有很多实例。

例如，在"学生选课"数据库模式中包含"学生"记录、"课程"记录和"学生选课"记录，现有一个具体的学生选课数据库实例，该实例包含了 2013 年学校中所有学生的记录（如果某校有 10 000 名学生，则有 10 000 条学生记录）、学校开设的所有课程的记录和所有学生选课的记录。2012 年度学生选课数据库模式对应的实例与 2013 年度学生选课数据库模式对应的实例是不同的。实际上，2013 年度学生选课数据库的实例也会随时间变化，因为在该年度有的学生可能退学，有的学生可能转系。各个时刻学生选课数据库的实例是不同的、在变化的，不变的是学生选课数据库模式。

模式是相对稳定的，而实例是相对变动的，因为数据库中的数据是在不断更新的。模式反映的是数据的结构及其联系，而实例反映的是数据库在某一时刻的状态。

虽然实际的数据库管理系统产品种类很多，它们支持不同的数据模型，使用不同的数据库语言，建立在不同的操作系统之上，数据的存储结构也各不相同，但它们在体系结构上通常都具有相同的特征，即采用三级模式结构（早期微机上的小型数据库系统除外）并提供二级映像功能。

1.6.2 三级模式结构

1971 年，由数据系统语言会议（CODASYL）任命的数据库任务组（DBTG）就提出了关于数据库系统的标准术语和一般体系结构规范。DBTG 认为系统需要两层结构，即从系统角度看的模式（schema）和从用户角度看的子模式（subschema）。1975 年，美国国家标准化协会（ANSI）标准规划和需求委员会（SPARC）也提出了一套类似的术语和体系结构，即 ANSI/X3/SPARC（ANSI，1975）。ANSI - SPARC 提出了数据库三级模式结构，如图 1 - 23 所示。数据库三级模式结构包括外模式（external schema）、概念模式（conceptual schema）和内模式（internal schema），是数据在三个层次上的抽象，能有效地组织、管理数据，从而提高数据库的逻辑独立性和物理独立性。

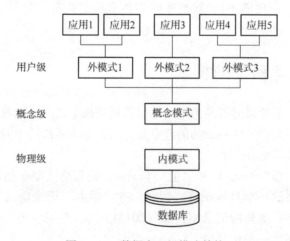

图 1 - 23　数据库三级模式结构

1. 外模式

外模式又称子模式（subschema）或用户模式，对应于用户级。它是某一个（或某几个）用户所看到的数据库的数据视图，是与某一应用有关的数据的逻辑表示。外模式是从模式导出的一个子集，包含模式中允许特定用户使用的那部分数据。用户既可以通过外模式描述语言来描述、定义对应于用户的数据记录（外模式），也可以利用数据操纵语言（Data Manipulation Language，DML）对这些数据记录进行操作。外模式反映数据库系统的用户观。

2. 概念模式

概念模式又称模式（schema）或逻辑模式，对应于概念级。它是由数据库设计者综合所有用户的数据，按照统一的观点构造的全局逻辑结构，是对数据库中全部数据的逻辑结构和特征的总体描述，是所有用户的公共数据视图（全局视图）。它是由数据库管理系统提供的数据模式描述语言（Data Description Language，DDL）来描述、定义的。概念模式反映数据库系统的整体观。

3. 内模式

内模式又称存储模式（storage schema），对应于物理级。它是数据库中全体数据的内部表示或底层描述，是数据库最低一级的逻辑描述，它描述数据在存储介质上的存储方式和物理结构，对应着实际存储在外存储介质上的数据库。内模式是由内模式描述语言来描述、定义的。内模式反映数据库系统的存储观。

在一个数据库中，定义、描述数据库存储结构的内模式是唯一的，定义、描述数据库逻辑结构的概念模式也是唯一的，但建立在数据库系统之上的应用则是多样的，所以对应的外模式不是唯一的。因此，一个数据库只有一个概念模式和一个内模式，但是有多个外模式。

1.6.3 模式的映射与数据独立性

数据库系统的三级模式是数据的三个抽象级别，它把数据的具体组织留给数据库管理系统管理，用户能逻辑地、抽象地处理数据，而不必关心数据在计算机中的具体表示方式与存储方式。为了能够在系统内部实现这三个抽象层次的联系和转换，数据库管理系统在这三级模式之间提供了两层映像：外模式/概念模式映像；概念模式/内模式映像。这两层映像保证了数据库系统中的数据能够具有较高的逻辑独立性和物理独立性。

1. 模式的映射

数据库管理系统负责外模式/概念模式和概念模式/内模式之间的两层映射（mapping），它必须检查模式以确保一致性。换言之，数据库管理系统必须检查每个外部模式能否由概念模式导出，并使用概念模式中的信息，完成内、外模式的映射。

概念模式通过概念层到内部层的映射与内部模式联系。这样，数据库管理系统就能在物理存储中找出构成概念模式中逻辑记录的实际记录或记录集，以及对逻辑记录进行操作过程中应遵守的约束。一般允许两类模式在实体名称、属性名称、属性顺序、数据类型等方面存在不同。每个外部模式通过外部层到概念层的映射与概念模式相联系。这就允许数据库管理系统将用户视图中的名称映射到概念模式中相应的部分。

2. 数据独立性

数据库分层体系结构的主要目的是保证数据独立性，这意味着对较低层的修改不会对较高层造成影响。数据库独立性（data independence）有两种类型——逻辑数据独立性和物理数据独立性。

逻辑数据独立性（logical data independence）是指外部模式不受概念模式变化的影响，对概念模式的修改（如添加或删除实体、属性或者联系）应该既不影响已经存在的外部模式，也不需要重新编写应用程序。需要注意的是，修改只应由需要知道的用户知道，其他用户不必知道。

物理数据独立性（physical data independence）是指概念模式不受内部模式变化的影响，对内部模式的修改（如使用不同的文件组织方式或存储结构、使用不同的存储设备、修改索引）应该不影响概念模式和外部模式。从用户的角度来看，需要注意对性能的影响。模式之间的映射可能降低效率，但能提供更强的数据独立性。

相对于数据库三级模式结构，逻辑数据独立性出现在外模式与概念模式之间，物理数据独立性出现在概念模式与内模式之间。

1.7 数据库系统的组成

1.2.3 节中介绍的基础概念已经提到数据库系统主要由数据库（硬件）、操作系统、数据库管理系统（及其应用开发工具）、数据库应用程序和数据库管理员组成。数据库系统组成层次如图 1-24 所示。

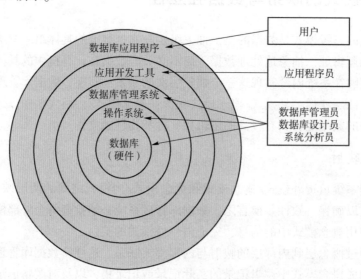

图 1-24 数据库系统组成层次

1. 数据库系统的硬件

数据库按一定的组织结构存储在硬件（磁盘、内存）上。由于数据库系统的数据量都很大，且数据库管理系统丰富的功能使得其自身的规模也很大，因此整个数据库系统对硬件资源的要求较高。以选购数据库服务器的原则为例：

（1）高性能原则：CPU 的主频要高，要有较大的缓存，要有足够大的内存，存放操作系统、数据库管理系统的核心模块、数据缓冲区和应用程序；服务器的 I/O 性能要高，要有较高的数据吞吐速度（如 I/O 速率和网络通信速率等），以提高数据传送率。

（2）可靠性原则：有足够大的磁盘或磁盘阵列等设备存放数据库，有足够大的磁带（或光盘）作数据备份。服务器要具备冗余技术，同时像硬盘、网卡、内存、电源此类设备要以稳定耐用为主。

（3）安全性原则：首先从服务器的材料上来说要具备高硬度、高防护性等条件，其次服务器的冷却系统和对环境的适应能力要强，这样才能够在硬件上满足服务器安全要求。

2. 数据库系统的软件

数据库系统所涉及的软件主要包括数据库管理系统、操作系统、应用开发工具、数据库应用系统。

（1）数据库管理系统：为数据库的建立、使用和维护而配置的系统软件。

（2）操作系统：是支持数据库管理系统运行的操作系统平台。

（3）应用开发工具：是系统为应用开发人员和最终用户提供的高效率、多功能的应用生成器、开发语言等软件工具，为数据库系统的开发和应用提供了良好的环境。

（4）数据库应用程序：为特定应用行业与环境而开发的数据库应用程序。

3. 开发、管理和使用数据库系统的相关人员

数据库系统涉及的人员主要包括：数据库管理员、系统分析员和数据库设计人员、应用程序员和用户。

1）数据库管理员

数据库管理员（DataBase Administrator，DBA）是负责管理和维护数据库服务器的人员，数据库管理员负责管理和控制数据库系统，包括数据库的安装、监控、备份、恢复等工作。

数据库管理员的主要职责包括以下几方面：

（1）参与设计数据库。数据库管理员经常要参与分析系统的数据存储需求，帮助决策系统的数据库要存储哪些信息、要如何存储，并参与设计数据库，包括设计表、字段、关键字数据库对象等。

（2）监视数据库的使用和运行。在系统运行期间，数据库管理员负责监视数据库系统的运行情况，及时处理运行过程中出现的问题。当系统发生故障时，数据库管理员必须在最短时间内将数据库恢复到正确状态，并尽可能不影响（或少影响）计算机系统其他部分的正常运行。为此，数据库管理员要定义和实施适当的备份和恢复策略。

（3）修改密码。为了规范对数据库用户的管理，数据库管理员应定期对管理员等重要用户的密码进行修改。对于每个项目，都应该建立一个用户。数据库管理员应该与相应的项

目管理人员（或程序员）沟通，以确定怎样建立相应的数据库底层模型，最后由数据库管理员统一管理、建立和维护。任何数据库对象的更改，都应该由数据库管理员根据需求来操作。

（4）数据库安全管理。为了保证数据库的安全性，数据库管理员负责确定各用户对数据库的存取权限。数据库管理员能够为不同的数据库管理系统用户分配不同的访问权限，主要包括数据库的用户管理、角色管理、分配权限给角色（或用户）以及权限的回收等。

（5）数据库的改进和重组、重构。数据库管理员负责在系统运行期间监视系统的空间利用率、处理效率等性能指标，根据实际应用需求不断改进数据库设计。在数据运行过程中，大量数据不断插入、删除、修改，数据的组织结构可能会受到影响，导致系统的性能降低。因此，数据库管理员还要定期对数据库进行重组织，以改善系统的性能。当用户的需求增加和改变时，数据库管理员还要对数据库进行较大的改变，重构数据库，修改数据库中的一部分设计。

2）系统分析员和数据库设计人员

系统分析员负责应用系统的需求分析和规范说明，要和用户及数据库管理员相结合，确定系统的硬件、软件配置，并参与数据库系统的概要设计。

数据库设计人员负责数据库中数据的确定及数据库各级模式。在大型的数据库设计项目中，设计工作大致可以分成两类：概念和逻辑数据库设计、物理数据库设计。概念和逻辑数据库设计解决做什么的问题，而物理数据库设计怎么做的问题。数据库设计人员必须参加用户需求调查和系统分析，然后进行数据库设计。在很多情况下，数据库设计人员就由数据库管理员担任。

3）应用程序员

数据库一旦实现后，必须由应用程序员开发能满足终端用户功能需求的应用程序。应用程序员一般需要从分析系统分析员提出的描述开始，完成程序设计和源代码编写工作，并进行系统的调试和安装。每个程序都至少应该包含请求 DBMS 在数据库上完成某些操作的语句，包括：检索、插入、更新和删除数据；业务处理逻辑；界面模板设计；等等。

4）用户

用户是指最终用户（end user），设计、实现和维护数据库的目的是为终端用户提供信息服务。最终用户通过应用系统的用户接口使用数据库。最终用户通常通过浏览器、菜单操作、表格操作等应用系统接口使用数据库。

● 本章小结

本章介绍了数据的基本概念，以及学习本课程所需的素质要求。为了解决数据管理的问题，DBMS 的前身（基于文件的系统）的处理方法是：通过一组为终端用户提供服务的应用程序为组织提供数据服务，但各程序定义和管理自己的数据。尽管基于文件的系统相对于人工管理是一大进步，但还存在数据冗余、程序与数据高度依赖等问题。

为了解决上述问题，出现了采用数据库方法来管理数据。数据库是为满足某个组织机构的信息要求而设计的一组共享的、逻辑上相关的数据及数据的描述。DBMS 是一个软件系统，它支持用户对数据库进行定义、创建、维护及控制访问。应用程序通过向 DBMS 提出请求而与数据库进行交互。数据库系统是由与数据库交互作用的应用程序、DBMS 和数据库本身一起构成的整体。虽然数据库方法的优点有很多，如控制减少数据冗余、数据一致性、数据共享，以及增强的安全性和完整性等，但数据库方法也有复杂性高、迁移费用与风险高和故障影响较大等缺点。

数据模型是数据库系统的核心和基础，数据的描述、组织与操作主要通过概念模型与逻辑模型两种进行。概念模型主要有 E-R 模型与面向对象模型，而逻辑模型主要有层次模型、网状模型与关系模型。所有数据模型都包含数据结构、数据操作和数据的完整性约束条件三个要素。

数据库模式从数据库系统的不同角度为用户提供数据的抽象视图，而隐藏数据存储和操作的细节。ANSI-SPARC 提出了数据库三级结构——外模式、概念模式与内模式。三级模式结构的主要目标就是实现逻辑数据独立性和物理数据独立性。

数据库系统的组成包括硬件、软件、相关人员。数据库管理员、系统分析员和数据库设计人员、应用程序员和最终用户具有不同的职能，由此完成对数据库系统的使用、设计、操作与管理的工作。

思考题

1. 理解术语：信息、数据、数据素养、数据生命周期、DB、DBMS、DBAP、DBS、DM、概念模型、逻辑模型、数据库模式、数据模型基本要素。

2. 试述数据库管理系统在历史发展过程中的标志性事件。

3. 描述早期的基于文件系统的数据管理方法，讨论这种方法的缺点。

4. 试述文件系统与数据库系统的区别和联系。

5. 试述使用数据库管理系统的优缺点。

6. 尝试使用 E-R 模型、面向对象模型或关系模型进行数据描述。

7. 理解并总结三级模式结构、二级映射与数据独立性的含义与关系。

8. 总结数据库系统的组成结构与相关人员的工作范围。

9. 通过对数据生命周期概念的学习，你觉得在数据生命周期的各个阶段需要具体学习哪些内容，做哪些具体的工作？本课程的内容属于数据生命周期的哪个（或哪几个）阶段的内容？

第2章

关系数据库系统

学习目标

1. 学会用举例的方式解释关系数据结构的基本概念。
2. 学会用自己的语言解释关系特性的含义。
3. 列举关系操作的种类，解释操作的作用。
4. 列举关系完整性的种类，解释各种类含义上的区别。
5. 列举 RDBMS 的功能。
6. 列举 RDBMS 的体系结构以及各部分的作用。
7. 能总结 SQL Server 发展进程中的历史事件。
8. 列举 SQL Server 的体系结构以及各部分的作用。
9. 学会安装 SQL Server，解决在安装配置过程中的问题。

数据素养指标

1. 了解结构化数据的数学描述，并将其应用到数据组织构建中。
2. 了解结构化数据及其数据特征。
3. 了解数据管理系统的体系结构，为数据管理打下基础。
4. 了解数据管理的历史发展过程。
5. 能够安装配置合适的管理工具，为数据管理打下基础。

本章导读

1. 关系的数据结构：关系数据结构的相关基本概念。
2. 关系的特性：关系的特点与说明。

3. 关系的操作与完整性：关系的操作与完整性的种类以及各自的含义。

4. 关系数据库管理系统的功能：RDBMS 需具备的功能。

5. 关系数据库管理系统的体系结构：RDBMS 可能的体系结构框架。

6. SQL Server 简介：SQL Server 的发展历史。

7. SQL Server 的体系结构：SQL Server 的体系结构框架。

8. SQL Server 的下载与安装：SQL Server 的下载以及安装的步骤与注意事项。

2.1　关系的数据结构

关系模型以基于数学的关系代数理论为基础。一个关系模型是由若干个关系组成的，每个关系以二维表格的形式表示。表中的每一行对应一个单独的记录，表中的每一列则对应一个属性。无论属性排列顺序如何，都是同一个关系。

下面以学生表（表 2 - 1）为例，介绍关系模型的一些相关术语。

表 2 - 1　学生表

学号	姓名	性别	专业	手机号
20190001	陈明亮	男	信息管理	18912345678
20190002	李莉	女	信息管理	13712345678
20190003	林建设	男	物联网	13912345678

关系（relation）：一个关系对应一个二维表，如表 2 - 1 所示的学生表就是一个关系。

元组（tuple）：关系中的一行即一个元组，如表 2 - 1 所示有 3 行，即 3 个元组，每个元组就是一个学生记录行数据。

属性（attribute）：关系中的一列即一个属性，每个属性的名称即属性名。如表 2 - 1 所示，表中有 5 列，对应 5 个属性，分别为学号、姓名、性别、专业、手机号。

码（key）：也称为关键字。码指的是关系中的一个属性或多个属性的组合。码可以唯一标识每个元组，如表 2 - 1 中的属性 - 学号可以唯一确定每名学生，学号就是学生关系的码。另外，{学号，手机号} 的组合值也可以唯一标识学生表的每个元组，因此 {学号，手机号} 这两个属性组合也可以称为码。

候选码（candidate key）：关系中的某一属性或属性组的值能唯一标识一个元组，而其任何真子集都不能再标识，则称该属性组为候选码。例如：学生表中的学号可以作为候选码，其真子集不能再唯一标识元组；而 {学号，手机号} 则不能作为候选码，因为其真子集为 {学号} 以及 {手机号}，它们都可以唯一标识元组。同理，手机号可以作为候选码。因此，候选码可以有多个。

候选码的各属性称为主属性（prime attribute）。不包含在任何候选码中的属性称为非主属性（non-prime attribute）或非码属性（non-key attribute）。在最简单的情况下，候选码只包含一个属性。例如：学号就是只有一个属性的候选码。在最极端的情况下，关系的所有属性是这个关系模式的候选码，称为全码（all-key）。

主码（primary Key）：主码又称主关键字或主键。主码是指从候选码中选取其中的一个作为主码。例如，我们既可以选择学号作为主码，也可以选择手机号作为主码。但是，每个关系只能选择一个候选码作为主码。

域（domain）：域是一组具有相同数据类型的值的集合。属性的取值范围来自某个域。例如：学生表中属性"性别"的域是（男，女），属性"专业"的域是学校所有专业名的集合。

分量（component）：元组中的一个属性的值。例如："陈明亮"是学生表"姓名"属性的一个分量。

关系模式（relation schema）：指对关系的描述。关系模式可以形式化地表示为 $R(U, D, \text{DOM}, F)$。其中，R 为关系名；U 为组成该关系的属性名集合；D 为 U 中属性所来自的域；DOM 指属性向域的映像集合；F 为属性间数据的依赖关系集合。例如：学生表 ｛学号，姓名，性别，专业，手机号｝ 就是 U；学号、姓名使用的数据类型是文本类型，性别只能取"男"或"女"的值就是 D；｛学号 -> 文本类型，姓名 -> 文本类型｝ 就是 DOM；｛学号 -> 姓名｝ 就是 F，它解释为只要确定了学号，就能知道学生的姓名。在通常情况下，我们使用关系模式的简化表示法 $R\{U\}$：关系名（属性1，属性2，属性3，……），表 2-1 对应的关系模式为：学生（学号，姓名，性别，专业，手机号）。

将关系术语与一般表格术语进行比较，如表 2-2 所示。

表 2-2　关系术语与一般表格术语的对比

关系术语	一般表格术语
关系	二维表
关系名	表名
元组	记录、行
属性	列
属性名	列名
属性值	列值
分量	一条记录行中的一个列的值
域	列的取值范围

2.2　关系的特性

1. 关系的一般性质

（1）在同一关系模型中，各关系名不能相同。

（2）关系中的每个单元格都确切包含一个原子（单个）值，即分量不可再分解。

（3）一个关系中的属性的名称必须不同。

（4）同一属性中的各个值都取自相同的域。

（5）一个关系中不存在相同的元组。

（6）属性的顺序无关紧要，属性的顺序调换后还是同一个关系。

（7）元组的顺序无关紧要，元组的顺序调换后还是同一个关系。

2. 关系特性说明

（1）在同一个数据空间中的所有关系集合，每个关系的名称不能出现重名。例如，同一个数据库中不能出现重名的两个表，否则查询时就无法确定数据源，从而不确定应该用哪个表。

（2）关系中的每个属性都要不能再拆分成若干属性。例如，对于学生关系中的"专业"属性，有很多学校将专业细分方向，那么"专业"属性的分量值是"信息管理 – 信息系统开发方向"。于是，"专业"属性就不具有原子值，它可以分解成"信息管理"专业、"信息系统开发"方向两个分量，即原来的"专业"属性为"专业"+"方向"两个属性。

（3）一个关系如果属性相同，同样会造成查询的困扰。

（4）如果同一个属性的取值范围可以来自不同的域，那么会有什么问题呢？例如，学生关系中的学号值有一部分用的是文本型数据，另一部分用的是数字型数据。当对学生数据按学号顺序排时就会出现问题，我们知道文本的1与数字的1在计算机内是不一样的，那么排序后的数据就极有可能不会是我们想要的按学号顺序排列的结果。

（5）相同的元组指的是元组中的所有分量都一样，如表2－3所示。这种情况出现时，一方面会占用计算机空间资源，另一方面会造成查询的困扰。在表2－3所示的例子中，当两行完全相同的数据被查出时，到底是同一个学生还是不同的学生呢？很明显，这种情况是不能允许出现的。

表2－3　相同元组的学生信息表

学号	姓名	性别	专业	手机号
20190001	陈明亮	男	信息管理	18912345678
20190001	陈明亮	男	信息管理	18912345678

（6）假如把"姓名"与"专业"属性对调位置，那么学生关系还是原来的关系。

（7）假如把两个元组对调顺序，关系不变。

2.3　关系的操作与完整性

1. 关系的操作

关系模型中的数据操作是集合操作，操作对象和操作结果都是关系，即若干元组的集合。关系模型的数据操作主要包括查询、插入、删除和修改数据。关系的查询表达能力很强，是关系操作中最主要的部分。查询操作以关系代数为数学基础，可以分为选择（select）、投影（project）、连接（join）、除（divide）、并（union）、差（except）、交（intersection）、笛卡儿积（Cartesian product）等。

2. 关系的完整性

关系的数据操作必须满足关系的完整性约束条件。关系的完整性主要有三大类：实体完整性、参照完整性和用户定义的完整性。

（1）实体完整性（entity integrity）：在基本关系中，主关键字的属性不能为空。

空值（null value）表示"不知道"这个逻辑含义。它指对于某个特定元组无值可用，或者仅意味着尚未提供任何值。例如，学生关系中的手机号的分值可以为空。此时，表示手机号没有，或者手机号以后会有，只是现在还没有。空值是处理不完整数据或异常数据的一种方法。但空值不等价于零值（或空格）所组成的字符串。零值和空格都是实际存在的值，而空值则表示这个值未知。

根据实体完整性定义，主关键字是能对元组进行唯一标识的属性或属性组合。根据定义，主关键字是能对元组进行唯一标识的最小标识符。这就意味着主关键字的任何子集都不足以唯一标识元组。如果允许主关键字的某个部分为空值，就暗示了并不是所有属性都是标识元组所必需的，与主关键字的定义矛盾。因此，实体完整性要求主关键字的属性不能为空值。

例如：当"学号"作为学生关系的主关键字时，就不能在学生关系中插入一个"学号"属性值为空值的元组；选课关系的主关键字是组合属性，它是"学号"与"课程号"的组合，因此，在选课关系中不能插入一个"学号"值为空值、"课程号"值为空值或两者都为空值的元组。

（2）参照完整性（referential integrity）：如果在关系中存在某个外部关键字，则它的值或与主关系中某个元组的候选关键字取值相等，或者全为空值。

例如，学生关系包括"专业号"属性指向专业关系中的"专业号"属性。专业关系中的"专业号"属性的取值有 D01 和 D02，那么学生关系就不能添加一个专业号为 D03 的学生记录。但是，可以创建一条专业号为空值的新学生记录，用来表示学校录取一名新学生，但他还没被分配专业。

（3）用户定义完整性约束（user–defined integrity）：是指由数据库用户或数据库管理员对关系的属性所指定的规则，它约束属性的某些方面。

如果在系统中规定学生选课成绩不能超过 100 分，那么"不能超过 100 分"就是用户定义完整性约束，由数据库管理系统来强制执行。例如，对"成绩"属性设置用户定义完整性约束，值的范围在 0 到 100 之间，若要修改选课表中的"成绩"属性为 120，那么数据库管理系统就会拒绝修改，因为这违反设置的完整性约束。

2.4　关系数据库管理系统的功能

关系数据库管理系统（RDBMS）是以关系数据模型为理论基础开发的数据库管理系统，它是一个高度复杂的软件系统。接下来，介绍其主要功能。

1. 存储、检索和更新数据

RDBMS 必须为用户提供在数据库中存储、检索和更新数据的功能，这是 RDBMS 最基本的功能。

2. 用户可访问的目录

RDBMS 必须为用户提供一个系统目录，存储各类数据项的描述并允许用户访问。RDBMS 提供的系统目录是系统的基本组件。

系统目录通常存储的项目有：数据项的名称、类型和大小；联系的名称；数据的完整性约束；每个用户能访问的数据项及访问的类型；外模式、概念模式和内模式及各模式之间的映射；事务的频率；对数据库中对象的访问次数；等等。

3. 事务支持

RDBMS 必须提供一个机制，以确保给定事务的所有更新操作要么全部做完要么全不做。事务是由用户或应用程序执行的一系列动作，这些动作将访问（或修改）数据库的内容。例如，一个简单事务可能是向数据库中添加一位学生，或者更新一位学生的成绩。由于计算机崩溃，事务可能在执行过程中失败，这时数据库将处于不一致的状态：一些修改已经执行，而另外一些修改还没有发生。那么，已经执行的修改必须被恢复，使数据库重新回到一致的状态。

4. 并发控制服务

RDBMS 必须提供一个机制，以确保当多个用户并行地更新数据库时，数据库的更新是正确的。当两个（或多个）用户同时访问数据库，并且他们中至少有一个正在更新数据时，就有可能产生相互影响，导致数据不一致。RDBMS 必须确保当多个用户同时访问数据库时，一定不会发生冲突。

5. 恢复服务

RDBMS 必须提供一个机制，以确保无论数据库因何原因受到破坏，都能将数据库恢复到一致性状态。

6. 授权服务

RDBMS 必须提供一个机制，以确保只有经过授权的用户才可以访问数据库。例如，与学生成绩相关的信息可能只允许学生本人和教师看到，而禁止其他学生用户访问这些数据。

7. 支持数据通信

RDBMS 必须能够与通信软件集成。大多数用户是从工作站访问数据库的。有时这些工作站直接与 RDBMS 主机相连，但在有些情况下，这些工作站存放在异地，需要通过网络与 RDBMS 主机进行通信。无论哪种情况，DBMS 将访问请求作为通信消息接受，并且以同样的方式进行回复。所有这些转换都通过一个数据通信管理器（Data Communication Manager，DCM）进行处理。

8. 完整性服务

RDBMS 必须提供一种方法，以确保数据库中的数据和对数据的修改遵循完整性规则。例如，可能需要这样一个约束，任何学生都不能同时选择 20 门以上的课程。因此，当某位学生选课时，RDBMS 就检查这个约束，以确保不超过此限制，若选择的课程数量超过此限制则终止这次选课。

9. 提高数据独立性的服务

RDBMS 必须提供机制，以确保程序独立于数据库的实际结构。数据独立性通常是通过视图或者外模式机制实现的。物理数据独立性较容易达到，在不影响视图的情况下，可以对数据库的物理特性进行多种修改。然而，完全的逻辑数据独立性很难达到。新增实体、属性或联系可以接受，但是删除则不同。在一些系统中，对逻辑结构中任何成分的修改都是不允许的。

10. 实用服务程序

RDBMS 应该提供一组实用服务程序。实用程序可以帮助数据库管理员高效地管理数据库。有一些实用程序所做的工作发生在用户层，可由数据库管理员完成；有些工作发生在物理层，只能由 RDBMS 供应商提供，如输入/输出机制、数据库监测机制、数据库重组机制等。

2.5 关系数据库管理系统的体系结构

不同的关系数据库管理系统（RDBMS）之间会有很大的差异性，本节只列出一种可能的 RDBMS 结构。2.7 小节将介绍微软公司的 SQL Server 的体系结构。

RDBMS 可以被分成若干软件组件，每个组件负责特定的功能。其主要组件包括查询处理器、数据库管理器、文件管理器、DML 预处理器、DDL 编译器、目录管理器，如图 2-1 RDBMS 的主要组件所示。

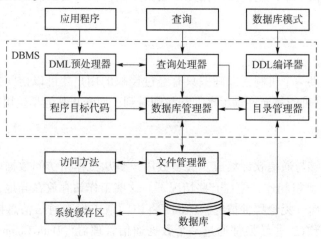

图 2-1 RDBMS 的主要组件

1. 查询处理器

查询处理器是 DBMS 的一个主要组件，它将所有的查询转换成一系列指导数据库管理器运行的低层指令。

2. 数据库管理器

数据库管理器与用户提交的应用程序和查询处理器接口。数据库管理器接受查询并检查外模式和概念模式，以确定需要哪些概念记录才能满足查询请求。然后，数据库管理器会通知文件管理器来执行请求。

3. 文件管理器

文件管理器操纵基本存储文件，并管理磁盘存储空间的分配。它建立和维护内模式中定义的结构和索引的列表。如果要使用散列文件，它就会调用散列函数，产生记录地址。文件管理器不直接管理数据的物理输入和输出，而是将请求传递给适当的操作系统访问方法，由它从系统缓冲区（或高速缓存）中读出或写入数据。

4. DML 预处理器

DML 预处理器将嵌入应用程序中的 DML 语句转换成宿主语言中标准的函数调用。DML 预处理器必须与查询处理器相互作用，并产生适当的代码。

5. DDL 编译器

DDL 编译器将 DDL 语句转换成一组包含元数据的表格。这些表格将存储在系统目录中，控制信息将存储在数据文件头部分。

6. 目录管理器

目录管理器控制着对系统目录的访问，并且维护系统目录。系统目录可以被大多数数据库管理系统组件访问。

2.6 SQL Server 简介

有很多软件公司开发了数据库管理系统产品，其中微软公司的数据库管理系统产品命名为 SQL Server，又称 MS SQL Server。SQL Server 是一个既可以支持大型企业级应用，又可以用于个人用户（甚至移动端）的关系数据库管理系统。截至 2020 年 7 月，根据 DB-Engines 官网发布的数据库管理系统排名（图 2 - 2），MS SQL Server 排名第三。

微软公司在早期曾与 IBM 合作开发了一套新的操作系统，即 OS/2 系统。之后，微软公司联合了当时数据库行业的两家知名公司 Sybase 和 Ashton-Tate 共同开发了一套运行于 OS/2

	Rank		DBMS	Database Model	Score		
Jul 2020	Jun 2020	Jul 2019			Jul 2020	Jun 2020	Jul 2019
1.	1.	1.	Oracle ➕	Relational, Multi-model ℹ	1340.26	-3.33	+19.00
2.	2.	2.	MySQL ➕	Relational, Multi-model ℹ	1268.51	-9.38	+38.99
3.	3.	3.	Microsoft SQL Server ➕	Relational, Multi-model ℹ	1059.72	-7.59	-31.11
4.	4.	4.	PostgreSQL ➕	Relational, Multi-model ℹ	527.00	+4.02	+43.73
5.	5.	5.	MongoDB ➕	Document, Multi-model ℹ	443.48	+6.40	+33.55
6.	6.	6.	IBM Db2 ➕	Relational, Multi-model ℹ	163.17	+1.36	-10.97
7.	7.	7.	Elasticsearch ➕	Search engine, Multi-model ℹ	151.59	+1.90	+2.77
8.	8.	8.	Redis ➕	Key-value, Multi-model ℹ	150.05	+4.40	+5.78
9.	9.	⬆11.	SQLite ➕	Relational	127.45	+2.64	+2.82
10.	10.	10.	Cassandra ➕	Wide column	121.09	+2.08	-5.91

图 2-2 SQL Server 数据库排名

操作系统上的数据库系统。经过三方共同努力，Ashton-Tate/Microsoft SQL Server 1.0 for OS/2 于 1989 年正式发布。

后来，Ashton-Tate 的 dBASE IV 计划不顺，微软公司终止了与 Ashton-Tate 的合作。1990 年发布的新产品只有微软公司的品牌，即 Microsoft SQL Server 1.1 for OS/2。同年，微软公司为 SQL Server 建立专门的技术团队，并于次年起陆续取得 Sybase 的授权。从此，SQL Server 团队有权限查看和修改 SQL Server 的源代码，只是所有的修改都必须得到 Sybase 的检验并且同意后才可以执行。

与 IBM 的合作停止之后，微软公司便独自研发 OS/2 3.0 版，不久这个操作系统被命名为 Windows NT。1993 年，Windows NT 3.1 上市，不久，SQL Server 4.2 上市。开始在市场上销售。SQL Server 4.2 是第一个用于 Windows NT 操作系统的 SQL Server 产品，也是第一次出现在微软认证考试中的 SQL Server 产品。

1994 年，微软公司与 Sybase 正式终止了合作关系，微软公司买下了 Windows NT 版本的 SQL Server 全部版权后就开始完全独立开发。次年 6 月，微软公司就发布了 SQL Server 6.0。对微软公司而言，这个版本是一个重要的里程碑，因为这个版本是其独立完成的。1996 年，微软公司发布了 SQL Server 6.5，作为对 SQL Server 6.0 的重要更新。为了开发 SQL Server 产品，微软公司投入了数以亿计的开发资金，还邀请了大量顶级数据库专家加盟微软公司。这些专家把多个数据库厂商各方面的先进技术和想法融合在一起，彻底摆脱了 Sybase 模式的束缚，从而确立了 SQL Server 自己的基础架构。

1998 年 12 月，SQL Server 7.0 上市。这个新产品已经将核心代码重写，因此有了很多实质性的改进，减少了数据库管理员的工作负担，并且第一次出现了 OLAP 服务（后续版本称之为分析服务）。此外，微软公司还提供了 MSDE（Microsoft Data Engine）作为一种单机数据库供用户选择。

2000 年 8 月，SQL Server 2000 发布，其引入了对多实例的支持，允许用户选择排序规则，在分析服务中也出现了数据挖掘，用户还可以从网上下载一个制作和发布报表的插件（后续版本称之为报表服务）。在 64 位的 AMD 处理器和安腾（Itanium）处理器上市后，SQL Server 2000 也随即推出了支持这些处理器的版本。

SQL Server 各版本发展如表 2-4 所示。

表 2 - 4 SQL Server 各版本发展

年份	事 件
1989	Ashton-Tate/Microsoft SQL Server 1.0 for OS/2 正式发布
1990	发布只有微软公司品牌的 Microsoft SQL Server 1.1 for OS/2
1993	发布第一个用于 Windows NT 操作系统的 SQL Server 产品 SQL Server 4.2
1994	微软公司与 Sybase 正式终止了合作关系，并于当年6月发布独立完成的 SQL Server 6.0
1998	SQL Server 7.0 正式上市，出现了 OLAP 服务并提供单机版
2000	SQL Server 2000 正式上市，支持多实例、数据挖掘、报表插件等
2005	SQL Server 2005 正式上市，支持分区、数据库镜像、联机索引、数据库快照、复制、故障转移群集
2008	SQL Server 2008 正式上市，支持数据压缩、资源调控器、备份压缩
2012	SQL Server 2012 发布，新增 AlwaysOn、Columnstore 索引、增强的审计功能、大数据支持等功能
2014	SQL Server 2014 发布，新增内存优化表、备份加密、延迟持续性、分区切换和索引生成、列存储索引、使用 SSD 扩展缓冲池等功能
2016	SQL Server 2016 发布，新增全程加密技术、动态数据屏蔽、JSON 支持、支持 R 语言等功能
2017	SQL Server 2017 发布，新增可恢复的在线索引重建、图表数据库功能、R/Python 机器学习等功能
2019	SQL Server 2019 发布，新增大数据群集、内存优化 tempdb、Kubernetes 支持、Java 支持、表格模型中的多对多关系等功能

2.7　SQL Server 的体系结构

SQL Server 的体系结构（图 2 - 3）包含协议层（Protocols）、关系引擎（Relational Engine）、存储引擎（Storage Engine）、SQLOS 四个主要组成部分，关系引擎又称查询处理器（Query Processor）。

1. 协议层

当应用程序与 SQL Server 数据库通信时，首先需要通过 SNI（SQL Server Network Interface，SQL Server 网络接口）选择建立通信连接的协议，可以使用的协议有 TCP/IP、Named Pipes、Shared Memory。其中，TCP/IP 是应用最广泛的协议；Named Pipes 仅为局域网（LAN）提供服务；Shared Memory 仅支持在同一台机器上。

在应用中，我们可以对 SQL Server 进行配置，使其能同时支持多种协议。各种协议在不同的环境中有着不同的性能表现，需要根据性能需求选择合适的协议。如果客户端并未指定

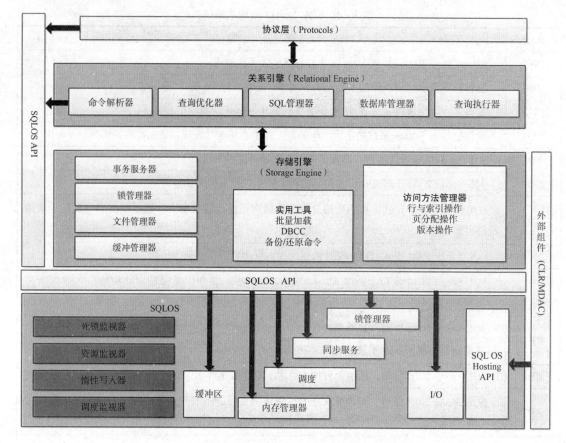

图 2-3 SQL Server 体系结构

使用哪种协议，则可配置逐个地尝试各种协议。

建立连接后，应用程序即可与数据库进行直接的通信。当应用程序准备使用 T-SQL 语句"select * from TableA"向数据库查询数据时，查询请求在应用程序侧首先被翻译成 TDS（Tabular Data Stream，表格格式数据流）协议包，然后通过连接的通信协议信道发送至数据库一端。

SQL Server 协议层接收到请求，并将请求转换成关系引擎可以处理的形式。

2. 关系引擎

关系引擎又称查询处理器，主要包含命令解析器、查询优化器、查询执行器。

（1）命令解析器：协议层将接收到的 TDS 消息解析回 T-SQL 语句，首先传递给命令解析器。命令解析器检查 T-SQL 语句的语法正确性，并将 T-SQL 语句转换成可以进行操作的内部格式，即查询树。查询树是结构化查询语言（Structured Query Language，SQL）的内部表现形式。

（2）查询优化器：它从命令解析器处得到查询树，判断查询树是否可被优化，然后从许多可能的方式中确定一种最佳方式，对查询树进行优化。在完成查询规范化和最优化之后，这些过程产生的结果将被编译成执行计划数据结构。执行计划中包括查询哪个表、使用哪个索引、检查何种安全性以及在哪些条件为何值等信息。

（3）查询执行器：它运行查询优化器产生的执行计划，在执行计划中充当所有命令的调度程序，并跟踪每个命令执行的过程。大多数命令需要与存储引擎进行交互，以检索或修改数据等。

3. 存储引擎

SQL Server 存储引擎中包含负责访问和管理数据的组件，主要包括访问方法管理器、锁管理器、事务服务器、实用工具。

（1）访问方法管理器：包含创建、更新和查询数据的具体操作。下面列出了一些访问方法类型：

①行和索引操作：负责操作和维护磁盘上的数据结构，也就是数据行和 B 树索引。

②页分配操作：每个数据库都是 8 KB 磁盘页的集合，这些磁盘页分布在多个物理文件中。SQL Server 使用 13 种磁盘页面结构，包括数据页面、索引页面等。

③版本操作：用于维护行变化的版本，以支持快照隔离功能等。

访问方法并不直接检索页面，它向缓冲管理器发送请求，缓冲区管理器在其管理的缓存中扫描页面，或者将页面从磁盘读取到缓存中。在扫描启动时，会使用预测先行机制对页面中的行或索引进行验证。

（2）锁管理器：用于控制表、页面、行和系统数据的锁定，负责在多用户环境下解决冲突问题，管理不同类型锁的兼容性，解决死锁问题，以及根据需要提升锁的功能。

（3）事务服务器：用于提供事务的 ACID 特性支持。ACID 指原子性、一致性、隔离性与持久性。

（4）实用工具：包含用于控制存储引擎的工具，如批量加载、DBCC（Database Console Commands，数据库控制台命令）、全文本索引管理、备份/还原命令等。

4. SQLOS

早期的 SQL Server 版本在存储引擎和实际的操作系统之间有一层很薄的接口层，SQL Server 通过该接口层向操作系统申请分配内存、调度资源、管理进程和线程及同步对象。但是，访问该层所需的服务可以分布在 SQL Server 引擎的任意部分。从 SQL Server 2005 之后，对内存管理、调度器和对象同步等的需求已经变得更加复杂了。SQL Server 将所有需要访问操作系统的服务归为一组并纳入单个功能单元，称为 SQLOS。总的来讲，SQLOS 就像 SQL Server 内部的操作系统，它提供内存管理、工作调度、I/O 管理、锁定和事务管理的框架、死锁探测、副本制作、例外处理等功能。

2.8　SQL Server 的下载与安装

1. 下载 SQL Server

（1）步骤 1：下载安装包：在微软公司的 SQL Server 下载官网 https：//www.microsoft.com/

zh-cn/sql-server/sql-server-downloads 下载 SQL Server 安装包，如图 2-4 所示。

图 2-4 SQL Server 下载首页（步骤 1）

（2）步骤 2：打开安装包，并选择安装类型"基本"，如图 2-5 所示。

图 2-5 选择安装类型（步骤 2）

（3）步骤 3：选择语言，如图 2-6 所示。

（4）步骤 4：选择安装位置，如图 2-7 所示。

（5）步骤 5：下载安装程序包，如图 2-8 所示。

（6）步骤 6：找到安装包 SQLServer2019-x64-CHS-Developer 版.iso，双击安装包中的 setup.exe 文件，如图 2-9 所示。

2. 安装 SQL Server

（1）步骤 1：全新 SQL Server 独立安装，如图 2-10 所示。

（2）步骤 2：指定可用版本 Developer，如图 2-11 所示。

（3）步骤 3：接受许可条款，如图 2-12 所示。

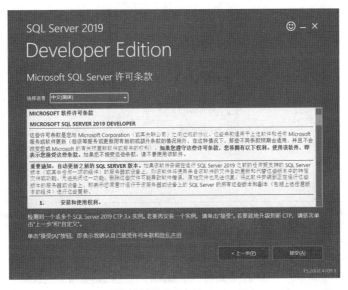

图2-6 选择语言（步骤3）

图2-7 选择安装位置（步骤4）

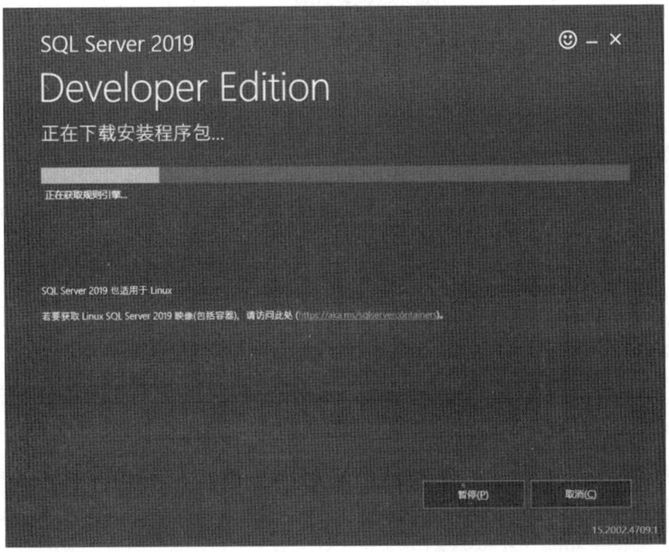

图2-8 下载安装程序包（步骤5）

图 2-9　安装包目录（步骤 6）

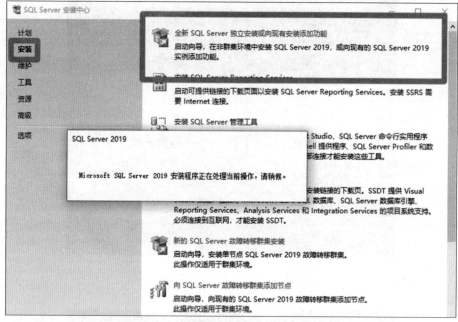

图 2-10　全新独立安装（步骤 1）

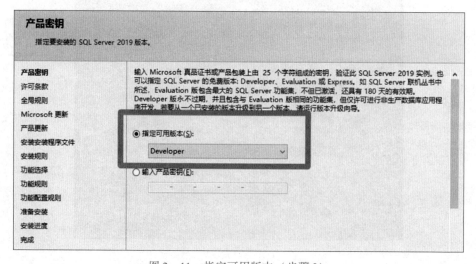

图 2-11　指定可用版本（步骤 2）

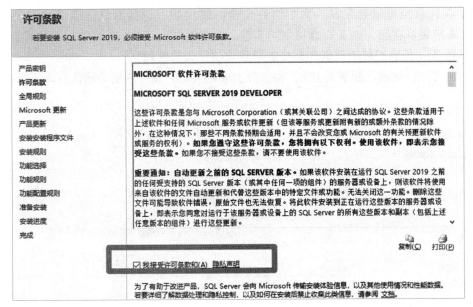

图 2 – 12　接受许可条款（步骤 3）

（4）步骤 4：在图 2 – 13 所示的对话框中先单击下方的"全选"按钮，然后将不必要的组件取消勾选，其中箭头所指的方框部分可以全部取消勾选。图 2 – 13 中下方的安装目录既

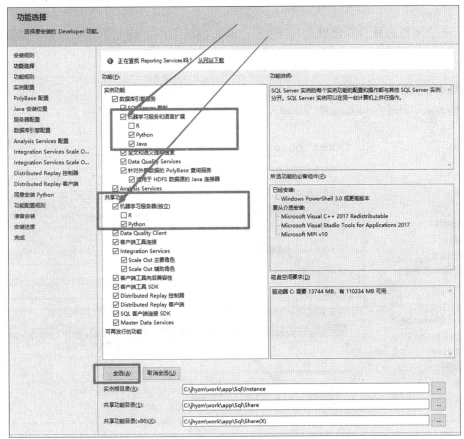

图 2 – 13　功能选择（步骤 4）

可以按默认目录也可以自定义，为了组件安全，建议新手选择默认。这里的安装会占用 10～13 GB 的硬盘空间，如果 C 盘的空间不够，则建议更改目录，务必将目录位置放置在比较安全的位置（任意组件遭到破坏都可能导致该软件无法使用）。

（5）步骤 5：如果已配置了 JDK，请选择 JDK 所在的目录，否则请默认不改，如图 2－14 所示。

图 2－14　Java 安装位置（步骤 5）

（6）步骤 6：选择"混合模式"，单击"添加当前用户"按钮，输入密码，如图 2－15 所示。

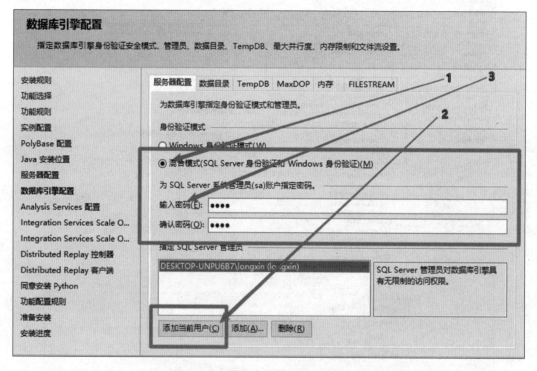

图 2－15　数据库引擎配置（步骤 6）

（7）步骤7：添加当前用户，如图2-16所示。

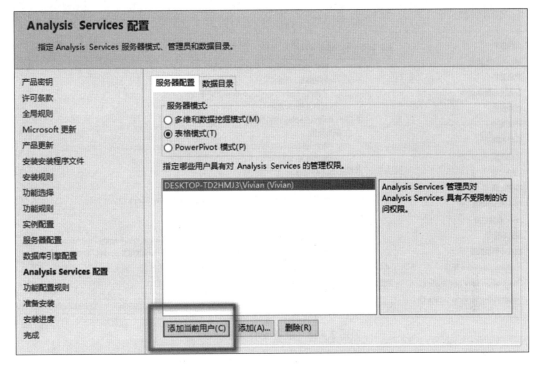

图2-16 Analysis Services 配置（步骤7）

（8）步骤8：控制器名称自定义，如图2-17所示。

图2-17 Distributed Replay 客户端（步骤8）

（9）步骤9：准备安装，如图2-18所示。
（10）步骤10：安装完成后，重启关闭计算机。

3. 下载、安装并运行 SQL Server Management Studio（SSMS）

（1）步骤1：进入 SQL Server 下载界面，下载 SQL Server Management Studio（SSMS），如图2-19所示。

（2）步骤2：安装下载文件 SSMS（SQL Server Management Studio）-Setup-CHS. exe。如图2-20所示。

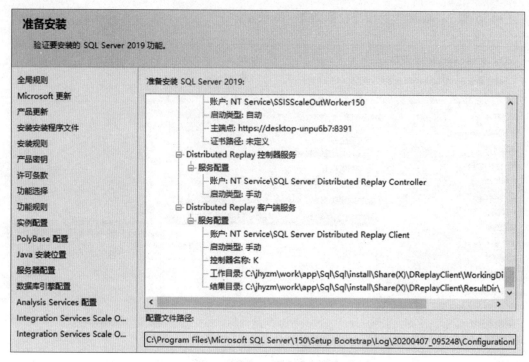

图 2－18　准备安装（步骤 9）

图 2－19　下载 SSMS（步骤 1）

图 2－20　安装 SSMS（步骤 2）

（3）步骤3：安装完成后，找到 Microsoft SQL Server Management studio 并运行，如图2-21所示。

图2-21　运行 SSMS（步骤3）

（4）步骤4：使用 Windows 身份验证登录连接到服务器，如图2-22所示。服务器名称在安装过程中已配置完成，具体名称可自定义。

图2-22　连接到服务器（步骤4）

（5）步骤5：进入 SSMS 操作界面，如图2-23所示。

图2-23　SSMS 操作界面（步骤5）

● 本章小结

本章首先介绍了关系数据模型的三个要素：关系的数据结构、关系的操作与关系完整性。在数据结构部分，举例解释了关系、元组、属性、码、候选码、主属性、非主属性、主码、域、分量、关系模式等概念。

然后，本章简要介绍了 RDBMS 应具有的功能，通过一个设想的 RDBMS 体系结构以说明实现方法。通过介绍 SQL Server 的历史，引入本书所使用的 RDBMS 管理系统，并对照 SQL Server 体系结构图，详细说明了各组件的作用以及组件之间的联系。此外，本章还详细介绍了 SQL Server 的下载、安装以及配置。

● 思考题

1. 理解术语：关系、元组、属性、码、候选码、主属性、非主属性、主码、域、分量、关系模式。

2. 解释关系的特点。

3. 说明关系完整性的种类及其含义。

4. 总结 SQL Server 的历史发展进行。

5. 说明 SQL Server 的体系结构。

第3章

数据库语言

学习目标

1. 学习 SQL 语言的发展历程，总结 SQL 语言产生的原因。
2. 总结常用的 SQL 语言种类，列举各种类的操作内容。
3. 学会用自己的语言解释 SQL 语言的特点。
4. 列举第四代语言的种类与作用。

数据素养指标

1. 了解数据管理的历史发展过程。
2. 了解数据库管理的相关基本概念，为数据管理打下基础。

本章导读

1. SQL 语言简介：SQL 的目标；SQL 语言的发展历史与标准。
2. 常用的 SQL 语言种类：DDL 与 DML 简介。
3. SQL 语言的特点。
4. 第四代语言：第四代语言的产生背景；第四代语言的种类。

3.1　SQL 语言简介

1. SQL 的目标

理想情况下的数据库语言应该具有以下功能：

- 建立与管理数据库和关系结构。
- 完成基本数据操作管理任务，如关系中数据的插入、修改和删除。
- 完成简单或复杂的查询。
- 能够进行数据控制管理工作，如数据安全性。

理想情况下的数据库语言还应该具有以下特性：

- 数据库语言必须功能丰富。
- 数据库语言必须结构简洁、易学易用。
- 语言必须易于移植，符合公认的标准，这样当我们更换到不同的 DBMS 时，仍可以使用相同的命令和语法结构。

结构化查询语言（Structured Query Language，SQL）能够满足这些要求。SQL 是关系数据库的标准语言，也是一个通用的、功能极强的关系数据库语言。

2. SQL 的历史

1970 年，E. F. Codd 发表了 *A Relational Model of Data for Large Shared Data Banks*。IBM 公司的 Chamberlin 领导的项目组开发出了结构化英语查询语言（Structured English Query Language，SEQUEL）。后来由于商标之争，SEQUEL 更名为结构化查询语言（Structured Query Language，SQL）。

1979 年，Oracle 成为第一家在市场上发布商业版 SQL 的公司。1981—1984 年先后出现了其他商业版本，如 IBM（DB2）、Data General（DG/SQL）、Relational Technology（INGRES）。经各公司的不断修改、扩充和完善，SQL 得到了业界的认可，其影响越来越大，从而引起了美国国家标准学会（American National Standard Institute，ANSI）的关注。

1986 年 10 月，ANSI 的数据库委员会 X3H2 批准了 SQL 作为关系数据库语言的美国标准，同年公布了 SQL 标准文本（SQL-86）。

1987 年，国际标准化组织（International Organization for Standardization，ISO）也通过了这一标准。各国通常按照 ISO 标准和 ANSI 标准（这两个机构的很多标准是差不多等同的）制定自己的国家标准。

3. SQL 标准

SQL 标准发展如表 3-1 所示。

表 3-1　SQL 标准发展

年份	标准	版本
1986	ANSI X3.135-1986，ISO/IEC 9075：1986	SQL-86
1989	ANSI X3.135-1989，ISO/IEC 9075：1989	SQL-89
1992	ANSI X3.135-1992，ISO/IEC 9075：1992	SQL-92（SQL2）
1999	ISO/IEC 9075：1999	SQL：1999（SQL3）
2003	ISO/IEC 9075：2003	SQL：2003
2008	ISO/IEC 9075：2008	SQL：2008
2011	ISO/IEC 9075：2011	SQL：2011
2016	ISO/IEC 9075：2016	SQL：2016

2016 年 12 月 14 日，ISO/IEC 发布了最新版本的数据库语言 SQL 标准（ISO/IEC 9075：2016）。从此，它替代了之前的 ISO/IEC 9075：2011 版本。最新的标准分为 9 个部分，如表 3 – 2 所示。

表 3 – 2 SQL：2016 标准

名称	内容
ISO/IEC 9075 – 1 信息技术 – 数据库语言 – SQL – 第 1 部分	框架（SQL/框架）
ISO/IEC 9075 – 2 信息技术 – 数据库语言 – SQL – 第 2 部分	基本原则（SQL/基本原则）
ISO/IEC 9075 – 3 信息技术 – 数据库语言 – SQL – 第 3 部分	调用级接口（SQL/CLI）
ISO/IEC 9075 – 4 信息技术 – 数据库语言 – SQL – 第 4 部分	持久存储模块（SQL/PSM）
ISO/IEC 9075 – 9 信息技术 – 数据库语言 – SQL – 第 9 部分	外部数据管理（SQL/MED）
ISO/IEC 9075 – 10 信息技术 – 数据库语言 – SQL – 第 10 部分	对象语言绑定（SQL/OLB）
ISO/IEC 9075 – 11 信息技术 – 数据库语言 – SQL – 第 11 部分	信息与定义概要（SQL/Schemata）
ISO/IEC 9075 – 13 信息技术 – 数据库语言 – SQL – 第 13 部分	使用 Java 编程语言的 SQL 程序与类型（SQL/JRT）
ISO/IEC 9075 – 14 信息技术 – 数据库语言 – SQL – 第 14 部分	XML 相关规范（SQL/XML）

截至 2016 年，SQL 标准已经发布了 8 个版本。最初的 SQL – 86 只有几十页，内容不断丰富，到 SQL：1999 时，尽管已有 1 700 页，但已经很难包含标准的所有内容了。目前，没有哪个数据库管理系统能够支持 SQL 标准的全部概念和特性。大部分数据库管理系统能支持 SQL – 92 标准中的大部分功能以及 SQL：1999、SQL：2003 中的部分新概念。同时，许多软件厂商对 SQL 基本命令集还进行了不同程度的扩充和修改，从而可以支持标准以外的一些功能特性。因此，本书对 SQL 语言仅介绍了基本概念和功能，读者在使用时要注意查阅系统的帮助手册。

3.2 常用的 SQL 语言种类

1. 数据定义语言

数据定义语言（Data Definition Language，DDL）是一种供数据库管理员（或用户）描述和命名应用所需的实体、属性和联系及其相关的完整性约束和安全约束的语言。换言之，DDL 是用于描述数据库三级模式结构（概念模式、外模式和内模式）中所涉及对象的语言。其中，对象包括数据库（又称目录）、模式、表、视图、索引、用户、角色等，如表 3 – 3 所示。

表 3-3　常用的 DDL 语句

对象	操作方式		
	创建	删除	修改
数据库	CREATE DATABASE	DROP DATABASE	ALTER DATABASE
模式	CREATE SCHEMA	DROP SCHEMA	ALTER SCHEMA
表	CREATE TABLE	DROP TABLE	ALTER TABLE
视图	CREATE VIEW	DROP VIEW	ALTER VIEW
索引	CREATE INDEX	DROP INDEX	ALTER INDEX
用户	CREATE USER	DROP USER	ALTER USER
角色	CREATE ROLE	DROP ROLE	ALTER ROLE

现代的关系数据库管理系统采用层次化的数据库对象命名机制，如图 3-1 所示。一个服务器（硬件）可以创建多个关系数据库管理系统的实例（instance），一个实例可以建立多个数据库，一个数据库中可以建立多个模式，一个模式下通常包含多个表、视图和索引等数据库对象。

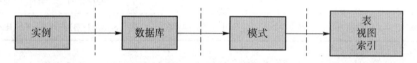

图 3-1　数据库对象层次结构

DDL 语句的编译结果是一组表格，存储在称为系统目录的特殊文件中。系统目录集中存储元数据。元数据（metadata）是一种描述数据库中对象的数据，包含记录、数据项，以及其他用户感兴趣或 DBMS 要求的对象的定义。通过元数据，访问和操作这些对象可变得相对容易。DBMS 在实际访问数据库的数据之前，通常要查阅系统目录。

2. 数据操作语言

数据操作语言（Data Manipulation Language，DML）提供了一组基本操作，支持对数据库中存储数据进行各种处理操作的语言。对于数据的操作，主要涉及以下四种：

（1）数据的添加（insert）操作，又称新增（create）操作。

（2）数据的查询（query）操作，又称读（read）操作。

（3）数据的修改（update）操作。

（4）数据的删除（delete）操作。

数据库的这四项操作是 DBMS 的最主要功能。用户可以使用该语言的语句完成各种数据处理要求，它可被用在三级模式结构的外模式、概念模式和内模式中。然而，在内模式必须定义更复杂的低级程序，以便高效地访问数据。例如，可以使用 C++ 语言实现内模式对数据的操作处理。相反，在较高层重点放在易用性以及为用户提供高效的系统界面上。例如，微软公司的 Access 数据库可以使用图形化界面的方式操作数据。本书使用的 DDL 语言主要用在概念模式，即通过命令的方式完成数据操作。

3. 数据控制语言

数据控制语言（Data Control Language，DCL）是指可对数据访问权进行控制的指令，它可以控制特定用户对数据表、存储程序、用户自定义函数等数据库对象的控制权等，主要包括授权（GRANT）、禁止（DENY）、收回（REVOKE）。

3.3 SQL 语言的特点

1. 综合统一

SQL 语言将数据定义语言（DDL）、数据操纵语言（DML）、数据控制语言（DCL）的功能集于一体，语言风格统一。其可以独立完成数据库生命周期中的全部活动，包括定义关系模式、录入数据以建立数据库、数据库重构、数据库安全性控制等一系列操作要求。这为数据库应用系统的开发提供了良好的环境，特别是用户在数据库投入运行后还可根据需要随时地、逐步地修改模式，并不影响数据库的运行，从而使系统具有良好的可扩充性。

2. 高度非过程化

过程化语言（即第三代程序设计语言）是指需要由编写程序的人员一步一步地安排程序执行过程的程序设计语言。过程化语言需要用户既要告诉系统需要什么数据，又要说明如何检索这些数据。非关系数据模型的数据操纵语言是面向过程的语言，若要用其完成某项请求，则必须指定存取路径。例如，网状（或层次）数据库采用的语言。

非过程化语言：只要求用户告诉系统需要哪些数据而不需要说明如何检索它们的语言。用 SQL 语言进行数据操作时，用户只需提出"做什么"，而不必指明"怎么做"，因此用户无须了解存取路径，存取路径的选择以及 SQL 语句的操作过程由系统自动完成。这不但大大减轻了用户负担，而且有利于提高数据独立性。

3. 面向集合的操作方式

SQL 语言采用集合操作方式，不仅查找结果可以是元组的集合，而且一次插入、删除、更新操作的对象也可以是元组的集合。

非关系数据模型采用的是面向记录的操作方式，任何一次操作其对象都是一条记录。例如，要查询所有在 2010 年以后出生的学生的信息，用户必须说明完成该请求的具体处理过程，即如何用循环结构按照某条路径把满足条件的记录逐条读取。

4. 以同一种语法结构提供两种使用方式

SQL 语言既是自含式语言，又是嵌入式语言。作为自含式语言，它能够独立地用于联机交互的使用方式，用户可以在终端键盘上直接输入 SQL 命令对数据库进行操作。作为嵌入式语言，SQL 语句能够嵌入高级语言（如 C ++、Java）程序，供程序员设计程序时使用。在两种不同的使用方式下，SQL 语言的语法结构基本一致。这种以统一的语法结构提供两种不同的使用方式的特点为用户提供了极大的灵活性与方便性。

3.4 第四代语言

第四代语言（Fourth – Generation Language，4GL）的出现是出于商业需要。"4GL"这个词最早在 20 世纪 80 年代初期出现在软件厂商的广告和产品介绍中。这些厂商的 4GL 产品不论从形式上还是从功能上，差别都很大。1985 年，美国召开了全国性的 4GL 研讨会，也正是在这前后，许多著名的计算机科学家对 4GL 展开了全面研究，从而使 4GL 进入计算机科学的研究范畴。进入 20 世纪 90 年代，随着计算机软硬件技术的发展和应用水平的提高，大量基于数据库管理系统的 4GL 商品化软件已在计算机应用开发领域中得到广泛应用，成为面向数据库应用开发的主流工具。

与过程化 3GL 相比，4GL 一般是非过程化的：用户只需定义"做什么"，而不需要说明"怎么做"。4GL 被认为在很大程度上更加依赖于较高层的组件（第四代工具）。执行一项任务时，用户不用逐行编写程序，而只要为一些工具定义参数，由它们即可产生应用程序。SQL 语言就是一个典型的第四代语言。此外，还有报表生成器、图形生成器、应用生成器。

报表生成器是为用户提供的自动产生报表的重要工具，它提供非过程化的描述手段，让用户可以很方便地根据数据库中的信息来生成报表。例如，Microsoft SQL Server Reporting Services 就是一种基于服务器的新型报表平台，可用于创建和管理包含来自关系数据源和多维数据源的数据的表格报表、矩阵报表、图形报表和自由格式报表。

较之一维的字符串、二维的表格信息，图形信息更直观、鲜明。图形生成器是指从数据库中检索数据，并以图形的形式显示数据的工具。图形化表示的是数据分析的发展趋势。通常允许用户创建柱图、饼图、线形图和谱图等。较有代表性的是 Gupta 公司开发的 SQL Windows 系统。它以 SQL 语言为引擎，让用户在屏幕上以图形方式定义用户需求，系统自动生成相应的源程序（还具有面向对象的功能），用户可修改或增加这些源程序，从而完成应用开发。

应用生成器是一类综合的 4GL 工具，它能产生与数据库接口的程序。用户不必使用多个软件，而只用这一个综合工具即可实现多种功能。用户描述程序要"做什么"，应用程序生成器决定"如何做"。

● 本章小结

本章介绍了 SQL 语言产生的目标，简要说明了 SQL 语言的发展历史进程，并由此引出 SQL 语言的标准。SQL 标准目前已经发展了 8 个版本，其中 SQL：2016 包含 9 个部分，但是大部分数据库管理系统都只实现标准的一部分内容并扩展出自己的特性。

常用的 SQL 语言主要有数据定义语言（DDL）与数据操纵语言（DML）。DDL 用于描述数据库三级模式结构（模式、外模式和内模式）中所涉及各类基本对象，它包含创建（CREATE）、修改（ALTER）、删除（DROP）三种操作。DML 支持对数据库中存储数据进行各种处理操作，它包含查询（SELECT）、添加（INSERT）、修改（UPDATE）、删除（DELETE）四种操作。SQL 语言具有综合统一、高度非过程化、面向集合的操作方式、以同一种语法结构提供两种使用方式的特点。

现代技术在过程化3GL 的基础上发展出了非过程化的4GL。SQL 语言属于4GL。此外，还有报表生成器、图形生成器、应用生成器等4GL。

● 思考题

1. 说明 SQL 产生的目标。
2. 列举 SQL 语言的各版本标准。
3. 列举常用的 SQL 语言种类以及对应的操作。
4. 说明第四代语言的特点、种类以及作用。

第4章

创建与管理数据库

学习目标

1. 学会解释 SQL Server 各逻辑结构的概念，总结各结构的作用。
2. 总结物理存储文件的分类与作用。
3. 说出 T-SQL 语法约定各符号的含义，解释其用法。
4. 说出标识符的含义，举例说明标识符命名规则。
5. 尝试完成数据库的管理操作。

数据素养指标

1. 能够了解数据管理系统的体系结构，为数据管理打下基础。
2. 能够安装配置合适的管理工具，为数据管理打下基础。

本章导读

1. SQL Server 的逻辑数据库结构：SQL Server 数据库空间；用户与模式的概念与作用；页与区的概念与组织结构；文件组的概念。
2. SQL Server 的物理存储结构：数据库文件与日志文件的概念与区别。
3. T–SQL 语法约定：语法约定的各符号表示与用法。
4. T–SQL 标识符：常规标识符与分隔标识符的含义；标识符的正确与错误用法。
5. 数据库的创建：创建数据库的语法约定；操作案例；注意事项说明。
6. 数据库的修改：修改数据库的语法约定；操作案例；注意事项说明。
7. 数据库的删除：删除数据库的语法约定；操作案例；注意事项说明。

4.1 SQL Server 的逻辑数据库结构

SQL Server 采用的是客户/服务器（client/server，C/S）结构。2.8 节中安装的 SSMS 组件就是客户端，它负责针对用户的数据表示。服务器端主要负责为客户端提供数据服务，它既可以安装在本机上，也可以安装在专门的服务器上。3.2 节提到了现代的关系数据库管理系统采用层次化的数据库对象命名机制。SQL Server 的一个服务器实例可包含多个数据库。一个数据库由逻辑结构组成和物理结构（包括形成 SQL Server 数据库的文件）（如数据库模式）。

1. SQL Server 数据库空间

数据库空间把与所有数据相关的逻辑结构组织在一起。如图 4-1 所示，SQL Server 的数据库空间把表、视图、可编程性（可编程的数据对象：存储过程、规则、触发器等）、安全性（安全相关的数据对象：用户、角色、架构（注：SQL Server 又称模式（schema）为架构）等）等数据对象组织在一起，以简化管理操作。

图 4-1　SQL Server 的数据库空间

2. 用户与模式

用户（user）是数据库安全性对象中的一个，可用于连接或访问数据对象。模式（schema）是模式对象的一个命名集合，例如，模式中包含表、视图、索引等。schema 与特定的 user 相连。schema 和 user 的概念有助于 DBA 管理数据库的安全。

为了对数据库进行存取，用户（或应用程序）首先需要通过 SSMS（或命令行方式）用已经定义的用户名（主要使用登录账号）连接数据库服务。在创建一个数据库用户时，一般需要指定默认模式（DEFAULT_SCHEMA），若没有指定，则系统自动使用 DBO 作为默认架构。在默认状态下，一旦用户与数据库相连，用户就可以对其模式中的所有对象进行存取。

3. 页和区

1）页

在 SQL Server 中，数据存储的基本单位是页（pages）。为数据库中的数据文件分配的磁盘空间可以从逻辑上划分成页（$0 \sim n$ 连续编号），磁盘 I/O 操作在页级执行。也就是说，SQL Server 读取或写入所有数据页。

例如：我们可以把页（pages）比作书籍中的书页，在书籍中的所有内容都写在书页上，与此类似，SQL Server 所有数据行都写在页上；书中的所有页都具有相同的物理大小，SQL Server 所有数据页大小均相同（8 KB）；书中的大多数页都包含数据（书的主要内容），某些页面包含有关内容的元数据（如目录、索引），SQL Server 中的大多数页包含由用户存储的实际数据行，这些称为数据页和文本/图像页。

如前所述，在 SQL Server 中，页的大小为 8 KB。这意味着 SQL Server 数据库中每 MB 有 128 页。每页的开头是 96 字节的标头，用于存储有关页的系统信息。此信息包括页码、页类型、页的可用空间以及拥有该页的对象的分配单元 ID。页有多种类型，如数据页、索引页、大文本/图像页等。

以数据页为例（图 4 - 2），在数据页上，数据行紧接着标头按顺序放置。页的末尾是行偏移数组表，对于页中的每一数据行，行偏移数组表都包含一个行偏移量条目。每个行偏移量条目记录对应数据行的第一个字节与页首的距离。因此，行偏移量的功能有助于 SQL Server 快速在页面上定位行。行偏移数组表中的条目的顺序与页中行的顺序相反。

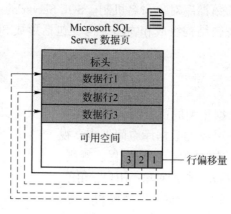

图 4 - 2　数据页的表示

2）区

区（extents）又称盘区，是管理空间的基本单位。区是 8 个物理上连续的页（即 64 KB）的集合，这意味着 SQL Server 数据库中每 MB 有 16 个区。区用来有效地管理页，所有页都组织为盘区。

SQL Server 有两种区类型（图 4 - 3）：统一区（uniform extents），由单个对象所有，区中的所有 8 页只能由所属对象使用；混合区（mixed extents），最多可由 8 个对象共享，区中 8 页的每页可由不同对象所有。

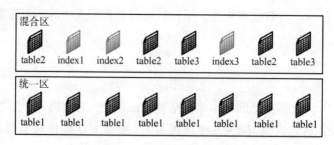

图 4 - 3　两种区的示意图

SQL Server 不会将所有区分配给包含少量数据的表。新表（或索引）通常从混合区分配页。当表（或索引）增长到 8 页时，将变成使用统一区进行后续分配。如果对现有表创建索引，并且该表包含的行已足以在索引中生成 8 页，则对该索引的所有分配都使用统一区进行。但是，从 SQL Server 2016（13. ×）开始，数据库中所有分配的默认值都是统一区。

4. 文件组

文件组（filegroup），顾名思义就是对物理文件进行逻辑分组，用户可以创建自定义的文件组，将数据文件集合，以便于管理、数据分配和放置。

如图 4 – 4 所示，可以分别在三个磁盘驱动器上创建数据文件 1、数据文件 2 和数据文件 3，将它们分配给文件组 1，然后，可以明确地在文件组 1 上创建一个表，对表中数据的查询将分散到三个磁盘上，从而提高性能。

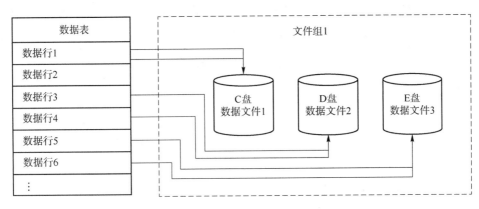

图 4 – 4 文件组示意图

4.2 SQL Server 的物理存储结构

SQL Server 对于数据库的物理存储主要体现在文件中，即使用操作系统的用户看到的数据库是一个个文件。每个 SQL Server 数据库至少具有两个操作系统文件——一个数据文件和一个日志文件。数据文件包含数据和对象，如表、索引、存储过程和视图。日志文件包含恢复数据库中的所有事务所需的信息。为了便于分配和管理，可以将数据文件集合后放入文件组。

SQL Server 数据库具有三种类型的文件，如表 4 – 1 所示。

表 4 – 1 数据文件类型

文件类型	说　明
主要数据文件	包含数据库的启动信息，并指向数据库中的其他文件。每个数据库有一个主要数据文件。主要数据文件的扩展名是 . mdf
次要数据文件	用户定义的可选数据文件。通过将每个文件放在不同的磁盘驱动器上，可将数据分散到多个磁盘中。次要数据文件的扩展名是 . ndf
日志文件	此日志包含用于恢复数据库的信息。每个数据库必须至少有一个日志文件。日志文件的扩展名是 . ldf

4.3　T-SQL 语法约定

T-SQL（Transact-SQL）是 SQL 在 Microsoft SQL Server 上的增强版，它是用于让应用程序与 SQL Server 沟通的主要语言。T-SQL 提供标准 SQL 的 DDL 和 DML 功能，加上延伸的函数、系统预存程序以及程式设计结构（如 IF 和 WHILE），使程式设计更有弹性。表 4 – 2 列出了 T-SQL 语法约定，熟悉该语法对于学习 T-SQL 有极大的帮助。

表 4 – 2　T-SQL 语法约定

语法约定	用途说明
大写	Transact-SQL 关键字
斜体	用户提供的 Transact-SQL 语法的参数
粗体	完全按显示原样输入数据库名称、表名称、列名、索引名称、存储过程、实用工具、数据类型名称和文本
下划线	指示当语句中省略了包含带下划线值的子句时应用的默认值
｜（垂直条）	分隔括号或大括号中的语法项。只能使用其中一项
[ ]（方括号）	可选语法项。不要键入方括号
{}（大括号）	必选语法项。不要键入大括号
$[,...n]$	指示前面的项可以重复 n 次。匹配项由逗号分隔
$[...n]$	指示前面的项可以重复 n 次。每一项由空格分隔
;	Transact-SQL 语句终止符。建议语句结束后加上 ";"
<label> : : =	语法块的名称。此约定对能在一条语句中的多个位置使用的过长语法段或语法单元进行分组和标记。可使用语法块的各个位置用括在尖括号内的标签指明：<label>

4.4　T-SQL 标识符

数据库对象的名称就是其标识符，如表 4 – 3 所示。SQL Server 中的所有内容都可以有标识符。服务器、数据库和数据库对象（如表、视图、列、索引、触发器、过程、约束及规则等）都可以有标识符。大多数对象要求有标识符，但对有些对象（如约束）的标识符是可选的。对象标识符是在定义对象时创建的，随后可通过标识符进行引用。

表 4 - 3　标识符规则

类型	情况	说　　　明	示例
常规标识符	首字符 （可用）	Unicode 中定义的字母包括拉丁字符 a ~ z 和 A ~ Z	正确： A1、A@1、 _A1、A_1、 b#_、b_$、 汉字、［A1］、 ［alter］ 错误： 1A、$b、 @ c、create、 A1、@ @ SPID
		来自其他语言的字母字符	
		下划线（_）、at 符号（@）或数字符号（#）	
	特殊含义的首字符 （不建议使用）	以@号开头的局部变量或参数	
		以@ @号开头的函数或全局变量	
		以#号开头的临时表或过程	
		以##号开头的全局临时对象	
	后续字符 （可用）	Unicode 标准 3.2 定义的字母	
		基本拉丁字符或其他国家/地区字符中的十进制数字	
		@ 、$ 、#或下划线（_）	
分隔标识符	Transact-SQL 保留字 （不可用）	若要使用，则必须由 " " 或 [ ] 分隔	
	嵌入空格或特殊字符 （不可用）		

4.5　数据库的创建

1. 语法约定与参数说明

```
CREATE DATABASE database_name
[ON
    [PRIMARY] < filespec >[,...n]
    [, < filegroup >[,...n]]
    [LOG ON < filespec >[,...n]]
[;]


< filespec >:: =
{(
    NAME = logical_file_name,
    FILENAME = {'os_file_name'|'filestream_path'}
    [,SIZE = size[KB|MB|GB|TB]]
    [,MAXSIZE = {max_size[KB|MB|GB|TB]|UNLIMITED}]
```

```
        [,FILEGROWTH = growth_increment[KB|MB|GB|TB|% ]]
    )}
```

< filegroup >:: ={FILEGROUP filegroup name < filespec >[,…n]}

该语法约定的其他内容，请读者查阅 SQL Server 帮助文件。

参数说明：

- **CREATE DATABASE database_name**：必选项。如果未使用其他参数，则用默认值代替。database_name 使用自定义的数据库名称。
- **ON**：可选项。当需要显式定义主文件组的数据文件时，需要使用 ON。
- **PRIMARY**：可选项。用于指定后面的数据文件要加入主文件组（PRIMARY）。一个数据库只能有一个主文件组。如果没写，则默认创建一个主文件组，所有文件都属于主文件组。
- **NAME**：在 SQL Server 中引用文件时所用的逻辑名称，当需要自定义文件时，是必选项。logical_file_name 在数据库中必须唯一，并且必须符合标识符规则。
- **FILENAME**：必选项。指定操作系统（物理）文件名。'os_file_name'是创建文件时由操作系统使用的路径和文件名。在执行 CREATE DATABASE 语句前，路径必须存在。
- **SIZE**：可选项。文件的初始大小。如果没有为文件提供 SIZE，则数据库引擎会使用 MODEL 系统数据库中主文件的大小（8 MB）。说明：在 SQL Server 2016 版本前默认为 1 MB。
- **MAXSIZE**：可选项。文件可增大到的最大容量，单位默认为 MB。如果没有指定 MAXSIZE，则文件将一直增长到磁盘满为止。
- **FILEGROWTH**：可选项。文件的自动增量。值为 0 时，表明自动增长被设置为关闭，不允许增加空间。在 SQL Server 2016 及其后续版本中，如果未指定 growth_increment，则默认增长 64 MB。
- **filegroup**：可选项。文件组的逻辑名称。filegroup_name 在数据库中必须唯一，并且不能是系统提供的名称 PRIMARY 和 PRIMARY_LOG。如果未指定，则文件属于主文件组（在只有一个文件的情况下）或不属于任何文件组（在有多个文件的情况下）。

2. 案例

【例 4.5 - 1】创建一个名为"学籍信息管理系统"的新数据库。

```
CREATE DATABASE [学籍信息管理系统]
    ON   PRIMARY (
        NAME = N'SIMS_First',
        FILENAME = N'E:\MYDATA \学生信息管理系统_First.MDF',
        SIZE = 4MB,
        MAXSIZE = UNLIMITED,
        FILEGROWTH = 1MB),
    FILEGROUP [SecondFileGroup](
        NAME = N'SIMS_Second',
```

```
        FILENAME = N'E：\MYDATA\学生信息管理系统_Second.NDF',
        SIZE = 3072KB ,
        MAXSIZE = UNLIMITED,
        FILEGROWTH = 10% )
LOG ON(
        NAME = N'SIMS_log',
        FILENAME = N'E：\MYDATA\学生信息管理系统_Log.LDF',
        SIZE = 7MB ,
        MAXSIZE = 1GB,
        FILEGROWTH = 12% )
```

设置说明：

（1）创建一个数据库名称为"学籍信息管理系统"。

（2）一个主要数据文件：SIMS_First，放置在 D:\ MYDATA 文件夹下。

（3）一个次要数据文件：SIMS_Second，位置同上，属于文件组 SecondFileGroup。

（4）一个日志文件：SIMS_log，位置同上。

3. 注意事项

（1）创建数据库中有很多可选项，如果未设置，则用默认值代替。

（2）命令不区分大小写，即大小写均可。

（3）创建文件时，注意要先创建 MYDATA 文件夹，否则会报错。

（4）指定大小时，若没有指定单位，则默认为 MB。

（5）命名数据库、文件逻辑名时，注意要符合标识符规则。

（6）日志文件不属于任何文件组。

（7）数据库创建成功后，可用 sp_helpdb 查看创建信息。在对应文件夹下，可看见创建的三个文件。

（8）建议：数据库命名采用系统名，如 SIMS（Student Information Manager System）；数据文件逻辑命名与物理命名尽量一致，物理命名采用数据库名×_×文件类型。例如，数据库名为 SIMS，则建议将主要数据文件命名为 SIMS_Primary. mdf，将日志文件命名为 SIMS_Log. ldf。

4.6 数据库的修改

1. 语法约定

```
ALTER DATABASE{database_name|CURRENT}
{
    MODIFY NAME = new_database_name
```

```
         |< file_and_filegroup_options >
}
< file_and_filegroup_options >:: =
    < add_or_modify_files >:: =
        {ADD FILE < filespec >[,...n]
            [TO FILEGROUP{filegroup_name}]
        |ADD LOG FILE < filespec >[,...n]
        |REMOVE FILE logical_file_name
        |MODIFY FILE < filespec >}
        }
    < add_or_modify_filegroups >:: =
        {ADD FILEGROUP filegroup_name
        |REMOVE FILEGROUP filegroup_name
        |MODIFY FILEGROUP filegroup_name
            {DEFAULT|NAME = new_filegroup_name}
        }
```

参数说明：

- CURRENT：用于 SQL Server 2012 及更高版本，可更改当前使用的数据库。
- MODIFY NAME：修改数据库名称。
- file_and_filegroup_options：本书删除其他修改选项，只保留修改部分内容，即文件（add_or_modify_files）与文件组（add_or_modify_filegroups）。
- add_or_modify_files：可添加（ADD）、删除（REMOVE）、修改（MODIFY）数据文件与日志文件。
- add_or_modify_filegroups：可添加（ADD）、删除（REMOVE）、修改（MODIFY）文件组。修改文件组可设置为默认文件组（DEFAULT）、修改文件组名称（NAME）。

2. 案例

【例 4.6 – 1】修改数据库名称。

ALTER DATABASE［学籍信息管理系统］MODIFY NAME =［新学籍信息管理系统］

【例 4.6 – 2】添加新数据文件'SIMS_Third'到［SecondFileGroup］文件组中。

ALTER DATABASE［新学籍信息管理系统］
    ADD FILE(NAME = N'SIMS_Third',
        FILENAME = N'D:\MYDATA \学生成绩管理系统_Third.ndf',
        SIZE = 1MB)
        TO FILEGROUP [SecondFileGroup]

【例 4.6 – 3】修改数据文件'SIMS_Third'，将大小改成 2 MB。

ALTER DATABASE［新学籍信息管理系统］
MODIFY FILE(NAME = N'SIMS_Third',SIZE = 2MB)

【例 4.6 –4】添加新文件组 [ThirdFileGroup]。

ALTER DATABASE [新学籍信息管理系统]

ADD FILEGROUP [ThirdFileGroup]

【例 4.6 –5】删除新文件组 [ThirdFileGroup]。

ALTER DATABASE [新学籍信息管理系统]

REMOVE FILEGROUP [ThirdFileGroup]

3. 注意事项

（1）一次只能修改一个选项，不能修改多个选项。

（2）修改文件时，一次只能修改一个文件属性。

（3）数据库中只能有一个文件组作为默认文件组。

（4）用 MODIFY FILE 只能增大文件大小。如果需要缩小文件大小，则需使用 DBCC SHRINKFILE 命令。

（5）一个数据库至少要有一个数据文件、一个日志文件，在删除文件时应注意。

（6）用 REMOVE FILE 删除逻辑文件说明并删除物理文件时，如果文件不为空，则无法删除。

4.7 数据库的删除

1. 语法约定

DROP DATABASE [IF EXISTS]{database_name}[,…n][;]

参数说明：

• IF EXISTS：适用于 SQL Server 2016（13. ×）及其以上版本，表示只有在数据库已存在时才对其进行有条件地删除。

2. 案例

【例 4.7 –1】删除"新学籍信息管理系统"数据库。

DROP DATABASE [新学籍信息管理系统]

3. 注意事项

（1）执行数据库删除操作会从 SQL Server 实例中删除数据库，并删除该数据库使用的物理磁盘文件。

（2）不能删除当前正在使用的数据库。可先切换当前数据库，再执行删除操作。

（3）不能删除系统数据库（Master、Model、Tempdb、Msdb）。

●本章小结

　　本章介绍了 SQL Server 的逻辑数据库结构与物理存储结构。在逻辑数据库结构方面，详细说明了数据库空间、用户与模式、页和区、文件组等逻辑概念。数据库空间主要解决数据库内复杂的数据库对象的统一管理问题；用户与模式主要解决用户进入数据库中的安全与管理独立性的问题；页与区解决数据库对于数据存储的内部结构组织问题；文件组解决从用户角度进行数据文件的分类管理问题。

　　本章还简要介绍了 SQL Server 对于标准 SQL 的增强版 T-SQL，列举了语法符号，解释了对应符号的语法含义。标识符是对数据对象的命名，在命名标识符时需要遵循一定的标准规则。通过说明常规标识符、分隔标识符的不同情形与实例，本章介绍了命名时的规则标准。

　　对于 SQL Server 管理的第一步是完成数据库的创建、修改与删除。对这三部分的操作，都按照语法约定与参数说明、实际用例演示、注意事项说明的顺序进行介绍。

●思考题

1. 尝试解释页的概念，结合数据页的图例来说明页的结构。
2. 尝试解释区的概念，结合两种区的图例来说明区的组织形式。
3. 尝试解释文件组的概念，结合文件组的图例来说明文件的作用。
4. 尝试结合数据库创建的语法约定，说明 T-SQL 语法的符号含义。
5. 尝试自行举例说明 T-SQL 标识符的规则。
6. 尝试自行编写数据库创建、修改与删除的操作。
7. 结合数据库操作的注意事项，尝试自行解决操作过程中的问题。

第5章

模式与表的管理

学习目标

1. 解释案例模型的含义与作用。
2. 总结三种数据库完整性的概念与处理机制。
3. 识别并尝试解决实际环境下对数据库完整性的应用。
4. 总结数据类型的分类与区别。
5. 尝试解决在实际环境下对不同数据类型的选择。
6. 解释模式的概念，尝试完成模式管理的操作。
7. 尝试完成数据表的管理操作。

数据素养指标

1. 区分不同数据源不同类型的数据，进行分类收集存储。
2. 在对数据进行操作处理等一系列与数据相关的活动中，能将数据进行分类保存。
3. 能检验并判断收集到的数据的正确性，并能剔除明显错误的（或无效的）数据。

本章导读

1. 案例简介：案例的 E－R 图、数据模式描述、案例表的示例数据。
2. 数据库的完整性：实体完整性概念与违约机制、参照完整性概念与违约机制、用户自定义完整性概念与种类。
3. 数据类型：数据类型的分类、关键字、数据范围；数据类型使用时的注意事项。
4. 模式的管理：创建、修改与删除模式的语法约定、参数说明；操作案例；注意事项说明。
5. 数据表的管理：创建、修改与删除数据表的语法约定、参数说明；操作案例；注意事项说明。

5.1 案例简介

图 5 – 1（下划线标识为主键）所对应的数据模式描述如下：

（1）辅导员表（<u>辅导员编号</u>，姓名，性别，年龄，民族，籍贯，联系方式）。

（2）指导表（<u>指导编号</u>，指导班级，指导辅导员，指导期限（年））。

（3）班级表（<u>班级编号</u>，班级名，班级人数）。

（4）学生表（<u>学号</u>，姓名，性别，出生日期，民族，所属班级，家庭住址，上级班委）。

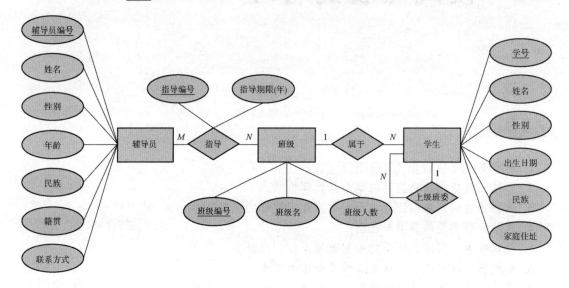

图 5 – 1 学生信息管理 E – R 图

本案例的学生管理各表数据示例如图 5 – 2 ~ 图 5 – 5 所示。

辅导员编号	姓名	性别	年龄	民族	籍贯	联系方式
01	曹丹丹	女	26	汉族	河南洛阳	15921234567
02	李磊	男	35	汉族	河南登封	13561234567
03	王艳	女	32	满族	云南大理	15871234567

图 5 – 2 辅导员表数据示例

指导编号	指导班级	指导辅导员	指导期限(年)
2005010204	20050102	04	1
2005020101	20050201	01	1
2005020102	20050201	02	2
2005020105	20050201	05	1

图 5 – 3 指导表数据示例

班级编号	班级名	班级人数
20050101	计算机科学与技术1班	18
20050102	计算机科学与技术2班	19
20050201	英语系1班	21

图 5-4　班级表数据示例

学号	姓名	性别	出生日期	民族	所属班级	家庭住址	上级班委
2005010101	苏俊丹	女	1987-01-12	汉族	20050101	河南商丘	2005010106
2005010102	张苗苗	女	1985-05-15	汉族	20050101	河南洛阳	2005010106
2005010103	林梭杰	男	1986-02-14	汉族	20050101	福建安溪	2005010110
2005010104	王晨梅	女	1987-10-23	汉族	20050101	河南郑州	2005010105
2005010105	李凡潜	男	1986-11-02	汉族	20050101	河南郑州	2005010108

图 5-5　学生表数据示例

5.2　数据库的完整性

5.2.1　实体完整性

实体完整性（entity integrity）是指在关系中主键的属性不能为空值，主键能唯一标识关系中的每一个元组。

在关系中，实体完整性是通过主键约束实现的。在创建表或者修改表时，使用 PRIMARY KEY 进行主键约束定义。主键既可以是单个属性的，也可以是多个属性的组合。

用 PRIMARY KEY 定义了表的主键后，对基本表进行插入记录操作或者对主键的属性列进行修改操作时，数据库管理系统将按照实体完整性规则进行数据检查和违约处理。具体处理包括：

（1）检查主键值是否唯一，如果不唯一则拒绝插入（或修改）操作。

例如，在学籍信息管理数据库中，班级表的主键是班级编号，已经存在班级编号为"20050101"的记录。如果对班级表新插入一条班级编号是"20050101"的记录，则数据库管理系统会检查主键，提示主键不唯一，拒绝该插入操作。同理，如果将班级表中班级编号"20050102"修改为"20050101"，则数据库管理系统会拒绝该修改操作。

（2）检查主键的各个属性是否为空值，只要有一个为空值就拒绝插入（或修改）操作。

例如，在学籍信息管理数据库中，班级表的主键是班级编号，如果对系别表新插入一条班级编号是空值的记录，则数据库管理系统会检查主键的属性是否为空值，拒绝该插入操作。同理，如果将班级信息表中班级编号"20050101"修改为空值，则数据库管理系统会拒绝该修改操作。

5.2.2 参照完整性

参照完整性（referential integrity）是指如果在关系中存在某个外键，则它的值或与主关系中某个元组的主键取值相等，或者全为空值。

参照完整性是通过外键约束实现的。在创建表或者修改表时，使用 FOREIGN KEY 进行外键约束定义。用 FOREIGN KEY 指定外键的属性列，用 REFERENCES 指定外键参照哪些表的主键。例如，学籍信息管理数据库中，学生表一个元组表示一个学生的信息，学号是主键，外键所属班级参照引用班级表的主键（班级编号）。

参照完整性将两个表中的相应元组联系。因此，对被参照表和参照表进行增加、删除、修改操作时有可能破坏参照完整性，数据库管理系统会进行检查，以保证这两个表的相容性。在定义表的外键后，每当对基本表进行插入记录操作或者对主键的属性列进行修改操作时，数据库管理系统将按照实体完整性规则进行检查和违约处理。

例如，对于学籍信息管理数据库中的班级表和学生表，有以下四种可能破坏参照完整性的情况：

（1）向学生表中插入一条记录，该记录行的所属班级属性值在班级表中找不到一条记录，班级编号与它相同。系统会拒绝该插入操作。

（2）修改学生表中的一行记录，修改后该记录行的所属班级属性值在班级表中找不到一条记录，班级编号与它相同。系统会拒绝该修改操作。

（3）从班级表删除一条记录，造成在学生表中找不到这条记录，所属班级属性值与班级表中的班级编号相同。系统可以采用的策略有三种，分别为拒绝删除、级联删除或者将学生表中的对应记录行的所属班级属性值设置为空值。

（4）修改班级表中的一条记录，造成在学生表中找不到这条记录，所属班级属性值与班级表中的班级编号相同。系统可以采用的策略有三种，分别为拒绝修改、级联修改或者将学生表中的对应记录行的所属班级属性值设置为空值。

对于学籍信息管理数据库中的班级表和学生表，可能破坏参照完整性的情况及其违约处理方式如表 5 − 1 所示。

表 5 − 1 可能破坏参照完整性的情况及违约处理

参照表（如学生）	被参照表（如班级）	违约处理
插入记录	可能破坏参照完整性	拒绝
修改外键值	可能破坏参照完整性	拒绝
可能破坏参照完整性	删除记录	拒绝/级联删除/设置为空值
可能破坏参照完整性	修改主键值	拒绝/级联修改/设置为空值

5.2.3 用户自定义完整性

用户自定义完整性（user-defined integrity）是由数据库用户或数据库管理员对关系的属性所指定的规则，它约束属性的某些方面。

用户自定义完整性可以在创建表或者修改表时，根据某一具体应用要求，定义属性的约束条件。用户根据应用要求，对表的一些属性定义了约束条件后，当对基本表进行插入记录操作或者对主键的属性列进行修改操作时，数据库管理系统按照属性上定义的约束条件进行检查和违约处理，如果发现不满足约束条件，则拒绝操作。用户自定义完整性包括非空约束、唯一约束、检查约束。

1. 非空约束（NOT NULL）

例如，在学籍信息管理数据库中，创建辅导员表时，定义"姓名""联系电话"属性列为非空值。当对辅导员表插入记录或者修改记录时，如果"姓名"属性列或者"联系电话"属性列值为空值，则系统拒绝插入或修改操作。

2. 唯一约束（UNIQUE）

例如，在学籍信息管理数据库中，创建班级表时，为"班级名"属性设置唯一约束。当对班级表插入记录或者修改记录时，如果"班级名"属性值不唯一，则系统拒绝插入或修改操作。

3. 检查约束（CHECK）

例如，在学籍信息管理数据库中，创建辅导员表时，定义"性别"属性列只能取值"男"或"女"。当对辅导员表插入记录或修改记录时，如果"性别"属性列值非"男"或"女"，则系统拒绝插入或修改操作。

5.3 数据类型

5.3.1 SQL 数据类型

数据类型（data type）是 2.1 小节中关系模式 $R(U, D, \text{DOM}, F)$ 中 D（域）的体现，而为表中各个属性（又称列）设置相关的数据类型则是关系模式中 DOM（域的映射）的体现。SQL Server 常用的数据类型如表 5-2 ~ 表 5-6 所示。在 SQL Server 中，不仅每列具有数据类型，而且局部变量、表达式和参数也具有数据类型。

表 5-2　字符串类型

数据类型	含义	范　　围
char$[(n)]$	定长字符串型	n 用于定义字符串大小（以字节为单位），n 为 1~8 000 之间的值
varchar$[(n \vert \text{max})]$	可变长度字符串型	使用 n 定义字符串大小（以字节为单位），n 为 1~8 000 之间的值，或使用 max 指明列约束大小上限为最大存储 $2^{31} - 1$ 字节（2 GB）

数据类型	含义	范　围
text	大文本型	字符串最大长度为 $2^{31}-1$ 字节（2 147 483 647 字节）
nchar、nvarchar、ntext	Unicode 字符串	以双字节为单位，可取值范围是对应数据类型的一半

表 5 - 3　精确数字类型

数据类型	含义	范　围
tinyint	微整型	$0 \sim 255$，占 1 字节
smallint	短整型	$-2^{15} \sim 2^{15}-1$，占 2 字节
int	整型	$-2^{31} \sim 2^{31}-1$，占 4 字节
bigint	长整型	$-2^{63} \sim 2^{63}-1$，占 8 字节
numeric$[(p[,s])]$ 与 decimal$[(p[,s])]$	定点数	固定精度和小数位数。p 表示精度，s 表示小数位数。由 p 位数字（不含小数点和符号）组成，小数位数为 s。精度 p 必须是从 1 到最大精度 38 之间的值，默认精度为 18
smallmoney	短货币型	范围为 $-214\ 748.3648 \sim 214\ 748.3647$，占 4 字节
money	货币型	范围为 $-922\ 337\ 203\ 685\ 477.580\ 8 \sim 922\ 337\ 203\ 685\ 477.580\ 7$，占 8 字节

表 5 - 4　近似数字类型

数据类型	含义	范　围
float$[(n)]$	浮点数	n 为用于存储 float 数值尾数的位数（以科学计数法表示）。如果指定了 n，则它必须是 $1 \sim 53$ 之间的某个值，n 的默认值为 53。范围为 $-1.79 \times 10^{308} \sim -2.23 \times 10^{-308}$、0 以及 $2.23 \times 10^{-308} \sim 1.79 \times 10^{308}$
real	取决于机器精度的浮点数	范围 $-3.40 \times 10^{38} \sim -1.18 \times 10^{-38}$、0 以及 $1.18 \times 10^{-38} \sim 3.40 \times 10^{38}$，占 4 字节

表 5 - 5　日期和时间类型

数据类型	含义	范　围
date	日期型	默认格式为 YYYY - MM - DD，范围为 0001 - 01 - 01 ~ 9999 - 12 - 31。默认值为 1900 - 01 - 01
time$[(n)]$	时间型	使用 n 指定时间中的秒的小数位数，默认格式为 hh：mm：ss [.nnnnnnn]，范围为 00：00：00.0000000 ~ 23：59：59.9999999。默认值为 00：00：00
smalldatetime	短日期时间型	日期范围为 1900 年 1 月 1 日—2079 年 6 月 6 日，时间范围为 00：00：00 ~ 23：59：59。默认值为 1900 - 01 - 01 00：00：00
datetime	日期时间型	日期范围为 1753 年 1 月 1 日—9999 年 12 月 31 日，时间范围为 00：00：00 到 23：59：59.997。默认值为 1900 - 01 - 01 00：00：00

表 5 - 6 二进制类型

数据类型	含义	范围
binary[(n)]	二进制数据	使用 n 指定是长度为 n 字节的固定长度二进制数据，其中 n 是 1 ~ 8 000 的值，默认长度为 1
varbinary[(n|max)]	可变长度二进制数据	n 的取值范围为 1 ~ 8 000。max 指示最大存储大小是 $2^{31} - 1$ 字节
image	图像数据	长度可变的二进制数据，范围为 0 ~ $2^{31} - 1$ 字节（2 147 483 647 字节）

5.3.2 使用的注意事项

（1）当使用 char 或 varchar 时，如果列数据项的大小一致，则使用 char。如果列数据项的大小差异很大，则使用 varchar。如果列数据项大小相差很大，且字符串长度可能超过 8 000 字节，则使用 varchar(max)。字符型常量都要加一对英文单引号作为定界符，如'SQL'。

（2）在 char(n) 和 varchar(n) 中，n 定义字符串的长度（以字节为单位）（取值为 0 ~ 8 000）。注意：n 定义的不是字符数。在使用单字节编码时，char 和 varchar 的存储大小为 n 字节，并且字符数也为 n。但是，对于多字节编码（如 UTF - 8），更高的 Unicode 范围（128 ~ 1 114 111）会导致一个字符使用两个（或更多）字节。

（3）使用 + 、 - 、 * 、/或%等算术运算符将 int、smallint 或 bigint 常量值隐式或显式转换为 float、real 或 numeric 数据类型时，SQL Server 计算数据类型和表达式结果的精度所应用的规则有所不同，这取决于查询是否是自动参数化的。如果查询不是自动参数化的，则将常量值转换为指定的数据类型之前，将其转换为 numeric 类型，该数据类型的精度很大，足以保存常量值。例如，将常量值 1 转换为 numeric(1,0)，将常量值 250 转换为 numeric(3,0)。如果查询是自动参数化的，则在将常量值转换为最终数据类型之前，始终将其转换为 numeric(10,0)。

（4）date 类型的默认日期格式由当前语言设置决定。可以通过使用 SET LANGUAGE 和 SET DATEFORMAT 语句更改日期格式。date 类型不支持 YDM 格式。日期和时间型常量都要加一对英文单引号作为定界符，如 '2019 - 01 - 01'。

（5）如果字符串所有部分的格式都有效，则可将字符串文本转换为日期和时间类型；否则，将引发运行时错误。如果从日期和时间类型隐式或显式转换为字符串文本，但未指定样式，将采用当前会话的默认格式。例如，将一个字符串分别转换为 time、date 和 datetime 类型的数据，代码如下：

```
SELECT
    CAST('2007 - 05 - 08 12:35:29. 1234567 +12:15' AS time(7)) AS 'time',
    CAST('2007 - 05 - 08 12:35:29. 1234567 +12:15' AS date) AS 'date',
    CAST('2007 - 05 - 08 12:35:29.123' AS datetime) AS 'datetime';
```

运行结果：

	time	date	datetime
1	12:35:29.1234567	2007-05-08	2007-05-08 12:35:29.123

5.4　模式的管理

5.4.1　创建模式

1. 语法约定

CREATE SCHEMA {schema_name

　　|AUTHORIZATION owner_name

　　|schema_name AUTHORIZATION owner_name};

参数说明：

- schema_name：要创建的模式的名称。
- AUTHORIZATION owner_name：指定拥有模式的所有者主体名称，所有者既可以是数据库用户，也可以是数据库角色。

2. 案例

【例5.4-1】为数据库用户 ZHANG 创建一个 SIMS_SCHEMA 模式。

CREATE SCHEMA SIMS_SCHEMA AUTHORIZATION ZHANG;

【例5.4-2】为数据库用户 ZHANG 创建名为 SIMS_SCHEMA_T 模式的同时创建属于该模式的 Test 表。

CREATE SCHEMA SIMS_SCHEMA_T AUTHORIZATION ZHANG

　　CREATE TABLE Test(Test_id int);

3. 注意事项

（1）用户要创建模式就必须拥有 DBA 全部权限或者 CREATE SCHEMA 权限。

（2）CREATE SCHEMA 可以在单条语句中创建模式（架构）以及该模式（架构）所包含的表和视图，并授予相应的权限。此语句必须作为一个单独的批处理执行。CREATE SCHEMA 语句所创建的对象将在要创建的架构内进行创建。

（3）CREATE SCHEMA 事务是原子级的。如果 CREATE SCHEMA 语句在执行期间出现错误，则既不会创建任何指定的安全对象，也不会授予任何权限。

（4）在执行例5.4-1操作前，需要执行"CREATE USER ZHANG WITHOUT LOGIN"

语句，创建一个数据库用户 ZHANG。

（5）在 CREATE SCHEMA 语句后如果没有指定模式名 schema_name，则未指定名称的语句仅允许用于向后兼容（即保证早期 SQL Server 版本语句的兼容性）。该语句不会引起错误，但未创建一个模式（架构）。

5.4.2 修改模式

1. 语法约定

ALTER SCHEMA target_schema_name TRANSFER source_schema.securable_name;

参数说明：

- target_schema_name：对象要移入的目标模式名称。
- source_schema. securable_name：要移入目标模式中的源模式内的安全对象。

2. 案例

【例5.4-3】修改模式，将 Test 表从 SIMS_SCHEMA_T 模式移动到 SIMS_SCHEMA 模式。

ALTER SCHEMA SIMS_SCHEMA TRANSFER SIMS_SCHEMA_T.Test;

3. 注意事项

（1）ALTER SCHEMA 仅可用于在同一数据库中的模式之间移动安全对象。

（2）将安全对象移入新模式时，将删除与该安全对象关联的全部权限。如果已显式设置安全对象的所有者，则该所有者保持不变。

（3）移动存储过程、函数、视图或触发器都不会更改其模式名称。建议：不要使用 ALTER SCHEMA 移动这些对象类型，而是先删除对象，然后在新架构中创建该对象。

（4）移动表或同义词不会自动更新对该对象的引用，必须手动修改引用已移动对象的任何对象。例如，如果移动了某个表，并且触发器中引用了该表，则必须修改触发器，以反映新的模式名称。

（5）若要从另一个模式中移动安全对象，则当前用户必须有对该安全对象的 CONTROL 权限，并有对目标模式的 ALTER 权限。

5.4.3 删除模式

1. 语法约定

DROP SCHEMA schema_name;

参数说明：

同 5.4.2 节。

2. 案例

【例5.4-4】首先删除模式中的表，然后删除模式。

```
DROP TABLE SIMS_SCHEMA.TEST;
DROP SCHEMA SIMS_SCHEMA;
```

3. 注意事项

（1）要删除的模式不能包含任何对象。如果模式包含对象，则 DROP SCHEMA 语句将执行失败。

（2）删除模式时，必须首先删除模式所包含的表，然后删除模式。

（3）用户要删除模式，则必须对模式具有 CONTROL 权限，或者对数据库具有 ALTER ANY SCHEMA 权限。

5.5   数据表的管理

5.5.1   创建数据表

1. 语法约定

```
CREATE TABLE [schema_name.]table_name
    (column_name <data_type>[NULL|NOT NULL][<column_constraint>],
     ......,
    [<table_constraint>]);
<column_constraint>::=
    [CONSTRAINT constraint_name]
    {{PRIMARY KEY|UNIQUE} [CLUSTERED|NONCLUSTERED]
     |[FOREIGN KEY]
        REFERENCES [schema_name.]referenced_table_name[(ref_column)]
            [ON DELETE {NO ACTION|CASCADE|SET NULL|SET DEFAULT}]
            [ON UPDATE {NO ACTION|CASCADE|SET NULL|SET DEFAULT}]
        |CHECK [NOT FOR REPLICATION](logical_expression)
    }
<table_constraint>::=
    [CONSTRAINT constraint_name]
    {{PRIMARY KEY|UNIQUE}
     |FOREIGN KEY (column[,...n])
```

REFERENCES [schema_name.]referenced_table_name[(ref_column)]
　　　[ON DELETE {NO ACTION|CASCADE|SET NULL|SET DEFAULT}]
　　　[ON UPDATE {NO ACTION|CASCADE|SET NULL|SET DEFAULT}]
　|CHECK [NOT FOR REPLICATION](logical_expression)
　}

参数说明：

- schema_name：新表所属模式的名称。
- table_name：新表的名称。
- column_name：表中列的名称。
- column_constraint：列级约束。属于列定义的一部分，针对该定义的列进行约束。
- table_constraint：表级约束。属于表定义的一部分，针对单列或多列进行约束。如果需要针对列集合创建约束，则必须是表级约束。
- NULL|NOT NULL：确定列中是否允许使用空值。
- CONSTRAINT：可选关键字，表示约束定义的开始。
- constraint_name：约束的名称，约束名称必须在表所属的模式中唯一。
- PRIMARY KEY：主键约束，通过唯一索引对给定的一列（或多列）强制实体完整性的约束。每个表只能创建一个 PRIMARY KEY 约束。其是 5.2.1 节中实体完整性的体现。
- UNIQUE：唯一约束，通过唯一索引为一个（或多个）指定列提供实体完整性。一个表可以有多个 UNIQUE 约束。其是 2.1 节中候选码的体现。
- FOREIGN KEY REFERENCES：为列中的数据提供引用完整性的约束。FOREIGN KEY 约束要求列中的每个值在所引用的表中对应的被引用列中都存在。FOREIGN KEY 约束只能引用在所引用的表中是 PRIMARY KEY 或 UNIQUE 约束的列，或所引用的表中在 UNIQUE INDEX 内的被引用列。其是 5.2.2 节中参照完整性的体现。
- ON DELETE {NO ACTION|CASCADE|SET NULL|SET DEFAULT}：用于指定如果已创建表中的行具有引用关系，并且被引用行已从父表中删除，则对这些行应采取的操作。关于这些操作的原理，读者可以参考 5.2.2 节参照完整性的违约处理机制。操作的默认值为 NO ACTION。如果表中已存在 ON DELETE 的 INSTEAD OF 触发器，则不能定义 ON DELETE 的 CASCADE 操作。

①NO ACTION：数据库引擎将引发错误，并回滚对父表中行的删除操作。

②CASCADE：如果从父表中删除一行，则将从引用表中删除相应的行。

③SET NULL：如果父表中对应的行被删除，则组成外键的所有值都将设置为 NULL。若要执行此约束，则外键列必须可为空值。

④SET DEFAULT：如果父表中对应的行被删除，则组成外键的所有值都将设置为默认值。若要执行此约束，则所有外键列都必须有默认定义。如果某列可为空值，且未设置显式的默认值，则将使用 NULL 作为该列的隐式默认值。

- ON UPDATE {NO ACTION|CASCADE|SET NULL|SET DEFAULT}：用于指定在发生修改的表中，如果行有引用关系且引用的行在父表中被修改，则对这些行所应采取的操作。其他内容同 ON DELETE。
- CHECK：检查约束，通过限制可输入一列（或多列）的可能值来强制实现域完整性。

2. 案例

【例5.5-1】 根据5.1节的案例，创建班级表。

```
CREATE TABLE [SIMS_SCHEMA].[班级表](
    班级编号 NCHAR(10) NOT NULL
        CONSTRAINT PK_班级信息 PRIMARY KEY,
    班级名 NCHAR(10) NOT NULL,
    班级人数 INT NULL)
```

【例5.5-2】 根据5.1节的案例，创建辅导员表。

```
CREATE TABLE [SIMS_SCHEMA].[辅导员表](
    辅导员编号 NCHAR(10) NOT NULL
        CONSTRAINT PK_辅导员信息 PRIMARY KEY,
    姓名 NVARCHAR(10) NOT NULL,
    性别 NCHAR(6) NOT NULL
        CONSTRAINT DF_辅导员性别 DEFAULT('女')
        CONSTRAINT CK_性别 CHECK(性别='男'OR 性别='女'),
    年龄 TINYINT NULL
        CONSTRAINT CK_年龄 CHECK(年龄>=1 AND 年龄<=90),
    民族 NCHAR(10) NULL,
    籍贯 NCHAR(10) NULL,
    联系方式 NVARCHAR(20) NULL CONSTRAINT UN_联系方式 UNIQUE)
```

【例5.5-3】 根据5.1节的案例，创建指导表。

```
CREATE TABLE [SIMS_SCHEMA].[指导表](
    指导编号 NCHAR(10) NOT NULL
        CONSTRAINT PK_系别信息 PRIMARY KEY,
    指导班级 NCHAR(10) NOT NULL,
    指导辅导员 NCHAR(10) NOT NULL,
    [指导期限(年)]TINYINT NOT NULL,
    CONSTRAINT UN_系别信息 UNIQUE NONCLUSTERED(指导班级,指导辅导员),
    CONSTRAINT FK_隶属班级 FOREIGN KEY(指导班级)
        REFERENCES SIMS_SCHEMA.班级表(班级编号)
        ON DELETE NO ACTION ON UPDATE CASCADE,
    CONSTRAINT FK_所属辅导员 FOREIGN KEY(指导辅导员)
        REFERENCES SIMS_SCHEMA.辅导员表(辅导员编号)
        ON DELETE NO ACTION ON UPDATE CASCADE)
```

【例5.5-4】 根据5.1节的案例，创建学生表。

```
CREATE TABLE [SIMS_SCHEMA].[学生表](
    学号 NVARCHAR(50) NOT NULL CONSTRAINT PK_学生信息 PRIMARY KEY,
    姓名 NVARCHAR(10) NOT NULL,
```

性别 NCHAR(6) NOT NULL CONSTRAINT DF_学生性别 DEFAULT('**女**'),

出生日期 DATE NULL,

民族 NCHAR(8) NULL CONSTRAINT DF_民族 DEFAULT('**汉族**'),

所属班级 NCHAR(10) NULL,

家庭住址 NTEXT NULL,

上级班委 NVARCHAR(50) NULL)

说明：在指导表中，"指导期限（年）"字段名因为其中有"（）"，故必须对该字段名加上"[ ]"。

3. 注意事项

（1）PRIMARY KEY 约束：一个表只能包含一个 PRIMARY KEY 约束。在 PRIMARY KEY 约束中定义的所有列都必须定义为 NOT NULL。如果没有指定为 NOT NULL，则加入 PRIMARY KEY 约束的所有列都将设置为 NOT NULL。

（2）UNIQUE 约束：每个 UNIQUE 约束都生成一个唯一索引。

（3）FOREIGN KEY 约束：如果在 FOREIGN KEY 约束的列中输入非 NULL 值，则此值必须在被引用列中存在；否则，将返回违反外键约束的错误信息。FOREIGN KEY 约束可引用同一表中的其他列。这称为自引用。列级 FOREIGN KEY 约束的 REFERENCES 子句只能列出一个引用列，此列的数据类型必须与定义约束的列的数据类型相同。表级 FOREIGN KEY 约束的 REFERENCES 子句中引用列的数目必须与约束列列表中的列数相同。每个引用列的数据类型也必须与列表中相应列的数据类型相同。FOREIGN KEY 约束只能引用所引用的表的 PRIMARY KEY 或 UNIQUE 约束中的列或所引用的表上 UNIQUE INDEX 中的列。

（4）DEFAULT 约束：每列只能有一个 DEFAULT 约束。DEFAULT 定义可以包含常量值、函数或 NULL。在 SQL Server 中，DEFAULT 约束要写成列级约束，不能写成表级约束。

（5）CHECK 约束：列可以有任意多个 CHECK 约束，并且约束条件中可以包含用 AND 和 OR 组合而成的多个逻辑表达式。列上的多个 CHECK 约束按创建顺序进行验证。列级 CHECK 约束只能引用被约束的列，表级 CHECK 约束只能引用同一表中的列。

5.5.2 修改数据表

1. 语法约定

```
ALTER TABLE [schema_name.]table_name{
    ALTER COLUMN column_name type_name [NULL|NOT NULL]
    [<column_constraint>]
    |ADD {column_name type_name [NULL|NOT NULL]
[<column_constraint>]|CONSTRAINT constraint_name}
    |DROP {COLUMN column_name|CONSTRAINT constraint_name}
    |[WITH {CHECK|NOCHECK}] CONSTRAINT {ALL|constraint_name [,...n]}
```

```
        };
  < column_constraint > :: =
      [CONSTRAINT constraint_name]{
          {PRIMARY KEY|UNIQUE} [CLUSTERED|NONCLUSTERED]
          |[FOREIGN KEY]
              REFERENCES [schema_name.]referenced_table_name[(ref_column)]
              [ON DELETE {NO ACTION|CASCADE|SET NULL|SET DEFAULT}]
              [ON UPDATE {NO ACTION|CASCADE|SET NULL|SET DEFAULT}]
          |CHECK [NOT FOR REPLICATION](logical_expression)
      }
```

参数说明：

- ALTER COLUMN：指定要修改的列。
- WITH CHECK|WITH NOCHECK：指定表中的数据是否用新添加的或重新启用的 FOREIGN KEY 或 CHECK 约束进行验证。
- ADD：指定添加一列（或多列）定义或者约束。
- DROP：指定从表中删除 constraint_name 或 column_name。可以列出多列或约束。

2. 案例

【例 5.5 - 5】修改学生表，添加一个新字段"联系方式"，类型为 11 位变长字符串，允许为空值。

```
ALTER TABLE [SIMS_SCHEMA].[学生表]
ADD 联系方式 NVARCHAR(11) NULL;
```

【例 5.5 - 6】修改学生表，把"联系方式"字段的类型改为定长字符串。

```
ALTER TABLE [SIMS_SCHEMA].[学生表]
ALTER COLUMN 联系方式 NCHAR(11) NULL;
```

【例 5.5 - 7】修改学生表，为"所属班级"字段添加外键约束。

```
ALTER TABLE [SIMS_SCHEMA].[学生表]
ADD CONSTRAINT FK_所属班级 FOREIGN KEY(所属班级)
    REFERENCES SIMS_SCHEMA.班级表(班级编号)
    ON DELETE NO ACTION ON UPDATE CASCADE
```

【例 5.5 - 8】修改学生表，删除"联系方式"字段。

```
ALTER TABLE [SIMS_SCHEMA].[学生表]
DROP COLUMN 联系方式;
```

3. 注意事项

（1）修改后的列的数据类型不能为 timestamp 的列。

（2）修改的列不能为计算列或用于计算的列。

（3）修改的列不能为用在索引中的列，除非该列的数据类型为 varchar、nvarchar 或 varbinary，数据类型不更改，新的大小等于或者大于旧的大小，并且索引不是 PRIMARY

KEY 约束的结果。

（4）修改的列不能为用于 PRIMARY KEY 或 FOREIGN KEY 约束中的列。

（5）修改的列不能为用于 CHECK 或 UNIQUE 约束中的列。但是，允许修改用于 CHECK 或 UNIQUE 约束中的长度可变的列的长度。

（6）修改的列不能为定义默认值的列。但是，如果不更改数据类型，则可以更改列的长度、精度或小数位数。

5.5.3　删除数据表

1. 语法约定

DROP TABLE [schema_name.]table_name[,...n];]
参数说明：
同 5.5.2 节。

2. 案例

【例 5.5 – 9】 删除指导表。
DROP TABLE [SIMS_SCHEMA].[指导表];
【例 5.5 – 10】 删除辅导员表。
DROP TABLE [SIMS_SCHEMA].[辅导员表];
说明：由于"辅导员表"被"指导表"的 FOREIGN KEY 约束所引用，因此删除时应该先删除"辅导员表"，再删除"指导表"。

3. 注意事项

（1）不能使用 DROP TABLE 语句删除被 FOREIGN KEY 约束引用的表。必须先删除引用 FOREIGN KEY 约束或引用表。不能使用 DROP TABLE 语句删除被 FOREIGN KEY 约束引用的表。必须先删除引用 FOREIGN KEY 约束或引用表。如果要在同一个 DROP TABLE 语句中删除引用表以及包含主键的表，则必须先列出引用表。

（2）可以在同一个 DROP TABLE 语句中删除多个表。如果一个要删除的表引用了另一个也要删除的表的主键，则必须先列出包含该外键的引用表，然后列出包含要引用的主键的表。

（3）删除表时，表的规则或默认值将被解除绑定，与该表关联的任何约束或触发器将被自动删除。如果要重新创建表，则必须重新绑定相应的规则和默认值，重新创建某些触发器，并添加所有必需的约束。

（4）如果使用 DELETE table_name 语句删除表中的所有行或使用 TRUNCATE TABLE 语句，则在被移除之前，表将一直存在。

● 本章小结

本章首先简要介绍了本书使用案例 E – R 图以及对应的数据模式描述，给出了对应表的部分数据示例，以便读者更好地学习后续内容与案例模拟操作。接着，本章介绍了数据库的三种完整性——实体完整性、参照完整性与用户自定义完整性；分别通过概念介绍与违约机制，详细说明了各种完整性的含义与作用；列举了后续进行表结构设计里所需用到的各类数据类型、关键字、数据范围与使用注意事项。

此外，本章从创建、修改与删除三个操作，分别介绍了数据模式管理和数据表管理的语法约定、参数说明、案例以及注意事项。

● 思考题

1. 数据库完整性的类型、概念以及违约机制。
2. 列举 SQL 数据类型的分类与区别。
3. 尝试自行编写数据模式创建、修改与删除的操作。
4. 尝试自行编写数据表创建、修改与删除的操作。

第6章

关系代数

学习目标

1. 学会解释并、交、差与笛卡儿积在关系运算中的概念应用。
2. 学会解释选择与投影的概念。
3. 学会解释 θ 连接、等值连接、自然连接、外连接等连接的概念，列举它们之间的区别与联系。
4. 学会举例解释除运算的概念以及作用。
5. 学会解释重命名、聚集与分组的概念。
6. 学会解释半连接的概念，识别半连接与其他连接的区别。
7. 学会识别并辨认以上各概念的形式化表达。
8. 学习综合应用关系代数各运算示例，能够举一反三进行实际数据检索时的代数描述。

数据素养指标

1. 了解基本的关系代数，以指导基于 SQL 的数据分析。
2. 能综合应用数学基础知识，结合实际进行数据检索与分析的描述。

本章导读

1. 集合运算：并、交、差与笛卡儿积等集合概念与示例。
2. 一元运算：选择与投影的概念与示例。
3. 连接运算：θ 连接、等值连接、自然连接与外连接等 4 种连接的概念与示例；除运算的概念与示例说明。
4. 其他运算：重命名、聚集、分组与半连接的概念与示例。

6.1 关系代数概述

2.3 节中已经提到关系模型操作的一个重要组成部分是查询，它负责基础数据的检索。描述查询操作的形式化语言主要有两种——关系代数和关系演算，E. F. Codd 在 1971 年将它们定义为关系语言的基础。关系代数与关系演算在形式上是等价的，即每个关系代数表达式都有一个等价的关系演算表达式与之相对应（反之亦然）。关系代数与关系演算通常用作各类关系数据库数据操作语言（Data Manipulation Language，DML）的基础。它们阐述了每种数据操作语言所需的基本操作，而且是其他关系语言之间相互比较的标准。本节只介绍关系代数的内容，读者如果想学习关系演算的内容，可以参考其他数据库基础的书籍。

关系代数（relational algebra）是一种纯理论语言，它定义了一些操作，运用这些操作可以从一个（或多个）关系中得到另一个关系，而不改变原关系。因此，它的操作数和操作结果都是关系，而且一个操作的输出可以作为另一个操作的输入。因此，关系代数的一个表达式可以嵌套另一个表达式，就像算术运算一样。这种性质称为闭包（closure）：关系在关系代数下是封闭的，正如数在算术运算下是封闭的一样。例如：$x = 3 + 4$，$y = x + 6$，x 的输出可以作为 y 的输入，x 操作的对象是数，操作的结果仍然是数；y 同样如此。

关系代数中包含了许多运算。E. F. Codd 首先提出了八个运算，后来又发展了其他运算。关系代数中有五个基本运算，即选择、投影、笛卡儿积、集合并、集合差，它们能实现人们感兴趣的大多数数据检索操作。此外，还有连接、集合交、除运算等，它们可以通过五个基本运算表示。

6.2 集合运算

传统的集合（set）运算是二目运算（即在运算符的两侧各有一个操作对象），我们可以认为一个关系（从逻辑关系看就是一张二维表）就是一个集合，一个元组（从逻辑关系看就是二维表中的一行）就是集合中的一个元素。因此，并、交、差、笛卡儿积 4 种集合运算同样适用于关系的操作。

设关系 R 和关系 S 具有相同的目 n（即两个关系都有 n 个属性），且相应的属性取自同一个域，t 是元组变量，$t \in R$ 表示 t 是 R 的一个元组。也就是说，进行集合运算的前提条件是：两个关系要有相同数量的属性，且对应的属性数据类型能兼容。

6.2.1 并运算

关系 R 与关系 S 的并（union）记作：

$$R \cup S = \{t \mid t \in R \lor t \in S\}$$

其结果仍为 n 目关系，由属于 R 或属于 S 的元组组成。运算示例见图 6–1。

图 6–1　并运算示例

6.2.2　交运算

关系 R 与关系 S 的交（intersection）记作：

$$R \cap S = \{t \mid t \in R \wedge t \in S\}$$

其结果仍为 n 目关系，由属于 R 且属于 S 的元组组成。运算示例见图 6–2。

图 6–2　交运算示例

6.2.3　差运算

关系 R 与关系 S 的差（except）记作：

$$R - S = \{t \mid t \in R \wedge t \notin S\}$$

其结果仍为 n 目关系，由属于 R 而不属于 S 的元组组成。运算示例见图 6–3。

图 6–3　差运算示例

6.2.4　笛卡儿积

笛卡儿积（cartesian product）：指关系 R 中每个元组与关系 S 中每个元组并联的结果。笛卡儿积运算将两个关系相乘，得到另外一个关系，它由两个关系中所有可能的元组的组合构成。因此，如果一个关系有 N 个元组、M 个属性，而另一个关系有 J 个元组、K 个属性，则它们的笛卡儿积将会有（$N \times J$）个元组、（$M + K$）个属性。两个关系中如果有同名属性，则可用关系名作为属性名的前缀，从而保证关系中各属性名的唯一性。

关系 R 与关系 S 的笛卡儿积记作：

$$R \times S = \{\overline{t_r t_s} \mid t_r \in R \wedge t_s \in S\}$$

其结果是（$M + K$）目的关系。$\overline{t_r t_s}$ 表示关系 R 上的一个元组与关系 S 上的一个元组连接，组成一个新的元组。$R \times S$ 的运算示例见图 6-4。

关系 R

姓名	班级名
赵希坤	计算机科学与技术2班
阮志婷	计算机科学与技术2班

×

关系 S

姓名	班级名
程丽婷	英语系1班
戚正韦	英语系1班

=

关系 R×S

姓名	班级名	姓名	班级名
赵希坤	计算机科学与技术2班	李家洋	英语系2班
阮志婷	计算机科学与技术2班	李家洋	英语系2班
赵希坤	计算机科学与技术2班	孟彬彬	英语系2班
阮志婷	计算机科学与技术2班	孟彬彬	英语系2班

图 6-4　笛卡儿积运算示例

6.3　一元运算

选择与投影是一元运算（unary operations），即运算符只有一个操作对象。选择是从行的角度进行数据操作，投影是从列的角度进行数据操作。

6.3.1　选择

选择（selection）：指从 N 个属性的关系 R 中找出满足条件的元组，其运算后得的新关系是关系 R 的子集。记作：

$$\sigma_F(R) = \{t \mid t \in R \wedge F(t) = '真'\}$$

其中，F 表示选择条件。$F(t) = '真'$，表示该元组要满足选择条件 F，使结果为真。

例如，$\sigma_{(民族='蒙古族')}$（学生表）表示显示所有民族是蒙古族的学生信息，如图 6-5 所示。

学号	姓名	性别	出生日期	民族	所属班级	家庭住址	上级班委
2005010110	沈小阳	男	1987-06-21	蒙古族	20050101	山东青岛	2005010108
2005010111	石娟菊	女	1987-12-28	回族	20050101	山东烟台	2005010105
2005020102	戚正韦	男	1987-07-18	回族	20050201	贵州贵阳	NULL
2005020201	李家洋	男	1985-09-25	汉族	20050202	四川成都	NIILL
2005020202	孟彬彬	女	1986-11-15	汉族	20050202	四川成都	NULL

选择

学号	姓名	性别	出生日期	民族	所属班级	家庭住址	上级班委
2005010110	沈小阳	男	1987-06-21	蒙古族	20050101	山东青岛	2005010108

图 6-5　选择运算示例

6.3.2 投影

投影（projection）：指从 N 个属性的 R 关系中选择 M（$M \leqslant N$）个属性构成一个新的关系，其运算后得到新关系的元组个数与关系 R 数量相同。记作：

$$\Pi_A(R) = \{t[A] \mid t \in R\}$$

其中，A 是 R 关系上的若干属性集合；$t[A]$ 是属性集合 A 上的分量（属性值）。

例如，$\Pi_{(姓名,出生日期,家庭住址)}$（学生表）表示显示所有学生的姓名、出生日期与家庭住址信息，如图 6-6 所示。

学号	姓名	性别	出生日期	民族	所属班级	家庭住址	上级班委
2005010101	苏俊丹	女	1987-01-12	汉族	20050101	河南商丘	2005010106
2005010102	张苗苗	女	1985-05-15	汉族	20050101	河南洛阳	2005010106
2005010103	林梭杰	男	1986-02-14	汉族	20050101	福建安溪	2005010110

投影

姓名	出生日期	家庭住址
苏俊丹	1987-01-12	河南商丘
张苗苗	1985-05-15	河南洛阳
林梭杰	1986-02-14	福建安溪

图 6-6　投影运算示例

6.3.3 选择与投影综合运算

前述已经说过，关系的操作对象与结果都是关系，即关系是可以嵌套的。选择与投影的结果都是关系，它们运算后的结果都可互为各自操作的对象，一般先做选择再做投影。

例如，$\Pi_{(姓名,出生日期,民族)}(\sigma_{(民族='蒙古族')})$（学生表），表示显示民族是蒙古族的学生的姓名、出生日期与民族信息，如图 6-7 所示。

学号	姓名	性别	出生日期	民族	所属班级	家庭住址	上级班委
2005010110	沈小阳	男	1987-06-21	蒙古族	20050101	山东青岛	2005010108
2005010111	石娟菊	女	1987-12-28	回族	20050101	山东烟台	2005010105
2005020102	戚正韦	男	1987-07-18	回族	20050201	贵州贵阳	NULL
2005020201	李家洋	男	1985-09-25	汉族	20050202	四川成都	NIILL
2005020202	孟彬彬	女	1986-11-15	汉族	20050202	四川成都	NULL

选择与投影综合

姓名	出生日期	民族
沈小阳	1987-06-21	蒙古族

图 6-7　选择与投影综合运算示例

6.4 连接运算

连接（join）运算是将两个关系结合起来组成一个新的关系，它是关系代数中一种重要的运算。连接是由笛卡儿乘积导出的，相当于把参与运算关系的笛卡儿积执行一次选择运算。

6.4.1 θ连接

θ连接（theta join）记作：

$$R \underset{A\theta B}{\bowtie} S = \left\{ \overline{t_r t_s} \mid t_r \in R \wedge t_s \in S \wedge t_r[A] \theta t_s[B] \right\}$$

其表示选择包含关系 R 和关系 S 笛卡儿积中所有满足谓词 $F(A\theta B)$ 的元组，将其构成一个新的关系。

说明：θ表示比较运行算，如 >、<、=、< >、≤、≥等；A 与 B 是分别为关系 R 和 S 上列数相等且可比较的属性集合。

例如，（计算机科学与技术2班学生表）$\underset{\text{学生年龄 > 辅导员年龄}}{\bowtie}$（计算机科学与技术2班辅导员表），表示显示计算机科学与技术2班中学生年龄大于辅导员年龄的所有学生与辅导员信息，如图 6 – 8 所示。

关系R

学生姓名	学生年龄	班级名
赵希坤	35	计算机科学与技术2班
阮志婷	32	计算机科学与技术2班
苏婷芳	31	计算机科学与技术2班
黄靓影	33	计算机科学与技术2班
张顶山	32	计算机科学与技术2班
柯柳儿	32	计算机科学与技术2班

$\bowtie$

R.学生年龄>S.辅导员年龄

θ连接

关系S

辅导员姓名	辅导员年龄	班级名
曹丹丹	36	计算机科学与技术2班
李磊	45	计算机科学与技术2班
王艳	42	计算机科学与技术2班
张华	32	计算机科学与技术2班

学生姓名	学生年龄	辅导员姓名	辅导员年龄	班级名
赵希坤	35	张华	32	计算机科学与技术2班
黄靓影	33	张华	32	计算机科学与技术2班

图 6 – 8 θ连接运算示例

6.4.2 等值连接

等值连接（equijoin）记作：

$$R \underset{A=B}{\bowtie} S = \left\{ \overline{t_r t_s} \mid t_r \in R \wedge t_s \in S \wedge t_r[A] = t_s[B] \right\}$$

其表示等值连接是一种特殊的θ连接，是θ运算符为"="时的θ连接。

例如，（学生表）$\underset{\text{所属班级 = 班级编号}}{\bowtie}$（班级表），表示显示"所属班级"与"班级编号"的属性值相等的所有学生与班级信息，如图 6 – 9 所示。

关系R

班级编号	班级名
20050101	计算机科学与技术1班
20050501	艺术系1班
20050502	艺术系2班

⋈
$R.班级编号=S.所属班级$

关系S

学号	姓名	性别	出生日期	民族	所属班级	家庭住址	上级班委
20050050101	李明	男	1985-12-10	汉族	20050501	山东济南	NULL
20050050102	陈曦	女	1985-09-25	汉族	20050501	湖北武汉	NULL
20050050201	郑小营	男	1984-05-12	汉族	20050502	湖北武汉	NULL
20050050202	王静	女	1987-05-05	汉族	20050502	山东济南	NULL

等值连接 ↓

学号	姓名	性别	出生日期	民族	所属班级	家庭住址	上级班委	班级编号	班级名	班级人数
20050050101	李明	男	1985-12-10	汉族	20050501	山东济南	NULL	20050501	艺术系1班	26
20050050102	陈曦	女	1985-09-25	汉族	20050501	湖北武汉	NULL	20050501	艺术系1班	26
20050050201	郑小营	男	1984-05-12	汉族	20050502	湖北武汉	NULL	20050502	艺术系2班	21
20050050202	王静	女	1987-05-05	汉族	20050502	山东济南	NULL	20050502	艺术系2班	21

图6-9　等值连接运算示例

6.4.3　自然连接

自然连接（natural join）记作：

$$R \bowtie S = \left\{ \overline{t_r t_s}[U-B] \mid t_r \in R \wedge t_s \in S \wedge t_r[B] = t_s[B] \right\}$$

其中，U 指关系 R 与关系 S 的所有属性集合，$[U-B]$ 指从属性集合中消除重复属性 B。该形式化定义表示消除重复属性的等值连接就是自然连接。

例如，（学生表）⋈（班级表），表示显示所有学生与班级信息（消除重复属性：所属班级）。"所属班级"与"班级编号"是完全相同的属性，显示时去掉其中的一个属性，如图6-10所示。

关系R

班级编号	班级名
20050101	计算机科学与技术1班
20050501	艺术系1班
20050502	艺术系2班

⋈
$R.班级编号=S.所属班级$

关系S

学号	姓名	性别	出生日期	民族	所属班级	家庭住址	上级班委
20050050101	李明	男	1985-12-10	汉族	20050501	山东济南	NULL
20050050102	陈曦	女	1985-09-25	汉族	20050501	湖北武汉	NULL
20050050201	郑小营	男	1984-05-12	汉族	20050502	湖北武汉	NULL
20050050202	王静	女	1987-05-05	汉族	20050502	山东济南	NULL

自然连接 ↓

学号	姓名	性别	出生日期	民族	班级编号	家庭住址	上级班委	班级名	班级人数
20050050101	李明	男	1985-12-10	汉族	20050501	山东济南	NULL	艺术系1班	26
20050050102	陈曦	女	1985-09-25	汉族	20050501	湖北武汉	NULL	艺术系1班	26
20050050201	郑小营	男	1984-05-12	汉族	20050502	湖北武汉	NULL	艺术系2班	21
20050050202	王静	女	1987-05-05	汉族	20050502	山东济南	NULL	艺术系2班	21

图6-10　自然连接运算示例

6.4.4　外连接

在连接两个关系时，会出现一个关系中的某些元组无法在另一个关系中找到匹配元组的情况。但我们可能仍希望这些元组出现在结果中，这时就要用到外连接（outer join）。

左外连接（left outer join）记作：

$$R \bowtie S$$

其表示将关系 R 中的所有元组都保留在结果关系中，包括那些与关系 S 不匹配的公共属性，结果关系中来自关系 S 的所有非公共属性均取空值。

例如，显示所有学生的个人与班级信息，包括还没有分班的学生。如图 6-11 所示，学号'2005070102'的学生还未分班，其余两位学生已经分班；虽然连接条件是 R. 所属班级 = S. 班级编号，但左外连接的结果会显示所有学生的个人信息与班级信息，班级表中的其他不匹配信息会显示为 NULL。

关系 R

学号	姓名	性别	出生日期	民族	所属班级
2005070102	阳志态	男	1992-10-26	汉族	NULL
2005010101	苏俊丹	女	1987-01-12	汉族	20050101
2005010102	张苗苗	女	1985-05-15	汉族	20050101

关系 S

班级编号	班级名	班级人数
20050101	计算机科学与技术1班	18
20050102	计算机科学与技术2班	19

⋈
R. 所属班级 = S. 班级编号

左外连接

学号	姓名	性别	出生日期	民族	所属班级	班级编号	班级名	班级人数
2005070102	阳志态	男	1992-10-26	汉族	NULL	NULL	NULL	NULL
2005010101	苏俊丹	女	1987-01-12	汉族	20050101	20050101	计算机科学与技术1班	18
2005010102	张苗苗	女	1985-05-15	汉族	20050101	20050101	计算机科学与技术2班	18

图 6-11　左外连接示例

右外连接（right outer join）记作：

$$R ⋈ S$$

其表示将关系 S 中的所有元组都保留在结果关系中，包括那些与关系 R 不匹配的公共属性，结果关系中来自关系 R 的所有非公共属性均取空。

全外连接（full outer join）记作：

$$R ⋈ S$$

其表示将关系 R 与关系 S 中的所有元组都保留在结果关系中，所有没有匹配的元组所对应的属性分量全部取空值。

6.4.5　除运算

设关系 R 除以关系 S 的结果为关系 T，则 T 包含所有在 R 上但不在 S 中的属性及其值，且 T 的元组与 S 的元组的所有组合都在 R 中。

为了更好地理解除运算（division），先引入一个概念：象集（images set）。其定义为：给定一个关系 $R(X,Y)$，X 和 Y 为属性集合。当 $t[X] = x$ 时，x 在 R 中的象集定义为

$$Yx = \{t[Y] \mid t \in R \land t[X] = x\}$$

假设表 6-1 是班级指导表的全部信息。

表 6-1　班级指导表（关系 R）

辅导员姓名（X）	指导班级（Y）
曹丹丹	20050101
曹丹丹	20050102
曹丹丹	20050201
曹丹丹	20050202

续表

辅导员姓名（X）	指导班级（Y）
李磊	20050101
李磊	20050201
王艳	20050102
王艳	20050202
张华	20050202

班级指导表（关系 R）中辅导员姓名（X）的取值范围（$t[X]$）为：｛曹丹丹，李磊，王艳，张华｝。

$x=$｛曹丹丹｝的象集为：｛20050101，2005010，20050201，20050202｝

$x=$｛李磊｝的象集为：｛20050101，20050201｝

$x=$｛王艳｝的象集为：｛20050102，20050202｝

$x=$｛张华｝的象集为：｛20050202｝

R 与 S 的除运算记作：

$$R \div S = \{t_r[X] \mid t_r \in R \land \Pi_y(S) \subseteq Y_x\}$$

该形式化定义表示除运算得到一个新的关系 $P(X)$，P 是 R 中满足下列条件的元组在 X 属性列上的投影：元组在 X 上分量值 x 的象集 Y_x 包含 S 在 Y 上投影的集合。

假设表 6 – 2 是班级表的全部信息。

表 6 – 2　班级表（关系 S）

班级编号（Y）	班级名（Z）
20050101	计算机科学与技术 1 班
20050102	计算机科学与技术 2 班
20050201	英语系 1 班
20050202	英语系 2 班

班级表（关系 S）在班级编号（Y）上的投影为：｛20050101，20050102，20050201，20050202｝，它是｛曹丹丹｝的象集｛20050101，20050102，20050201，20050202｝的子集。那么（班级指导表）÷（班级表）的除运算的结果如图 6 – 12 所示，即 $P(X) = R \div S = $｛曹丹丹｝。该结果表示显示指导过所有班级的辅导员姓名。当查询"全部……"或者"至少包含……全部"内容时，使用除运算。

姓名
曹丹丹

图 6 – 12　除运算结果

6.5 其他运算

除了简单地获取一个或多个关系中的元组和属性外，我们还希望对数据进行重命名、统计和聚集运算或对数据进行分组运算，以及某些特殊的连接操作等。前述的关系代数运算均不能完成这些功能，所以还需另外一些运算，如重命名运算、聚集运算、分组运算与半连接运算等。

6.5.1 重命名运算

关系代数运算可以变得相当复杂。实际使用时，可将这样的运算分解成一系列较为简单的关系代数运算，并为每个中间表达式的结果命名。一般通过赋值运算（用符号←表示）给关系代数运算的结果命名。这与一般编程语言中的赋值运算类似：将运算右边的值赋给左边。例如：蒙古族学生表（学生姓名，出生日期，民族）$\leftarrow \Pi_{姓名,出生日期,民族}$（$\sigma_{民族='蒙古族'}$（学生表））。

由此，引入重命名符（$\rho_s(a_1,a_2,\cdots,a_n)(E)$）。该形式化定义表示为重命名（rename）运算符（ρ）给表达式 E 一个新的名称 S，并将属性的名称替换成$(a_1,a_2,\cdots,a_n)$。因此，上例的关系代数可改为：

$$\rho_{蒙古族学生表}(学生姓名,出生日期,民族)(\Pi_{姓名,出生日期,民族}(\sigma_{民族='蒙古族'}(学生表)))$$

6.5.2 聚集运算

聚集运算（agregation）记作：

$$\Im_{AL}(R)$$

其表示将聚集函数列表（aggregate function list，AL）用于关系 R，以获得在聚集列表上定义的一个关系。AL 包含一个或多个（<聚集函数>，<属性>）对。常用的聚集函数如表 6-3 所示。

表 6-3 聚集函数

函数名	函数说明
COUNT	返回相关联属性值的个数
SUM	返回相关联属性值的总和
AVG	返回相关联属性值的平均值
MIN	返回相关联属性值的最小值
MAX	返回相关联属性值的最大值

例如：ρ_R（最高年龄，最低年龄，平均年龄）$= \Im_{MAX(年龄),MIN(年龄),AVG(年龄)}$（辅导员表）。表示统计显示辅导员的最高年龄，最低年龄与平均年龄，并将结果命名为新关系 R。

6.5.3 分组运算

分组运算（grouping）记作：

$$_{GA}\mathfrak{I}_{AL}(R)$$

表示根据分组属性（grouping attributes，GA）对关系 R 的元组进行分组，然后使用聚集函数列表 AL 得到新关系。AL 包含一个或多个（<聚集函数>，<属性>）对。结果关系包含分组属性 GA，以及每个聚集函数的结果。

分组运算的一般形式为：

$$_{a_1,a_2,\cdots,a_n}\mathfrak{I}_{<A_p,a_p>,<A_q,a_q>,\cdots,<A_z,a_z>}(R)$$

其中，R 是任意关系；$a_1,a_2,\cdots,a_n$ 是 R 的属性，依赖这些属性来分组；$a_p,a_q,\cdots,a_z$ 是 R 的其他属性；$A_p,A_q,\cdots,A_z$ 是对 $a_p,a_q,\cdots,a_z$ 使用的聚集函数。R 的元组被分割成具有下列性质的组：

- 同一组中的所有元组在属性 $a_1,a_2,\cdots,a_n$ 上具有相同的值。
- 不同组中的元组在属性 $a_1,a_2,\cdots,a_n$ 上具有不同的值。

例如：$\rho_{系辅导员统计表}(系名,辅导员人数)_{系名}(\mathfrak{I}_{count(辅导员编号)}(系指导情况表))$，表示对关系"系指导情况表"（关系 R），按系名（a_1）分组，对辅导员编号（a_p）使用聚集函数（A_p）进行统计，生成新关系"系辅导员统计表"，属性重命名为"系名""辅导员人数"，其结果如图 6-13 所示。

系名	辅导员编号	姓名
计算机科学与技术	01	曹丹丹
计算机科学与技术	02	李磊
计算机科学与技术	03	王艳
计算机科学与技术	04	张华
英语系	01	曹丹丹
英语系	02	李磊
英语系	05	王强
英语系	01	曹丹丹
英语系	06	李锡
英语系	07	王宏敏
企业管理系	01	曹丹丹

分组统计 →

系名	辅导员人数
国际贸易系	5
计算机科学与技术	7
企业管理系	2
艺术系	4
英语系	6

图 6-13 分组运算示例

6.5.4 半连接

半连接（semi join）是连接的一种，其形式化定义记作：

$$R \underset{F}{\triangleright} S = \Pi_A(R \underset{F}{\bowtie} S)$$

其表示执行满足连接条件 F 两个关系 R 与 S 的连接运算后，再将结果投影到第一个参与运算的关系 R 的所有属性 A 上。半连接的优点之一是可减少参与连接的元组数目，它对于提高数据库的连接性能非常有用。

例如，（学生表） $\triangleright$ （班级表），表示显示属于'英语系1班'的学生信息，如图 6-14 所示。

关系R

学号	姓名	性别	出生日期	民族	所属班级	家庭住址
2005020101	程丽婷	女	1985-03-27	汉族	20050201	河南洛阳
2005020102	戚正韦	男	1987-07-18	回族	20050201	贵州贵阳
2005020201	李家洋	男	1985-09-25	汉族	20050202	四川成都
2005020202	孟彬彬	女	1986-11-15	汉族	20050202	四川成都
2005030101	蔡莎莎	女	1985-07-13	汉族	20050301	河南安阳
2005030102	蔡金奎	男	1986-12-06	汉族	20050301	江西南昌

关系S

班级编号	班级名
20050201	英语系1班

$\triangleright$
$R.$ 所属班级 $=S.$ 班级编号
半连接

学号	姓名	性别	出生日期	民族	所属班级	家庭住址
2005020101	程丽婷	女	1985-03-27	汉族	20050201	河南洛阳
2005020102	戚正韦	男	1987-07-18	回族	20050201	贵州贵阳

图 6-14 半连接运算示例

● 本章小结

本章介绍了集合运算在关系操作中的应用，给出了并、交、差与笛卡儿积的形式化定义；通过示例与图表的方式介绍了集合运算的实际应用；通过给出形式化定义与示例演示的方式，介绍了专门关系代数中的一元运算——选择与投影。

本章详细介绍了 θ 连接、等值连接与自然连接的概念与定义表示，说明了三者之间的联系与区别，并由三种连接引出了外连接的概念与种类。除运算是相对较难理解的关系运算，文中通过列数据表来将定义分解，按步骤逐渐完成的方式，说明除运算的含义与作用。

重命名是为了解决复杂关系运算时的命名问题而引出的概念，本章给出定义表示与示例说明，并将重命名结合聚集、分组进行综合说明，给出实际的示例表达与文字说明。

半连接是数据库基础书籍较少提及的概念，但是其对于提交数据库查询性能是有较大作用的，其在具体的数据库系统中也有相应实现。本章介绍了半连接的概念，并使用了图例进行说明。

● 思考题

1. 理解术语：并集、交集、差集、笛卡儿积、选择、投影、θ 连接、等值连接、自然连接、除运算、重命名、聚集、分组、半连接。

2. 并、交与差集合操作在关系操作中的前提条件。

3. 结合实例综合编写选择与投影连接的数据检索表达式。

4. 列出 θ 连接、等值连接、自然连接之间的异同点。

5. 自行举实例解释除运算的操作过程，并结合结果给出除运算的含义。

6. 结合实例，综合编写重命名、聚集与分组的数据检索表达式。

7. 结合实际，灵活应用术语中相关概念，给出一个实际的数据检索表达式。

第7章

查　询

学习目标

1. 能说出查询操作的语法约定及其含义。

2. 列举常用的函数名称以及对应参数，解释其用途。

3. 总结 SQL 查询语句中不同子句的关键字及其用法。

4. 能够通过实例举一反三，熟练进行单表与多表的各种查询操作。

5. 能够综合应用多种查询的方式解决复杂查询的操作问题。

6. 了解数理逻辑理论，尝试用相关知识解释应用 EXISTS 的查询操作原理。

数据素养指标

1. 了解常用数据库软件的分析操作方法与使用场景。

2. 能够使用应用 SQL 的常用函数进行统计来描述数据。

3. 能够利用基本语言工具，从数据模型中提取基本信息。

4. 能够在数据查询时了解不同数据模型之间的内在逻辑关系，完成多表或多数据源的数据连接。

5. 能够利用基本语言工具，从复杂数据模型中提取信息。

6. 了解基本的离散数学，以指导基于 SQL 的数据分析。

本章导读

1. 查询语法约定：SQL Server 的查询语法约定。

2. 常用函数：聚合函数、字符串函数、日期和时间函数、转换函数、数学函数、逻辑函数等。

3. 单表查询：SELECT 子句、FROM 子句、WHERE 子句、聚合函数、GROUP BY 子句、HAVING 子句在单表中的查询应用。

4. 连接查询：内连接、外连接、交叉连接的查询应用。

5. 嵌套查询：子查询嵌套 SELECT 子句、FROM 子句、WHERE 子句的查询应用，特别是 WHERE 子句中的查询应用。

6. 半连接查询：演示半连接查询的操作。

7. 数理逻辑：数理逻辑的基本概念、等值公式等；应用数理逻辑理论，说明相应查询操作的原理。

7.1 查询语法约定

数据查询是数据库的核心操作。第 6 章已经详细介绍了形式化语言：关系代数进行查询操作的数学表示。本章将以 SQL 语句中的查询部分来详细说明在 RDBMS 中如何进行数据的查询操作。

本书以 SQL Server 为基础（注意：不同 RDBMS 的语法略微有所差异）进行数据查询语句的介绍，该语句具有灵活的使用方式和丰富的功能。

1. 查询语句总体介绍

```
SELECT select_list [ INTO new_table]
[FROM table_source]
[WHERE search_condition]
[GROUP BY group_by_expression]
[HAVING search_condition]
[ORDER BY order_expression[ASC|DESC]]
```
各部分说明：

• SELECT：表示需要显示的信息，具体语句见后续 < select_list > 详细说明。它是关系代数中的投影运算在 SQL 语句的主要体现。

• FROM：指定数据查询的数据源。它是关系代数中的关系在 SQL 语句中的体现。

• WHERE：数据查询的筛选条件。它是关系代数中的选择运算在 SQL 语句中的主要体现。

• GROUP BY：对数据进行分组。它是关系代数中的分组运算在 SQL 语句中的主要体现。

• HAVING：数据分组的筛选条件。它是关系代数中的选择运算在 SQL 语句分组部分的主要体现。

• ORDER BY：对显示信息进行排序。ASC 表示升序，DESC 表示降序。

• order_expression：指定用于对查询结果进行排序的属性或表达式。

2. 各部分详细说明

(1) <select_list>::=

```
{ *
|{table_name|view_name|table_alias}.*
|{[{table_name|view_name|table_alias}.]{column_name}
|method_name(argument[,...n])}]
|expression[[AS]column_alias]}
|column_alias=expression
}[,...n]
```

参数说明：

- *：显示所有的属性。
- table_name：表名。
  view_name：视图名。
  table_alias：表的别名。
- column_name：属性名。
- method_name：函数名。
  argument：函数对应的参数。
- expression：表达式。
  column_alias：属性的别名。
- [,...n]：前述的内容可以多次出现。

(2) <table_source>::=

```
{table_or_view_name][AS]table_alias
|derived_table[[AS]table_alias][(column_alias[,...n])]
|<joined_table>}
```

参数说明：

- derived_table：将从数据库中检索出的子查询作为数据源。它体现了关系代数中操作的对象是关系，操作的结果也是关系的概念。
- <joined_table>:数据表的连接。它是关系代数中连接运算（join）的主要体现。其具体的内容将在7.4节进行说明。

(3) <search_condition>::=

```
{[NOT] <predicate>|( <search_condition>)}
[{AND|OR} [NOT] { <predicate>|( <search_condition>)}]
[,...n]
```

参数说明：

- predicate：返回 TRUE、FALSE 或 UNKNOWN 的表达式。其具体的内容见（4）的参数说明。
- search_condition：筛选条件的表达式，在语句中可以写多次。它们之间可以通过 AND 或者 OR 进行连接。

（4）＜predicate＞∷＝
 ｛expression｛＝｜＜＞｜！＝｜＞｜＞＝｜！＞｜＜｜＜＝｜！＜｝expression
 ｜string_expression［NOT］LIKE string_expression
 ［ESCAPE 'escape_character'］
 ｜expression［NOT］BETWEEN expression AND expression
 ｜expression IS［NOT］NULL
 ｜expression［NOT］IN（subquery｜expression［,...n］）
 ｜expression｛＝｜＜＞｜！＝｜＞｜＞＝｜！＞｜＜｜＜＝｜！＜｝｛ALL｜SOME｜ANY｝（subquery）
 ｜EXISTS（subquery）｝

参数说明：

- expression：列名、常量、函数，或通过运算符（或子查询）连接的列名、常量和函数的任意组合。其中，表达式可以包含 CASE 表达式。
- LIKE：用于字符串数据类型的模糊匹配。
- ESCAPE：用于将通配符作为普通字符在字符串中搜索。
- BETWEEN…AND…：用于范围匹配。
- IS［NOT］NULL：用于对空值的判断。
- IN：用于确定指定的值是否与子查询或列表中的值相匹配。
- ｛ALL｜SOME｜ANY｝：SOME 与 ANY 是等价的，与比较运算符和子查询一起使用。
- EXISTS：存在谓词，与子查询一起使用。

（5）＜group_by_expression＞∷＝
 column-expression｜（column-expression［,...n］）

参数说明：

- column-expression：指定用于分组的属性或属性的非聚合计算表达式。

7.2 常用函数

在进行数据查询时，使用函数可以加快编写速度、简化操作。所有 DBMS 都会提供各类函数，以便用户完成操作。表 7－1 列出了 SQL Server 的常用函数。

表 7－1 常用函数

函数分类	函数名	函数说明
聚合函数	AVG（［ALL｜DISTINCT］expression）	求平均值
	COUNT（｛［［ALL｜DISTINCT］expression］｜＊｝）	求元组个数
	MAX（［ALL｜DISTINCT］expression）	求最大值
	MIN（［ALL｜DISTINCT］expression）	求最小值
	SUM（［ALL｜DISTINCT］expression）	求数值的累加和

函数分类	函数名	函数说明
字符串函数	CONCAT(string_value1,string_value2[,string_value*N*])	字符串的连接
	LEN(string_expression)	求字符串的长度
	LEFT(character_expression,integer_expression)	从字符串左边开始截取指定个数的字符
	RIGHT(character_expression,integer_expression)	从字符串右边开始截取指定个数的字符
	SUBSTRING(expression,start,length)	截取字符串的一部分
	LOWER(character_expression)	将字符串字母转换成大写
	UPPER(character_expression)	将字符串字母转换成小写
	REPLACE(string_expression,string_pattern,string_replacement)	用另一个字符串值替换出现的所有指定字符串值
	TRIM([characters FROM] string)	从两侧删除空格字符或其他指定字符
日期和时间函数	DAY(date);MONTH(date);YEAR(date)	提取出日期数据中的日、月、年份
	GETDATE()	返回当前数据库系统时间
	DATEADD(datepart,number,date)	按 datepart,将 number 与 date 相加,返回新日期
	DATEDIFF(datepart,startdate,enddate)	按 datepart,将后两个参数相减,返回差值
转换函数	CAST(expression AS data_type[(length)])	数据类型转换,这两个函数的功能一样
	CONVERT(data_type[(length)],expression[,style])	
数学函数	ABS(numeric_expression)	求绝对值
	ROUND(numeric_expression,length[,function])	四舍五入
	SQUARE(float_expression)	求平方
逻辑函数	CHOOSE(index,val_1,val_2[,val_*n*])	返回 index 指定处的 val_1…val_*n* 值

7.3 单表查询

本节介绍的单表查询是针对单个表的数据查询,主要帮助读者熟悉 SQL 查询语句的基本操作,为后续更复杂的查询打下基础。

7.3.1 查询表中若干列

1. 查询指定列(属性)

【例 7.3 - 1】查询所有学生的学号与姓名
SELECT 学号,姓名 FROM [SIMS_SCHEMA].[学生表]

【例 7.3 - 2】查询所有学生的姓名、出生日期、家庭住址。

SELECT 姓名,出生日期,家庭住址 FROM [SIMS_SCHEMA].[学生表]

查询指定列的注意事项:

(1) 可将显示结果的列名调整前后顺序,这体现了 2.2 节关系特性中的第 (6) 条,即属性与顺序无关。

(2) 多个列名之间用逗号隔开。

(3) 查询结果中列的显示顺序和 SELECT 子句中的顺序相同。

(4) 在表名前加入是否需要加入模式名,取决于用户默认绑定的模式。如果默认模式与自定义的模式名不同,则需要在表名前加上对应的模式名;否则,只需要写表名,系统会自动在表名前加上默认模式名。

2. 查询全部列

【例 7.3 - 3】查询所有学生的全部列信息。

SELECT [学号],[姓名],[性别],[出生日期],[民族],[所属班级],[家庭住址],[上级班委]
FROM [SIMS_SCHEMA].[学生表]

或者

SELECT * FROM [SIMS_SCHEMA].[学生表]

查询全部列的注意事项:

(1) 显示所有列信息有两种方法:其一,将表中所有的列名全部列出;其二,使用星号 (*)。

(2) 使用第一种方法可以调整列的顺序;而使用 * 号就无法设定列的显示顺序了,这时就会按照 "CREATE TABLE" 语句的定义对列进行排序。

(3) 书写时,如果 SQL 语句过长,可换行书写。但是,建议不要无目的插入空行(无任何字符的行)。否则,一方面会造成代码阅读困扰,另一方面可能会造成代码执行错误。例如:

SELECT *

FROM [SIMS_SCHEMA].[学生表]

3. 查询计算列

【例 7.3 - 4】查询所有学生的姓名与出生年份。

SELECT [姓名],**year**([出生日期])
FROM [SIMS_SCHEMA].[学生表]

结果如下:

	姓名	(无列名)
1	苏俊丹	1987
2	张苗苗	1985
3	林梭杰	1986
4	王晨梅	1987
5	李凡潜	1986
6	田权苗	1986
7	林海峰	1986
8	苏林宜	1985

【例7.3-5】 查询所有学生的姓名与年龄。

SELECT［姓名］,year（GETDATE（））-year（［出生日期］）
FROM［SIMS_SCHEMA］.［学生表］

结果如下：

	姓名	（无列名）
1	苏俊丹	34
2	张苗苗	36
3	林梭杰	35
4	王晨梅	34
5	李凡潜	35
6	田权苗	35
7	林海峰	35
8	苏林宜	36

【例7.3-6】 查询所有学生的姓名与出生日期。

SELECT［姓名］,'出生日期'+':',year（［出生日期］）
FROM［SIMS_SCHEMA］.［学生表］

结果如下：

	姓名	（无列名）	（无列名）
1	苏俊丹	出生日期：	1987
2	张苗苗	出生日期：	1985
3	林梭杰	出生日期：	1986
4	王晨梅	出生日期：	1987
5	李凡潜	出生日期：	1986
6	田权苗	出生日期：	1986
7	林海峰	出生日期：	1986
8	苏林宜	出生日期：	1985

查询计算列的注意事项：

（1）在SELECT语句中，除了可以使用表的属性名外，还可以使用函数、表达式与字符串常量等。

（2）如果在表中并没有对应计算机列的属性名，则结果显示为无列名。

（3）使用"+"编写表达式时，注意"+"有两种含义：其一，算术的加运算（例如，1+2=3）；其二，字符串的连接（例如，'A'+'B'='AB'）。

（4）在使用四则运算（+、-、*、/）时，对NULL值进行运算后得到的结果都为NULL。例如：NULL+10，4-NULL，1*NULL，3/NULL，NULL/0。如果需要将NULL转成0，则可使用函数ISNULL(NULL,0)。

4. 给列取别名

【例7.3-7】 查询所有学生的姓名与出生日期，分别命名为"学生姓名""标题"与"出生年份"。

SELECT 学生姓名=［姓名］,'出生日期'+':'标题,year（［出生日期］）AS 出生年份
FROM［SIMS_SCHEMA］.［学生表］

结果如下：

	学生姓名	标题	出生年份
1	苏俊丹	出生日期：	1987
2	张苗苗	出生日期：	1985
3	林梭杰	出生日期：	1986
4	王晨梅	出生日期：	1987
5	李凡潜	出生日期：	1986
6	田权苗	出生日期：	1986
7	林海峰	出生日期：	1986
8	苏林宜	出生日期：	1985

给列取别名的注意事项：

（1）在 SQL Server 中给列取别名有两种写法：

别名 = …

或者

…AS 别名

标准 SQL 的写法是第二种。

（2）AS 关键字可省略，但建议写上。

5. 给表取别名

【例 7.3 – 8】查询所有学生的全部信息，要求给表取别名：student，并用别名显示列名。

```
SELECT student.*
FROM [SIMS_SCHEMA].[学生表] AS student
```

给表取别名的注意事项：

（1）当显示列名时，既可以加表名也可以不加表名。例如：

[学生表].*

或者直接写

*

（2）当给表取别名后，如上例，则需写为

[student].*

或者直接写

*

不要写为

[学生表].*

否则会报错。

（3）给表取别名主要用于自连接、简化复杂表名等场景。

（4）AS 关键字可省略，但建议写上。

7.3.2 查询表中若干元组

1. 查询前 N 行（元组）或前 $N\%$ 行的元组

【例 7.3 – 9】查询前 3 行学生的所有信息。

```
SELECT TOP 3 *
FROM [SIMS_SCHEMA].[学生表]
```

【例7.3-10】查询前1%行学生的所有信息。

```
SELECT TOP 1 PERCENT *
FROM [SIMS_SCHEMA].[学生表]
```

查询前 N 行的注意事项：

（1）TOP 后跟着的数字的数据类型是 bigint；但 TOP…PERCENT 中使用的数字会转换成 float 型。

（2）TOP…PERCENT：小数部分的值向上舍入（即：得到比小数大的最接近整数）到下一个整数值。例如，$-3.3 \rightarrow -3$，$4.5 \rightarrow 5$。由此可知，至少显示一行数据。

（3）WITH TIES：可选项。该参数用于返回与结果集中的最后一个位置相关联的两行或更多行。使用该参数时，必须加入 ORDER BY 子句（排序）。WITH TIES 可能导致返回的行数多于在数字表达式中指定的值。如下例，并对"民族"排序（注：未写出排序语句）：

```
SELECT TOP 2 WITH TIES *
FROM [SIMS_SCHEMA].[学生表]
```

其结果可能显示多行数据而不会只有2行。因为，最后一行的数据可能会有多个相同民族的学生。

2. 消除重复值的元组

【例7.3-11】查询学生的民族信息。

```
SELECT DISTINCT 民族
FROM [SIMS_SCHEMA].[学生表]
```

（1）不使用 DISTINCT 的结果：

	民族
1	汉族
2	汉族
3	汉族
4	汉族
5	汉族
6	汉族
7	汉族
8	汉族
9	汉族
10	蒙古族
11	回族

（2）使用 DISTINCT 的结果：

	民族
1	汉族
2	回族
3	蒙古族

消除重复值的注意事项：

（1）DISTINCT 关键字用于所有列名前面，它针对的是所有列的组合值，消除组合值的重复值。如果上例改为：

SELECT DISTINCT 民族 学号

那么 DISTINCT 是消除"民族"＋"学号"的重复值。

（2）对于 DISTINCT 关键字来说，NULL 值是相等的，即可消除重复的 NULL 值。

3. 查询满足条件的元组

对于表的筛选条件，主要通过 WHERE 子句设置完成。表 7-2 列举了 WHERE 使用的条件谓词。

表 7-2　WHERE 子句的条件谓词

运算符种类	条件谓词
比较大小	＝、＜＞、！＝、＞、＞＝、！＞、＜、＜＝、！＜
范围匹配	[NOT] BETWEEN…AND…
确定集合	[NOT] IN
字符匹配	[NOT] LIKE [ESCAPE]
空值判断	IS [NOT] NULL
多重条件	AND、OR、NOT

（1）比较大小。

【例 7.3-12】查询民族是回族的辅导员信息。

SELECT ＊ FROM [SIMS_SCHEMA].[辅导员表]

WHERE 民族 ='回族'

【例 7.3-13】查询年龄大于等于 34 岁的辅导员信息。

SELECT ＊ FROM [SIMS_SCHEMA].[辅导员表]

WHERE 年龄 >=34

【例 7.3-14】查询民族不是回族的辅导员信息。

SELECT ＊ FROM [SIMS_SCHEMA].[辅导员表]

WHERE 民族 <>'回族'

（2）范围匹配。

【例 7.3-15】查询年龄在 34 岁与 45 岁之间（含 34 与 45）的辅导员信息。

SELECT ＊ FROM [SIMS_SCHEMA].[辅导员表]

WHERE 年龄 BETWEEN 34 AND 45

【例 7.3-16】查询年龄不在 34 岁与 45 岁之间的辅导员信息。

SELECT ＊ FROM [SIMS_SCHEMA].[辅导员表]

WHERE 年龄 NOT BETWEEN 34 AND 45

（3）确定集合。

【例 7.3-17】查询民族是满族或回族的辅导员信息。

```
SELECT * FROM [SIMS_SCHEMA].[辅导员表]
WHERE 民族 IN ('满族','回族')
```

【例7.3-18】查询年龄不是34岁或45岁的辅导员信息。

```
SELECT * FROM [SIMS_SCHEMA].[辅导员表]
WHERE 年龄 NOT IN(34,45)
```

（4）字符匹配。

LIKE 关键字经常会与通配符结合一起使用，以实现对字符串的模糊匹配。常用的通配符如表7-3所示。

表7-3　SQL Server 通配符

通配符	说明
%	包含零个（或多个）字符的任意字符串
-	任何单个字符
[ ]	指定范围或集合中的任何单个字符,如[a-f]、[abcdef]
[^]	不属于指定范围或集合的任何单个字符,如[^a-f]、[^abcdef]

【例7.3-19】查询姓王的辅导员信息。

```
SELECT * FROM [SIMS_SCHEMA].[辅导员表]
WHERE 姓名 like '王%'
```

【例7.3-20】查询姓王，且姓名为两个字的辅导员信息。

```
SELECT * FROM [SIMS_SCHEMA].[辅导员表]
WHERE trim(姓名) like '王_'
```

【例7.3-21】查询姓王或者姓李的辅导员信息。

```
SELECT * FROM [SIMS_SCHEMA].[辅导员表]
WHERE 姓名 like '[王,李]%'
```

【例7.3-22】查询不姓王的辅导员信息。

```
SELECT * FROM [SIMS_SCHEMA].[辅导员表]
WHERE 姓名 not like '王%'
```

如果用户要查询的字符串本身就含有通配符（例如:%、_），这时就要使用 ESCAPE 关键字对通配符进行转义，如［例7.3-23］，表示 * 后面的符号是一个普通字符，而不是通配符。

【例7.3-23】查询联系方式是以"0731_"开头的辅导员信息。

```
SELECT * FROM [SIMS_SCHEMA].[辅导员表]
WHERE 联系方式 like '0731*_%' ESCAPE '*'
```

（5）空值判断。

【例7.3-24】查询学生表中上级班委是 NULL 值的学生信息。

```
SELECT * FROM [SIMS_SCHEMA].[学生表]
WHERE [上级班委] IS NULL
```

（6）多重条件。

【例7.3 – 25】查询学生表中民族是汉族的男学生信息。

SELECT 姓名,民族,性别 FROM [SIMS_SCHEMA].[学生表]

WHERE 民族 ='**汉族**'and 性别 ='**男**'

【例7.3 – 26】将例7 – 17的查询改成多重条件表示。

SELECT ＊ FROM [SIMS_SCHEMA].[辅导员表]

WHERE 民族 ='**满族**'OR 民族 ='**回族**'

WHERE 子句的注意事项：

（1）在 SQL 语句中，子句的书写顺序是固定的，不能随意更改。WHERE 子句必须紧跟在 FROM 子句之后，书写顺序的改变会造成执行错误。

（2）比较运算符可以对字符、数字和日期等几乎所有数据类型的列和值进行比较。但是要注意各种数据类型所比较大小的不同。例如：

①字符比较大小是比较字符的编码顺序。例如：英文按 ASCII 码顺序比较大小；中文按拼音顺序比大小。

②日期比较大小是比较日期的前后，后面的日期比前面的日期大。

③不要对 NULL 值使用比较运算符。

④特别注意数字型字符的大小比较，这是特别容易出错的。例如：使用筛选条件" ＞'2'"查询数据集 {'10', '1', '11', '3', '222'} 时，结果为 {'3', '222'} 而不是 {'10', '11', '3', '222'}。

（3）使用比较运算符时，一定要注意不等号和等号的位置。一定要让不等号在左，等号在右。例如：>= 不要写成 =>，<> 不要写成 ><。

（4）NOT 不能单独使用，必须和其他查询条件组合使用。使用 NOT 运算符一般会影响查询性能，而且会让人不太容易理解，所以不要滥用该运算符。例如，"年龄 NOT BETWEEN 34 AND 45"的含义为"年龄小于 34 或者年龄大于 45"。

（5）在 SQL Server 中，LIKE 也可用于日期型数据，如"like '％1987 – 07％'"，但该运算符主要还是用于字符型数据的查询。

（6）如果在 LIKE 后面的匹配串中不含通配符，则可以用运算符 = 取代 LIKE 谓词，用运算符!= 或 <> 取代 NOT LIKE 谓词。例如，"WHERE 学号 LIKE '2005010101'"等价于"WHERE 学号 = '2005010101'"。

（7）例7.3 – 20 中对姓名使用 trim() 函数再进行匹配，是因为"姓名"属性的数据类型是定长数据，当数据长度短于数据类型长度时会自动添加空格。空格也是一种字符，所以要先用 trim() 函数删除空格，这样才能正确匹配到姓名只有两个字符的信息。

（8）例7.3 – 23 中的查询条件是"WHERE 联系方式 like '0731＊_％' ESCAPE '＊'"，如果想让多个通配符转义成普通符号，则可以改写成"WHERE 联系方式 like '0731＊_＊％' ESCAPE '＊'"，这样％号也可实现转义。

（9）判断是否为 NULL 值时，要用 IS NULL 或者 IS NOT NULL 语句；而不能使用" =NULL"或者" <>NULL"。

（10）慎用 NULL，可以在创建表时加入 NOT NULL 约束。

（11）逻辑运算符的优先级为 NOT→AND→OR，但我们可以用括号"（）"改变优先级顺序。

4. 排序

【例7.3-27】查询所有汉族学生的信息，结果按学号升序排列。

SELECT * FROM [SIMS_SCHEMA].[学生表]

WHERE 民族='**汉族**'

ORDER BY 学号 ASC

【例7.3-28】查询所有汉族学生的信息，结果先按所属班级升序，如果所属班级相同就再按出生日期降序排列。

SELECT 姓名,所属班级 as 班级,出生日期

FROM [SIMS_SCHEMA].[学生表]

WHERE 民族='**汉族**'

ORDER BY 班级 ASC,手机号 DESC

排序的注意事项：

（1）ASC 关键字为默认值，可省略。

（2）ORDER BY 子句中可以指定多个排序列，其含义为先按第一个列的值进行排序，如果第一列值相同就再按第二列的值排序，依次类推。

（3）若排序列中包含 NULL 值，则会放在结果的开头或末尾。SQL Server 中将其放在开头。

（4）ORDER BY 子句中可以使用 SELECT 子句中定义的列的别名，如例7.3-28 中的"班级"。

（5）ORDER BY 子句中可以使用 SELECT 子句中未出现的列，如例7.3-28 中的"手机号"。

（6）SQL Server 中，ORDER BY 子句可使用列的编号。例如：

SELECT 姓名,所属班级,出生日期

FROM [SIMS_SCHEMA].[学生表]

WHERE 民族='**汉族**'

ORDER BY 2 ASC,3 DESC

（7）无论何种情况，ORDER BY 子句都必须写在 SELECT 语句的末尾。

7.3.3　汇总与分组

1. 聚合函数

【例7.3-29】查询辅导员的最大年龄、最小年龄与平均年龄。

SELECT **MAX**([年龄]) AS 最大年龄,**MIN**([年龄]) AS 最小年龄,**AVG**([年龄]) AS 平均年龄

FROM [SIMS_SCHEMA].[辅导员表]

【例7.3-30】查询辅导员的人数。

SELECT **COUNT**(*) AS 辅导员人数

FROM [SIMS_SCHEMA].[辅导员表]

【例7.3-31】按不同参数统计学生人数。

SELECT **COUNT**(ALL [学号]) AS 按学号统计人数,

COUNT (DISTINCT [所属班级]) AS 按所属班级统计人数
FROM [SIMS_SCHEMA].[学生表]

结果如下：

	按学号统计人数	按所属班级统计人数
1	37	8

聚合函数的注意事项：

（1）如果未分组，则所有的聚合函数运行后的结果都只有一行数据。

（2）在使用聚合函数时，参数前加 ALL 表示统计所有数据的信息，包括重复值；而 DISTINCT 则相反，它会去掉重复值进行统计，见例 7.3 - 31。

（3）COUNT() 函数的参数使用 * 与列名时，会由于 NULL 值而产生不同的结果。其中，COUNT(*) 会得到包含 NULL 的数据行数，而 COUNT(<列名 >) 会得到 NULL 之外的数据行数。

（4）聚合函数会将 NULL 排除在外。但 COUNT(*) 例外，其不会排除 NULL。因此，在使用聚合函数进行综合运算时要特别注意。假设年龄数据集合为 {32，30，26，22，NULL，NULL}，求年龄的平均值，可有以下两种方法：

①使用 AVG(年龄) 计算，公式为 $(32 + 30 + 26 + 22)/4 = 27.5$。

②使用 SUM(年龄)/COUNT(*) 计算，公式为 $(32 + 30 + 26 + 22)/6 \approx 18.3$。

这两种方法求得的平均年龄结果是不同的。对于第二种方法，如果认为 NULL 等价于 0，则其求出的平均值也是合理的。

（5）MAX、MIN 函数几乎适用于所有数据类型的列。SUM、AVG 函数只适用于数值类型的列。例如，MAX(出生日期) 可用于求出生日期最晚的数据，而 SUM(出生日期) 从逻辑上看并没有什么实际意义。

2. 分组

【例 7.3 - 32】统计民族是汉族的不同班级学生人数。
SELECT [所属班级],COUNT (DISTINCT [学号]) AS 各班级学生数
FROM [SIMS_SCHEMA].[学生表]
WHERE 民族 ='汉族'
GROUP BY [所属班级]

结果如下：

	所属班级	各班级学生数
1	NULL	1
2	20050101	14
3	20050102	6
4	20050201	1
5	20050202	2
6	20050301	2
7	20050401	4
8	20050501	2
9	20050502	2

分组的注意事项：

（1）使用 GROUP BY 子句可实现对数据的分类统计，结果可以为多行数据。

（2）NULL 值可以分成一组进行统计。

（3）GROUP BY 和 WHERE 并用时，SELECT 语句的执行顺序：FROM→WHERE→GROUP BY→SELECT。

（4）使用 GROUP BY 子句时，SELECT 子句中不能出现聚合列之外的列名。例如将例 7.3-32 中的 SELECT 子句加入"民族"列是错误的。

SELECT [民族],[所属班级],**COUNT**(DISTINCT [学号]) AS 各班级学生数

FROM [SIMS_SCHEMA].[学生表]

WHERE 民族 =**'汉族'**

GROUP BY [所属班级]

（5）在 GROUP BY 子句中不能使用 SELECT 子句中定义的别名。

（6）使用 GROUP BY 子句后，只有 SELECT 子句和 HAVING 子句（以及 ORDER BY 子句）中能够使用聚合函数；不要在 WHERE 子句中使用聚合函数。

3．分组筛选

【例 7.3-33】统计显示民族是汉族，且班级学生数多于 2 人的班级编号与班级学生数。

SELECT [所属班级],**COUNT**(DISTINCT [学号]) AS 各班级学生数

FROM [SIMS_SCHEMA].[学生表]

WHERE 民族 =**'汉族'**

GROUP BY [所属班级]

HAVING **COUNT**(DISTINCT [学号]) >2

分组筛选的注意事项：

（1）HAVING 子句不能单独出现，它必须与 GROUP BY 一起出现，且在 GROUP BY 子句之后。

（2）HAVING 子句中能够使用的 3 种要素：常量、聚合函数、GROUP BY 子句中指定的列名。

（3）WHERE 子句与 HAVING 子句都可编写筛选条件，其区别如下：

①WHERE 子句用于基本表或视图，从而指定元组所对应的条件；HAVING 子句用于组，从而指定组所对应的条件。

②筛选条件最好写在 WHERE 子句。通常情况下，为了得到相同的结果，将条件写在 WHERE 子句中要比写在 HAVING 子句中的处理速度更快，返回结果所需的时间更短。

7.4　连接查询

前面小节介绍的查询都是针对单个表进行的。若一个查询同时涉及两个以上的表，则称为连接查询。连接查询的语法约定较简单，关于其关系代数对应内容，读者可参照 6.4 节的连接运算。

7.4.1 内连接

1. 等值连接与不等值连接

【例7.4-1】 查询显示学生的个人信息、班级信息。

```
SELECT *
FROM [SIMS_SCHEMA].[学生表] AS S INNER JOIN [SIMS_SCHEMA].[班级表] AS C
ON S.[所属班级]=C.[班级编号]
```

结果如图7-1所示。

学号	姓名	性别	出生日期	民族	所属班级	家庭住址	上级班委	班级编号	班级名	班级人数
2005010101	苏俊丹	女	1987-01-12	汉族	20050101	河南商丘	2005010106	20050101	计算机科学与技术1班	18
2005010102	张苗苗	女	1985-05-15	汉族	20050101	河南洛阳	2005010106	20050101	计算机科学与技术1班	18
2005010103	林梭杰	男	1986-02-14	汉族	20050101	福建安溪	2005010110	20050101	计算机科学与技术1班	18
2005010104	王晨梅	女	1987-10-23	汉族	20050101	河南郑州	2005010105	20050101	计算机科学与技术1班	18
2005010105	李凡潜	男	1986-11-02	汉族	20050101	河南郑州	2005010108	20050101	计算机科学与技术1班	18
2005010106	田权苗	女	1986-04-07	汉族	20050101	河南信阳	2005010108	20050101	计算机科学与技术1班	18

图7-1 等值连接运算结果

若连接运算符为等号（=）（如：S.[所属班级]=C.[班级编号]），则称为等值连接；若使用其他运算符（如：S.[所属班级]<>C.[班级编号]），则称为非等值连接。大多数情况下，多表连接使用的是等值连接。

2. 自然连接

【例7.4-2】 查询显示学生的个人信息以及班级信息，并去除重复属性。

```
SELECT T1.[学号],T1.[姓名],T1.[性别],T1.[出生日期],T1.[民族],T2.[班级编号],
    T1.[家庭住址],T1.[上级班委],T2.[班级名],T2.[班级人数]
FROM [SIMS_SCHEMA].[学生表] AS T1 INNER JOIN [SIMS_SCHEMA].[班级表] AS T2
    ON T1.[所属班级]=T2.[班级编号]
```

结果如图7-2所示。

学号	姓名	性别	出生日期	民族	班级编号	家庭住址	上级班委	班级名	班级人数
2005010101	苏俊丹	女	1987-01-12	汉族	20050101	河南商丘	2005010106	计算机科学与技术1班	18
2005010102	张苗苗	女	1985-05-15	汉族	20050101	河南洛阳	2005010106	计算机科学与技术1班	18
2005010103	林梭杰	男	1986-02-14	汉族	20050101	福建安溪	2005010110	计算机科学与技术1班	18
2005010104	王晨梅	女	1987-10-23	汉族	20050101	河南郑州	2005010105	计算机科学与技术1班	18
2005010105	李凡潜	男	1986-11-02	汉族	20050101	河南郑州	2005010108	计算机科学与技术1班	18
2005010106	田权苗	女	1986-04-07	汉族	20050101	河南信阳	2005010108	计算机科学与技术1班	18

图7-2 自然连接运算结果

3. 自连接

连接操作不仅可以在两个表之间进行，也可以是一个表与自己进行连接，这称为表的自连接。换言之，自连接是把一个表变成两个表，虽然两个表是完全一样的结构与数据，但其本质上是两个表的连接。

【例 7.4 – 3】 查询学生的间接上级班委（即上级的上级）。

SELECT S1.[学号],S1.[姓名],S2.[上级班委] AS 间接上级班委

FROM [SIMS_SCHEMA].[学生表] AS S1 INNER JOIN [SIMS_SCHEMA].[学生表] AS S2

    ON S1.[上级班委] = S2.[学号]

结果如图 7 – 3 所示。

学号	姓名	间接上级班委
2005010101	苏俊丹	2005010108
2005010102	张苗苗	2005010108
2005010103	林梭杰	2005010108
2005010104	王晨梅	2005010108
2005010105	李凡潜	2005010109
2005010106	田权苗	2005010109

图 7 – 3 自连接运算结果

4. 多表连接

连接操作不仅可以在两个表之间进行，还可以涉及 3 个（甚至更多）表的连接。

【例 7.4 – 4】 查询辅导员指导的班级信息，要求显示辅导员姓名、指导班级以及指导的时长。

SELECT T.[姓名] AS 辅导员姓名,P.班级名,S.[指导期限(年)] AS 指导时长

FROM [SIMS_SCHEMA].[辅导员表] AS T INNER JOIN [SIMS_SCHEMA].[指导表] AS S

    ON T.[辅导员编号] = S.[指导辅导员] JOIN [SIMS_SCHEMA].[班级表] AS P

    ON S.指导班级 = P.班级编号

内连接的注意事项：

（1）ON 子句用于编写多表之间的连接条件：

①ON 子句用于连接的两个列名可以相同也可以不同。

②ON 子句用于连接的两个列的数据类型要能相互兼容，即可以使用 = 、<> 、>= 等比较运算符进行相互比较。

③ON 子句虽然可以用 WHERE 来代替，但是建议多表的连接条件用 ON 子句表示。例如，例 7.4 – 1 可改写如下：

SELECT *

FROM [SIMS_SCHEMA].[学生表] AS S,[SIMS_SCHEMA].[班级表] AS C

WHERE S.[所属班级] = C.[班级编号]

（2）在进行自连接时，一定要给表取别名。否则，会造成引用的混乱而报错。

（3）如果两个表中具有同名的列，那么在连接后在该列名前要加上表名；否则，会造成引用的混乱而报错。

7.4.2 外连接

内连接会把满足连接条件的数据筛选出来，如例7.4-4，查询辅导员指导的班级信息。但是，辅导员可能存在暂时还未分配指导班级的情况。假如我们要把那些还未分配班级的辅导员也显示出来，那么使用内连接是无法做到的，这时就需要使用外连接。

【例7.4-5】查询辅导员指导的班级信息，包括还未分配指导班级的辅导员。

SELECT T.[姓名],T.[联系方式],S.[指导辅导员],S.[指导班级]

FROM [SIMS_SCHEMA].[辅导员表] AS T LEFT OUTER JOIN [SIMS_SCHEMA].[指导表] AS S
　　ON T.[辅导员编号] = S.[指导辅导员]

ORDER BY S.[指导辅导员] ASC

结果如图7-4所示。

姓名	联系方式	指导辅导员	指导班级
周东海	0731_25874968	NULL	NULL
张之华	0731_46258733	NULL	NULL
曹丹丹	15926021546	01	20050101
曹丹丹	15926021546	01	20050102
曹丹丹	15926021546	01	20050201

图7-4　左外连接运算结果

左外连接列出左边关系（如本例中的辅导员表）中所有的元组，右外连接列出右边关系中所有的元组，全外连接则列出左右两边关系中的所有元组。

外连接的注意事项：

（1）使用外连接时，要注意将哪个表作为主表。左外连接是以左边表为主表，而右外连接是以右边表为主表。通过调整主表，左外连接与右外连接结果就可以一样。例如，"[辅导员表] LEFT OUTER JOIN [指导表]"等价于"[指导表] RIGHT OUTER JOIN [辅导员表]"。

（2）外连接同样要写上连接条件。

7.4.3 交叉连接

交叉连接是6.2.4节笛卡儿积的体现。

【例7.4-6】查询学生与班级的所有可能组合值。

SELECT S.[姓名],C.[班级名]

FROM [SIMS_SCHEMA].[班级表] AS C CROSS JOIN [SIMS_SCHEMA].[学生表] AS S

交叉连接的注意事项：

（1）交叉连接在实际业务中基本上不会用到，但交叉连接是所有连接运算的基础。内连接是交叉连接的一部分，"内"也可以理解为"包含在交叉连接结果中的部分"；与之相反，外连接的"外"可以理解为"交叉连接结果之外的部分"。

（2）进行交叉连接时，无法使用内连接和外连接中所使用的 ON 子句，这是因为交叉连接是对两个表中的全部记录进行交叉组合（笛卡儿积），因此不需要有连接条件。

7.5 嵌套查询

在 SQL 语言中，一个 SELECT…FROM…WHERE 语句称为一个查询块。将一个查询块嵌套在另一个查询块各部分中的查询称为嵌套查询（nested query），又称为子查询（subquery）。

按外层查询与内层查询是否关联，嵌套查询可以分为不相关子查询与相关子查询两种。例 7.5–1 与例 7.5–2 只介绍两种查询的概念，不说明具体查询含义。

【例 7.5–1】 不相关子查询。外层查询与内层查询没有关联，换言之，内层查询可以单独执行，而不用必须与外层查询一起执行。

```
SELECT S.[学号],S.[姓名]          /*外层查询(outer select),或父查询块*/
FROM [SIMS_SCHEMA].[学生表] AS S
WHERE S.[所属班级] IN(
    SELECT [班级编号]             /* 内层查询(inner select),或子查询块*/
    FROM [SIMS_SCHEMA].[班级表]
)
```

【例7.5–2】 不相关子查询。外层查询与内层查询有关联，换言之，内层查询不可以单独执行，它需要与外层查询一起才能完成执行。

```
SELECT S.[学号],S.[姓名]          /*外层查询(outer select),或父查询块*/
FROM [SIMS_SCHEMA].[学生表] AS S
WHERE EXISTS (
    SELECT *                      /*内层查询(inner select),或子查询块*/
    FROM [SIMS_SCHEMA].[班级表] AS C
    WHERE S.所属班级 =C.班级编号
)
```

7.5.1 嵌入 SELECT 语句

【例7.5–3】 查询所有辅导员的年龄与平均年龄的差值信息。说明：全体辅导员的平均年龄为 34 岁。

```
SELECT OUTER_T.[姓名] AS 辅导员姓名,OUTER_T. 年龄–(
    SELECT AVG(年龄)
    FROM [SIMS_SCHEMA].[辅导员表] AS INNER_T
    ) AS 大于平均年龄的差值
FROM [SIMS_SCHEMA].[辅导员表] AS OUTER_T
```

运行结果如图 7–5 所示。

辅导员姓名	大于平均年龄的差值
曹丹丹	2
李磊	11
王艳	8
张华	−2
王强	5

图 7−5　嵌入 SELECT 语句运算示例的结果

嵌入 SELECT 语句的子查询注意事项：

（1）标量子查询（scalar subquery）：它要求子查询必须而且只能返回 1 行 1 列的结果，也就是返回表中某一行的某一列的值。标量子查询可以用在能够使用常数或者列名的运算中，无论是 WHERE 子句、SELECT 子句、GROUP BY 子句、HAVING 子句，还是 ORDER BY 子句，几乎都可以使用。

（2）嵌入 SELECT 语句中的子查询，必须是标量子查询，否则会报错。

（3）嵌入 SELECT 语句中的子查询可以简单理解为：把子查询的结果当作需要显示的列。

7.5.2　嵌入 FROM 语句

【例 7.5−4】查询大于平均年龄的辅导员姓名、与平均年龄的差值信息。

SELECT OUTER_T.［姓名］AS 辅导员姓名,
　　　OUTER_T.年龄 − INNER_T.平均年龄 AS 大于平均年龄的差值
FROM［SIMS_SCHEMA］.［辅导员表］AS OUTER_T INNER JOIN (
　　　SELECT AVG（年龄）AS 平均年龄
　　　FROM［SIMS_SCHEMA］.［辅导员表］
　　) AS INNER_T
　　ON OUTER_T.年龄 > INNER_T.平均年龄

运行结果如图 7−6 所示。

辅导员姓名	大于平均年龄的差值
曹丹丹	2
李磊	11
王艳	8
王强	5
周红颜	16

图 7−6　嵌入 FROM 语句运算示例的结果

嵌入 FROM 语句的子查询注意事项：

（1）嵌入 FROM 语句的子查询结果就是一个新的关系（表），对它的操作与对表的操作是一样的。

（2）嵌入 FROM 语句的子查询必须取别名，否则会由于无法对其进行操作而报错。

（3）建议对嵌入 FROM 语句的子查询中没有列名的计算列都取别名。

7.5.3 嵌入 WHERE 语句

嵌套查询的主要嵌入方式是将子查询嵌入 WHERE 子句，其内层查询块前可用的谓词或运算符如表 7-4 所示。

表 7-4 嵌入 WHERE 语句的子查询的谓词与运算符

序号	谓词或运算符
1	IN 谓词
2	=、<>、!=、>、>=、!>、<、<=、!<
3	{=、<>、!=、>、>=、!>、<、<=、!<} {ALL、SOME、ANY}
4	EXISTS 谓词

1. 带有 IN 谓词的子查询

对于 IN 谓词的使用与单表查询中的 IN 是一样的，在 IN 谓词后的子查询结果可以为一行（或多行）元组。

【例7.5-5】查询计算机科学与技术 1 班的所有学生信息。

```
SELECT S.[学号],S.[姓名]
FROM [SIMS_SCHEMA].[学生表] AS S
WHERE S.[所属班级] IN (
    SELECT [班级编号]
    FROM [SIMS_SCHEMA].[班级表] AS C
    WHERE C.班级名 = '计算机科学与技术 1 班')
```

例 7.5-5 的嵌套查询等价于多表连接的查询，如下列 SQL 语句。只是，多表连接的查询可以显示班级的相关信息，而例 7.5-5 的嵌套查询只能显示学生的信息，不能显示班级信息。

```
SELECT S.[学号],S.[姓名]
FROM [SIMS_SCHEMA].[学生表] AS S INNER JOIN [SIMS_SCHEMA].[班级表] AS C
    ON S.[所属班级] = C.[班级编号]
WHERE C.班级名 = '计算机科学与技术 1 班'
```

2. 带有比较运算符的子查询

在嵌入 WHERE 语句的子查询前使用比较运算符时，要注意子查询的结果必须是标量数据。例 7.5-6 的子查询只会返回一行一列的平均年龄数据。

【例7.5-6】查询年龄大于平均年龄的辅导员信息。

```
SELECT OUTER_T.[姓名] AS 辅导员姓名,OUTER_T.[年龄]
FROM [SIMS_SCHEMA].[辅导员表] AS OUTER_T
where OUTER_T.[年龄] > (
```

```
SELECT AVG(年龄) AS 平均年龄
FROM [SIMS_SCHEMA].[辅导员表])
```

3. 带有 ANY (SOME) 或 ALL 谓词的子查询

ANY 与 SOME 是等价的，在 ANY 与 ALL 前可以使用比较运算符，其可以与聚合函数、IN 谓词进行等价替换，具体如表7-5、表7-6所示。

表7-5 ANY 谓词的含义以及等价替换

表达式	含义	等价替换
> ANY	大于子查询结果中的某个值	> MIN
>= ANY	大于等于子查询结果中的某个值	>= MIN
< ANY	小于子查询结果中的某个值	< MAX
<= ANY	小于等于子查询结果中的某个值	<= MAX
= ANY	等于子查询结果中的某个值	IN
!= (或 <>) ANY	不等于子查询结果中的某个值	(无意义)

表7-6 ALL 谓词的含义以及等价替换

表达式	含义	等价替换
> ALL	大于子查询结果中的所有值	> MAX
>= ALL	大于等于子查询结果中的所有值	>= MAX
< ALL	小于子查询结果中的所有值	< MIN
<= ALL	小于等于子查询结果中的所有值	<= MIN
= ALL	等于子查询结果中的所有值 (通常没有实际意义)	(无意义)
!= (或 <>) ALL	不等于子查询结果中的任何值	NOT IN

【例7.5-7】查询年龄大于最小年龄的男辅导员信息。

```
SELECT OUTER_T.[姓名] AS 辅导员姓名,OUTER_T.[年龄]
FROM [SIMS_SCHEMA].[辅导员表] AS OUTER_T
WHERE OUTER_T.[年龄] >ANY(
    SELECT [年龄]
    FROM [SIMS_SCHEMA].[辅导员表] AS INNER_T
    where 性别 ='男'
) and 性别 ='男'
```

例7.5-7的等价SQL语句如下：

```
SELECT OUTER_T.[姓名] AS 辅导员姓名,OUTER_T.[年龄]
FROM [SIMS_SCHEMA].[辅导员表] AS OUTER_T
WHERE OUTER_T.[年龄] >(
```

```
SELECT MIN([年龄])
FROM [SIMS_SCHEMA].[辅导员表] AS INNER_T
where 性别 ='男'
) and 性别 ='男'
```

【例 7.5 – 8】 查询暂未指导任何班级的辅导员信息。

```
SELECT [辅导员编号],[姓名] AS 辅导员姓名,[联系方式]
FROM [SIMS_SCHEMA].[辅导员表]
WHERE [辅导员编号] <>all(
    SELECT [指导辅导员]
    FROM [SIMS_SCHEMA].[指导表])
```

例 7.5 – 8 的等价 SQL 语句如下：

```
SELECT [辅导员编号],[姓名] AS 辅导员姓名,[联系方式]
FROM [SIMS_SCHEMA].[辅导员表]
WHERE [辅导员编号] NOT IN(
    SELECT [指导辅导员]
    FROM [SIMS_SCHEMA].[指导表])
```

4. 带有 EXISTS 谓词的子查询

1）表示存在量词的情况

EXISTS 代表存在量词（∃）。带有 EXISTS 谓词的子查询不返回任何数据，只产生逻辑真值（True）或逻辑假值（False）。因此，在内层查询中，SELELCT 子句使用 ∗ 即可，不用写上具体的列或其他表达式。可以利用 EXISTS 来判断 $x \in S$、$S \subseteq R$、$S = R$、$S \cap R$ 非空等是否成立。

【例 7.5 – 9】 查询计算机科学与技术 1 班的所有学生信息。

```
SELECT S.[学号],S.[姓名],S.[所属班级]
FROM [SIMS_SCHEMA].[学生表] AS S
WHERE EXISTS (
    SELECT *
    FROM [SIMS_SCHEMA].[班级表] AS C
    WHERE S.所属班级 =C.班级编号 and C.班级名 ='计算机科学与技术 1 班')
```

例 7.5 – 9 与例 7.5 – 5 是查询相同的内容，其作用是等价的。我们可这样理解例 7.5 – 9 的 SQL 语句：查询计算机科学与技术 1 班的所有学生信息，就是查询这样的学生：他的所属班级要与班级名是计算机科学与技术 1 班所对应的班级编号相等，假如这样的学生存在，那么他就是我们要查询的学生。

【例 7.5 – 10】 查询不是计算机科学与技术 1 班的学生信息。

```
SELECT S.[学号],S.[姓名],S.[所属班级]
FROM [SIMS_SCHEMA].[学生表] AS S
WHERE NOT EXISTS (
    SELECT *
```

FROM [SIMS_SCHEMA].[班级表] AS C

　　　　　　WHERE S.所属班级 = C.班级编号 AND C.班级名 = **'计算机科学与技术 1 班'**)

　　我们可这样理解例 7.5 - 10 的 SQL 语句：查询不是计算机科学与技术 1 班的学生信息，就是查询这样的学生：他的所属班级与班级名是'计算机科学与技术 1 班'所对应的班级编号相等的情况是 不存在的（即 NOT EXISTS 的结果 ='真'），假如这样的学生存在，那么他就是我们要查询的学生。

　　2）表示全称量词的情况

　　SQL 语句中没有全称量词（for all），但是可以把带有全称量词（∀）的谓词转换为等价的带有存在量词的谓词：$(\forall x)P \Leftrightarrow \neg (\exists x(\neg P))$。可将其简单理解为：用双重否定表示肯定。例如，我爱所有的人 ⇔ 没有一个人是我不爱的。

　　【例 7.5 - 11】 查询指导过所有班级的辅导员。

　　将其换成等价的存在量词的形式：查询这样的辅导员，没一个班级是该辅导员不指导的。

SELECT A.辅导员编号,A.姓名

FROM [SIMS_SCHEMA].[辅导员表] AS A

WHERE NOT EXISTS (

　　SELECT * FROM [SIMS_SCHEMA].班级表 AS B

　　WHERE NOT EXISTS(

　　　　SELECT * FROM [SIMS_SCHEMA].[指导表] AS C

　　　　WHERE B.[班级编号] = C.[指导班级] AND A.[辅导员编号] = C.[指导辅导员])

　　)

　　【例 7.5 - 12】 查询至少指导过 [指导辅导员] ='03'指导过的所有班级的辅导员。

　　将其换成等价的存在量词的形式：不存在这样的辅导员，[指导辅导员] ='03'指导过该班级而该辅导员没有指导过。

SELECT DISTINCT A.[指导辅导员]

FROM [SIMS_SCHEMA].[指导表] AS A

WHERE NOT EXISTS(

SELECT * FROM [SIMS_SCHEMA].[指导表] AS B

WHERE B.[指导辅导员] = **'03'**AND NOT EXISTS (

　　SELECT * FROM [SIMS_SCHEMA].[指导表] AS C

　　WHERE A.[指导辅导员] = C.[指导辅导员] AND B.[指导班级] = C.[指导班级])

)AND A.[指导辅导员] <> **'03'**

嵌入 WHERE 语句的子查询注意事项：

　　（1）使用 IN 谓词时，要注意外层查询的条件属性与内层查询结果属性的含义关系与数据兼容性问题。

　　（2）在比较运算符后的内层查询结果必须是标量数据，一定不能返回多行结果，这是很多初学者易犯的错误。

　　（3）使用相关子查询时，不要将连接条件写在外层；否则，会超出连接名称的作用域（scope）。例如：

SELECT S.[学号],S.[姓名]

FROM [SIMS_SCHEMA].[学生表] AS S

WHERE S.所属班级 = C.班级编号 and EXISTS (/*连接条件写在外层 */

　　　SELECT *

　　　FROM [SIMS_SCHEMA].[班级表] AS C) /*班级表的作用域在内层查询 */

（4） 一些带 EXISTS 或 NOT EXISTS 谓词的子查询不能被其他形式的子查询等价替换，但所有带 IN 谓词、比较运算符、ANY 和 ALL 谓词的子查询都能用带 EXISTS 谓词的子查询等价替换。

7.6　集合查询

1. 并集

【例 7.6 – 1】查询计算机科学与技术 2 班与英语系 1 班学生信息的并集。用关键字 UNION 实现并集操作。

SELECT 姓名,班级名 FROM [SIMS_SCHEMA].[学生表] INNER JOIN [SIMS_SCHEMA].[班级表]

　　　ON [SIMS_SCHEMA].[班级表].[班级编号] = [SIMS_SCHEMA].[学生表].[所属班级]

　　WHERE 班级名 = '计算机科学与技术 2 班'

　　UNION

　　SELECT 姓名,班级名 FROM [SIMS_SCHEMA].[学生表] INNER JOIN [SIMS_SCHEMA].[班级表]

　　　ON [SIMS_SCHEMA].[班级表].[班级编号] = [SIMS_SCHEMA].[学生表].[所属班级]

　　WHERE 班级名 = '英语系 1 班'

2. 交集

【例 7.6 – 2】查询指导英语系 1 班与英语系 2 班的辅导员的交集，即查询指导了英语系 1 班且指导了英语系 2 班的辅导员。用关键字 INTERSECT 实现交集操作。

SELECT T.辅导员编号,T.[姓名] AS 辅导员姓名

FROM [SIMS_SCHEMA].[辅导员表] AS T INNER JOIN [SIMS_SCHEMA].[指导表] AS S

　　ON T.[辅导员编号] = S.[指导辅导员] JOIN [SIMS_SCHEMA].[班级表] AS P

　　ON S.指导班级 = P.班级编号

WHERE 班级名 = '英语系 1 班'

INTERSECT

SELECT　T.辅导员编号,T.[姓名] AS 辅导员姓名

FROM [SIMS_SCHEMA].[辅导员表] AS T INNER JOIN [SIMS_SCHEMA].[指导表] AS S
    ON T.[辅导员编号] = S.[指导辅导员] JOIN [SIMS_SCHEMA].[班级表] AS P
    ON S.指导班级 = P.班级编号
WHERE 班级名 =**'英语系 2 班'**

3. 差集

【例 7.6 - 3】 查询指导英语系 1 班与英语系 2 班辅导员的差集，即查询只指导过英语系 1 班而没有指导过英语系 2 班的辅导员。用关键字 EXCEPT 实现差集操作。

SELECT T.辅导员编号,T.[姓名] AS 辅导员姓名
FROM [SIMS_SCHEMA].[辅导员表] AS T INNER JOIN [SIMS_SCHEMA].[指导表] AS S
    ON T.[辅导员编号] = S.[指导辅导员] JOIN [SIMS_SCHEMA].[班级表] AS P
    ON S.指导班级 = P.班级编号
WHERE 班级名 =**'英语系 1 班'**
EXCEPT
SELECT T.辅导员编号,T.[姓名] AS 辅导员姓名
FROM [SIMS_SCHEMA].[辅导员表] AS T INNER JOIN [SIMS_SCHEMA].[指导表] AS S
    ON T.[辅导员编号] = S.[指导辅导员] JOIN [SIMS_SCHEMA].[班级表] AS P
    ON S.指导班级 = P.班级编号
WHERE 班级名 =**'英语系 2 班'**

集合查询的注意事项：

（1）并、交与差的集合查询要求关键字两边的查询结果要具有相同数量的属性以及相同的数据类型。这一要求在 6.2 节的集合运算中已经说明。

（2）在集合运算中，ORDER BY 子句只能在最后使用一次。

（3）可在 UNION 后面添加 ALL 关键字，在结果中保留重复行。如果没添加，则默认删除重复行。

（4）交集与差集查询是根据关键字两边的查询结果进行交与差运算，因此查询结果中不要出现不相关的数据，否则可能会造成数据查询错误。例如，例 7.6 - 2 中再加入班级名，结果就会出现无数据的情况。因为班级名不相同，那么两边集体的元组都不相同，如表 7 - 7 所示。

表 7 - 7　交集查询错误情况

左边集合			右边集合		
辅导员编号	辅导员姓名	班级名	辅导员编号	辅导员姓名	班级名
01	曹丹丹	英语系 1 班	01	曹丹丹	英语系 2 班
02	李磊	英语系 1 班	06	李锡	英语系 2 班
05	王强	英语系 1 班	07	王宏敏	英语系 2 班

（5）差集查询关键字两边的查询不能调换位置，其含义、结果是不一样的。

7.7 半连接查询

SQL Server 中没有提供半连接查询的关键字。但是，我们可以使用嵌套查询实现半连接查询，并可执行计划查看执行情况。

【例 7.7 −1】查询英语系 1 班的学生信息。

```
SELECT *
FROM [SIMS_SCHEMA].[学生表] AS T1
WHERE EXISTS (
    SELECT *
    FROM [SIMS_SCHEMA].[班级表] AS T2
    WHERE T1.所属班级 = T2.班级编号 AND T2.班级名 ='英语系 1 班')
```

查看执行情况，如图 7 −7 所示。

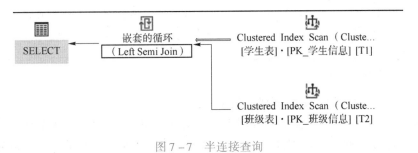

图 7 −7　半连接查询

7.8 数理逻辑

离散数学的理论知识在数据库概念模型与物理模型上都有广泛的应用，如数理逻辑、集合、关系、图、树等。本节将简要介绍数理逻辑的部分基本理论，并将其延伸到数据库查询应用。

7.8.1 命题逻辑

1. 命题符号化及联结词

1）命题

什么是命题？非真即假的陈述句称为命题。作为命题的陈述句所表达的判断结果称为命题的真值。真值的取值只有两个：真或假。真值为真的命题称为真命题，真值为假的命题称为假命题。真命题表达的判断正确，假命题表达的判断错误。任何命题的真值都是唯一的。

【例 7.8–1】 判断下列句子中哪些是命题。

①2 是素数。

②雪是黑色的。

③2 + 3 = 5。

④明年 10 月 1 日是晴天。

⑤3 能被 2 整除。

⑥这朵花多好看呀！

⑦明天下午有会吗？

⑧请关上门！

⑨$x + y > 5$。

⑩在地球外的星球上也有生命。

解：在这 10 个句子中，⑥是感叹句，⑦是疑问句，⑧是祈使句，这 3 句话都不是陈述句，因此它们都不是命题。其余的 7 个句子都是陈述句，但⑨不是命题，因为它没有确定的真值。当 $x = 6$、$y = 7$ 时，$6 + 7 > 5$ 正确；当 $x = 1$、$y = 2$ 时，$1 + 2 > 5$ 不正确。其余的陈述句都是命题。其中，①、③为真命题；②、⑤为假命题；④的真值虽然现在还不知道，但到明年 10 月 1 日就知道了，因而是命题，它的真值是唯一的；⑩的真值也是唯一的，只是人们目前还不知道而已，因而它也是命题。

2）命题符号化

在例 7.8–1 中给出的 6 个命题都是简单的陈述句，都不能分解成更简单的句子了，这样的命题称为简单命题或原子命题。可用小写的英文字母 p、q 表示简单命题，称为命题符号化。例如，p：2 是素数；q：雪是黑色的。对于简单命题来说，它的真值是确定的，因而又称为命题常项或命题常元。上面的 p、q 都是命题常项。

在例 7.8–1 中，⑨不是命题，但当给定 x 与 y 的值后，它的真值也就确定了，这种真值可以变化的简单陈述句称为命题变项或命题变元。命题变项是取值为真或假的变量，也用 p、q、r 等表示。一个符号（例如 p），它表示的是命题常项还是命题变项，一般由上下文来确定。注意，命题变项不是命题。

在命题逻辑中，主要是研究由简单命题用联结词联结而成的命题，这样的命题称为复合命题。

3）联结词

【定义 7–1】 设 p 为任一命题，复合命题"非 p"（或"p 的否定"）称为 p 的否定式，记作 ¬p。¬ 为否定联结词。¬p 为真当且仅当 p 为假。

【定义 7–2】 设 p、q 为两个命题。复合命题"p 并且 q"（或"p 和 q"）称作 p 与 q 的合取式，记作 $p \land q$。$\land$ 为合取联结词。$p \land q$ 为真当且仅当 p 与 q 同时为真。

【定义 7–3】 设 p、q 为两个命题。复合命题"p 或 q"称作 p 与 q 的析取式，记作 $p \lor q$。$\lor$ 为析取联结词。$p \lor q$ 为真当且仅当 p 与 q 中至少一个为真。

【定义 7–4】 设 p、q 为两个命题。复合命题"如果 p，则 q"称作 p 与 q 的蕴涵式，记作 $p \rightarrow q$，并称 p 为蕴涵式的前件，q 为蕴涵式的后件，$\rightarrow$ 称作蕴涵联结词。$p \rightarrow q$ 为假当且仅当 p 为真且 q 为假。

【定义7-5】 设 p、q 为两个命题。复合命题 "p 当且仅当 q" 称作 p 与 q 的等价式，记作 $p \leftrightarrow q$。$\leftrightarrow$ 称作等价联结词。$p \leftrightarrow q$ 为真当且仅当 $p \leftrightarrow q$ 真值相同。

【例7.8-2】 将下列命题符号化。

①3 不是偶数。

②2 是素数和偶数。

③林芳学过英语或日语。

④只要天不下雨，我就骑自行车上班。

⑤只有天不下雨，我才骑自行车上班。

⑥2+2=4 当且仅当 3 是奇数。

⑦2+2≠4 当且仅当 3 是奇数。

解： 上面 7 个句子都是具有唯一真值的陈述句，因而它们都是命题，且都是由简单命题经过联结词的联结而形成的复合命题。

（1）设 p 表示 "3 是偶数"，则 $\neg p$ 表示 "3 不是偶数"。显然，p 的真值为 0 时，$\neg p$ 的真值为 1。

（2）用 p 表示 "2 是素数"，q 表示 "2 是偶数"，则 $p \wedge q$ 表示 "2 是素数和偶数"，由于 p、q 的真值均为 1，所以 $p \wedge q$ 的真值也为 1。说明：p 与 q 的合取表达的逻辑关系是 p 与 q 两个命题同时成立。因而，自然语言中常用的联结词 "既……又……"，"不仅……而且……"，"虽然……但是……" 等，都可以符号化为 $p \wedge q$。

（3）用 p 表示 "林芳学过英语"，q 表示 "林芳学过日语"，可符号化为 $p \vee q$。当 p 为真 q 为假、p 为假 q 为真，以及 p 与 q 同时为真时，$p \vee q$ 均为真。可是在自然语言中的 "或" 具有二义性，有时有相容性（称作相容或），即允许 p 与 q 同时为真。但有时是不相容的（称作排斥或）。例如，设 p 表示 "派小王去开会"，q 表示 "派小李去开会"，那么 "派小王或小李去开会" 不能符号化为 $p \vee q$。因为，这里的意思是派他们两人中的一人去开会，这个 "或" 表达的是排斥或。可以借助于 $\neg$、$\wedge$、$\vee$ 联结词来表达这种排斥或，即符号化为 $(p \wedge \neg q) \vee (\neg p \wedge q)$，或者 $(p \vee q) \wedge \neg (p \wedge q)$。

（4）$p \rightarrow q$ 表示的基本逻辑关系是：q 是 p 的必要条件，或 p 是 q 的充分条件。因此，复合命题 "只要 p 就 q"，"p 仅当 q"，"只有 q 才 p" 等，都可以符号化为 $p \rightarrow q$ 的形式。令 p 表示 "天下雨"；q 表示 "我骑自行车上班"。

（5）在 "只要天不下雨，我就骑自行车上班" 中，$\neg p$ 是 q 的充分条件，则其可以符号化为 $\neg p \rightarrow q$；"只有天不下雨，我才骑自行车上班" 中，$\neg p$ 是 q 的必要条件，则其可以符号化为 $q \rightarrow \neg p$。

（6）等价式 $p \leftrightarrow q$ 所表达的逻辑关系是：p 与 q 互为充分必要条件。只要 p 与 q 的真值同为真或同为假，则 $p \leftrightarrow q$ 的真值就为真，否则其真值为假。设 p：2+2=4，q：3 是奇数，则其可以符号化为。

（7）⑥可符号化为 $p \leftrightarrow q$，由于 p 与 q 的真值为 1，因此⑥为真值 1；⑦可符号化为 $\neg p \leftrightarrow q$，其为真值 0。

2. 命题公式及分类

【定义7-6】 命题公式的定义：

①单个命题常项或命题变项 p、q、r 等及 0、1 是合式公式。

②如果 A 是合式公式，则（¬A）也是合式公式。

③如果 A、B 是合式公式，则（$A \land B$）、（$A \lor B$）、（$A \rightarrow B$）、（$A \leftrightarrow B$）也是合式公式。

④只有有限次地应用①~③组成的符号串才是合式公式。

合式公式是一种形式语言表达式，即形式系统中按一定规则构成的表达式。在命题逻辑中，合式公式又称为命题公式，简称公式。

根据定义 7−6，¬（$p \lor q$）、$p \rightarrow (q \rightarrow r)$、（$p \land q$）$\leftrightarrow r$ 都是合式公式，而 $pq \rightarrow r$、¬$p \lor \rightarrow$ r 等都不是合式公式。

【定义 7−7】命题公式的分类。设 A 为一个命题公式：

①若 A 在所有赋值下的取值均为真，则称 A 为重言式或永真式。

②若 A 在所有赋值下的取值均为假，则称 A 为矛盾式或永假式。

③若 A 不是矛盾式，则称 A 是可满足式。

由定义可知，重言式一定是可满足式，但反之不真。可根据分类的定义，制作真值表判断命题公式的类型，如表 7−8 ~ 表 7−10 所示。

表 7−8 $p \land (q \lor \neg r)$ 赋值真值表

p	q	r	$\neg r$	$q \lor \neg r$	$p \land (q \lor \neg r)$
0	0	0	1	1	0
0	0	1	0	0	0
0	1	0	1	1	0
0	1	1	0	1	0
1	0	0	1	1	1
1	0	1	0	0	0
1	1	0	1	1	1
1	1	1	0	1	1

表 7−9 （$p \land (p \rightarrow q)$）$\rightarrow q$ 赋值真值表

p	q	$p \rightarrow q$	$p \land (p \rightarrow q)$	（$p \land (p \rightarrow q)$）$\rightarrow q$
0	0	1	0	1
0	1	1	0	1
1	0	0	0	1
1	1	1	1	1

表 7−10 ¬（$p \rightarrow q$）$\land q$ 赋值真值表

p	q	$p \rightarrow q$	¬（$p \rightarrow q$）	¬（$p \rightarrow q$）$\land q$
0	0	1	0	0
0	1	1	0	0
1	0	0	1	0
1	1	1	0	0

给定一个命题公式，判断其类型的一种方法是利用命题公式的真值表。若真值表最后一列全为1，则这个命题公式为重言式；若最后一列全为0，则这个命题公式为矛盾式；若最后一列既有0又有1，则这个命题公式为非重言式的可满足式。$p \land (q \lor \neg r)$ 为可满足式；$(p \land (p \to q)) \to q$ 为重言式；$\neg(p \to q) \land q$ 为矛盾式。

3. 等值演算

【定义7-8】设 A、B 为两个命题公式，若等价式 $A \leftrightarrow B$ 是重言式，则称 A 与 B 是等值的，记作 $A \Leftrightarrow B$。

注意：定义中引进的符号 $\Leftrightarrow$ 不是联结词，它只是当 A 与 B 等值时的一种简便记法。千万不能将 $\Leftrightarrow$ 与 $\leftrightarrow$ 混为一谈，还要注意其与等号" = "的区别。

根据定义判断两个命题公式是否等值，可采用真值表法。设 A、B 为两个命题公式，由定义判断 A 与 B 是否等值，应判断 $A \leftrightarrow B$ 是否为重言式，若 $A \leftrightarrow B$ 的真值表最后一列全为1，则 $A \leftrightarrow B$ 为重言式，因而 $A \Leftrightarrow B$。最后一列全为1当且仅当在所有赋值之下，A 与 B 的真值相同，因而判断 A 与 B 是否等值就等价于判断 A、B 的真值表是否相同。

【例7.8-3】判断命题公式是否等值。

①$\neg(p \lor q)$ 与 $\neg p \lor \neg q$

②$\neg(p \lor q)$ 与 $\neg p \land \neg q$

解：由表7-11可知，$\neg(p \lor q)$ 与 $\neg p \lor \neg q$ 不等值。

由表7-12可知，$\neg(p \lor q)$ 与 $\neg p \land \neg q$ 等值。

表7-11 $\neg(p \lor q)$ 与 $\neg p \lor \neg q$ 真值表

p	q	$\neg p$	$\neg q$	$p \lor q$	$\neg(p \lor q)$	$\neg p \lor \neg q$
0	0	1	1	0	1	1
0	1	1	0	1	0	1
1	0	0	1	1	0	1
1	1	0	0	1	0	0

表7-12 $\neg(p \lor q)$ 与 $\neg p \land \neg q$ 真值表

p	q	$\neg p$	$\neg q$	$p \lor q$	$\neg(p \lor q)$	$\neg p \land \neg q$
0	0	1	1	0	1	1
0	1	1	0	1	0	0
1	0	0	1	1	0	0
1	1	0	0	1	0	0

表7-13列出24个重要的等值式，其中 P、Q、R 代表任意命题公式。

表7-13 命题逻辑的等值公式

序号	名称	等值公式
1	双重否定律	$P \Leftrightarrow \neg \neg P$

续表

序号	名称	等值公式
2	幂等律	$P \Leftrightarrow P \vee P, P \Leftrightarrow P \wedge P$
3	交换律	$P \vee Q \Leftrightarrow Q \vee P, P \wedge Q \Leftrightarrow Q \wedge P$
4	结合律	$(P \vee Q) \vee R \Leftrightarrow P \vee (Q \vee R), (P \wedge Q) \wedge R \Leftrightarrow P \wedge (Q \wedge R)$
5	分配律	$P \vee (Q \wedge R) \Leftrightarrow (P \vee Q) \wedge (P \vee R) \quad$ 注: $\vee$ 对 $\wedge$ 的分配律
		$P \wedge (Q \vee R) \Leftrightarrow (P \wedge Q) \vee (P \wedge R) \quad$ 注: $\wedge$ 对 $\vee$ 的分配律
6	德·摩根律	$\neg (P \vee Q) \Leftrightarrow \neg P \wedge \neg Q, \neg (P \wedge Q) \Leftrightarrow \neg P \vee \neg Q$
7	吸收律	$P \vee (P \wedge Q) \Leftrightarrow P, P \wedge (P \vee Q) \Leftrightarrow P$
8	零律	$P \vee 1 \Leftrightarrow 1, P \wedge 0 \Leftrightarrow 0$
9	同一律	$P \vee 0 \Leftrightarrow P, P \wedge 1 \Leftrightarrow P$
10	排中律	$P \vee \neg P \Leftrightarrow 1$
11	矛盾律	$P \wedge \neg P \Leftrightarrow 0$
12	蕴涵等值式	$P \rightarrow Q \Leftrightarrow \neg P \vee Q$
13	等价等值式	$P \leftrightarrow Q \Leftrightarrow (P \rightarrow Q) \wedge (Q \rightarrow P) \Leftrightarrow (\neg P \vee Q) \wedge (\neg Q \vee P)$
14	假言易位	$P \rightarrow Q \Leftrightarrow \neg Q \rightarrow \neg P$
15	等价否定等值式	$P \leftrightarrow Q \Leftrightarrow \neg P \leftrightarrow \neg Q$
16	归谬论	$(P \rightarrow Q) \wedge (P \rightarrow \neg Q) \Leftrightarrow \neg P$

利用上述基本等值式，还可以推演出更多等值式。根据已知的等值式，推演出与给定公式等值的公式的过程称为等值演算。在进行等值演算时，还要使用置换规则。例如，设命题公式为 $p \wedge \neg (q \vee r)$，根据德·摩根律，可用 $\neg q \wedge \neg r$ 置换公式中的 $\neg (q \vee r)$，使其变成 $p \wedge (\neg q \wedge \neg r)$，这样做的根据是下述的置换定理。

置换定理：设 $\Phi(A)$ 是含命题公式 A 的命题公式，$\Phi(B)$ 是用命题公式 B 置换了 $\Phi(A)$ 中的 A 之后得到的命题公式。如果 $A \Leftrightarrow B$，则 $\Phi(A) \Leftrightarrow \Phi(B)$。

利用等值演算既可以验证两个命题公式是否等值，也可以判别命题公式的类型。下例演算的每一步中，都用了置换定理。

【例 7.8 – 4】 验证 $p \rightarrow (q \rightarrow r) \Leftrightarrow (p \wedge q) \rightarrow r$ 等值式。

解： $\quad p \rightarrow (q \rightarrow r)$

$\qquad \Leftrightarrow \neg p \vee (q \rightarrow r) \qquad\qquad$ 蕴涵等值式

$\qquad \Leftrightarrow \neg p \vee (\neg q \vee r) \qquad\qquad$ 蕴涵等值式

$\qquad \Leftrightarrow (\neg p \vee \neg q) \vee r \qquad\qquad$ 结合律

$\qquad \Leftrightarrow \neg (p \wedge q) \vee r \qquad\qquad$ 德·摩根律

$\qquad \Leftrightarrow (p \wedge q) \rightarrow r \qquad\qquad$ 蕴涵等值式

【例 7.8 – 5】 判别 $q \vee \neg ((\neg p \vee q) \wedge p)$ 公式的类型。

解： $\quad q \vee \neg ((\neg p \vee q) \wedge p)$

$\qquad \Leftrightarrow q \vee \neg ((\neg p \wedge p) \vee (q \wedge p)) \qquad\qquad$ 分配律

$\qquad \Leftrightarrow q \vee \neg (0 \vee (q \wedge p)) \qquad\qquad$ 矛盾律

$$\Leftrightarrow q \lor \neg(q \land p) \qquad\qquad\qquad 同一律$$

$$\Leftrightarrow q \lor (\neg q \lor \neg p) \qquad\qquad\quad 德·摩根律$$

$$\Leftrightarrow (q \lor \neg q) \lor \neg p \qquad\qquad\quad 结合律$$

$$\Leftrightarrow 1 \lor \neg p \qquad\qquad\qquad\qquad 排中律$$

$$\Leftrightarrow 1 \qquad\qquad\qquad\qquad\qquad\quad 零律$$

由此可知，该公式为重言式（永真式）。

【例 7.8 −6】 判别 $(p \lor \neg p) \to ((q \land \neg q) \land r)$ 公式的类型。

解： $(p \lor \neg p) \to ((q \land \neg q) \land r)$

$$\Leftrightarrow 1 \to ((q \land \neg q) \land r) \qquad\qquad 排中律$$

$$\Leftrightarrow 1 \to (0 \land r) \qquad\qquad\qquad\quad 矛盾律$$

$$\Leftrightarrow 1 \to 0 \qquad\qquad\qquad\qquad\quad 零律$$

$$\Leftrightarrow 0$$

由此可知，该公式为矛盾式（永假式）。

【例 7.8 −7】 判别 $(p \to q) \land \neg p$ 公式的类型。

解： $(p \to q) \land \neg p$

$$\Leftrightarrow (\neg p \lor q) \land \neg p \qquad\qquad\quad 蕴涵等值式$$

$$\Leftrightarrow \neg p \qquad\qquad\qquad\qquad\qquad 吸收律$$

由此可知，该式为可满足式，10、11 是它的成假赋值，00、01 是它的成真赋值。

7.8.2 一阶逻辑

在命题逻辑中，命题是命题演算的基本单位。命题只是一种比较简单的陈述，常常不足以表现人们想要表达的内容，因而甚至无法处理一些简单而又常见的推理。例如，在命题逻辑中，对著名的"苏格拉底三段论"就无法证明其正确性。这个三段论说：

凡是人都是要死的，

苏格拉底是人，

所以苏格拉底是要死的。

在命题逻辑中，只能用 p、q、r 表示以上 3 个命题，上述推理可表示成 $(p \land q) \to r$。而这个命题公式不是重言式，只是人们凭直觉认为上述论断是正确的。其原因是：在命题逻辑中，只能把"凡是人都是要死的"作为一个简单命题，而失去了它的内在含义。这就是命题逻辑的局限性。为了表达这句话的内在含义，还需要进一步区分"凡是""人""是要死的"，这就是一阶逻辑所研究的内容，一阶逻辑也称作谓词逻辑。

1. 一阶逻辑基本概念

先来仔细分析一下"凡是人都是要死的"这句话，它由 3 部分组成，"凡是"是所有的、每一个的意思，所有的什么呢？这里说的是"人"这个特殊的对象。"是要死的"是一种性质。这句话的意思是所有的这种对象都有这种性质。为了形式化地对此描述，在一阶逻辑中引入 3 个新的概念：量词、个体词、谓词。

个体词：指可以独立存在的客体。它既可以是一个具体的事物，也可以是一个抽象的概念。例如，李明、人、玫瑰花、黑板、自然数、4、思想、定理等都可以作为个体词。

谓词：指用来刻画个体词的性质或个体词之间关系的词。例如，"……都是要死的"就是谓词，它体现了"人"这个个体词的性质。又如，"小李比小赵高2厘米"，句子中的"……比……高2厘米"是谓词，它体现了"小李"与"小赵"这两个个体词之间的关系。

表示具体的（或特定的）个体的词称为个体常项，常用小写英文字母 a、b、c 等表示。表示抽象的（或泛指的）个体的词称为个体变项，常用小写英文字母 x、y、z 等表示。个体变项的取值范围称为个体域（或论域）。当无特殊声明时，个体域由宇宙间的一切事物组成，称为全总个体域。

表示具体性质或关系的谓词称为谓词常项，常用大写英文字母 F、G、H 等表示。例如，用 F 表示"……是无理数"。表示抽象的（或泛指的）谓词称为谓词变项，也用大写英文字母 F、G、H 等表示。

个体变项 x 具有性质 F，记作 $F(x)$。个体变项 x、y，具有关系 L，记作 $L(x,y)$。也把这种个体变项和谓词的联合体 $F(x)$、$L(x,y)$ 等称为谓词。谓词中包含的个体词数称为元数。含 $n(n \geqslant l)$ 个个体词的谓词称为 n 元谓词。一元谓词表示个体词性质。当 $n \geqslant 2$ 时，n 元谓词表示个体词之间的关系。不带个体变项的谓词称为 0 元谓词。0 元谓词常项都是命题。简单命题都可以用 0 元谓词常项表示，因而可将命题看成谓词的特殊情况。命题逻辑中的联结词在一阶逻辑中均可应用。

【例7.8-8】将下列命题用0元谓词符号化。

①2是素数且是偶数。

②如果2大于3，则2大于4。

解：

（1）设 $F(x)$：x 是素数；$G(x)$：x 是偶数；a：2。

则①命题符号化为 $F(a) \wedge G(a)$。

（2）设 $L(x,y)$：x 大于 y；a：2；b：3；c：4。

则②命题符号化为 $L(a,b) \rightarrow L(b,c)$。

除了个体词和谓词外，还需要表示数量的词，将表示数量的词称为量词。量词分为全称量词和存在量词两种。

全称量词：对应日常语言中的"一切""所有的""任意的"等词，用符号∀表示。∀x 表示对个体域里的所有个体 x。∀$xF(x)$ 表示个体域里的所有个体 x 都有性质 F。

存在量词：对应日常语言中的"存在着""有一个""至少有一个"等词，用符号∃x 表示。∃x 表示存在个体域里的个体 x，∃$xF(x)$ 表示存在着个体域中的个体 x 都具有性质 F。

考虑下述两个命题的符号化，在考虑符号化时必须先明确个体域。

①所有的人都是要死的。

②有的人活百岁以上。

解：

第一种情况：考虑个体域 D 为人类集合。

（1）①可符号化为：∀$xF(x)$，其中 $F(x)$：x 是要死的。在这种情况下，①是真命题。

（2）②可符号化为：$\exists x F(x)$，其中 $F(x)$：x 活百岁以上。在这种情况下，②是真命题。

第二种情况：考虑个体域 D 为全总个体域。

在这种情况下，①不能符号化为 $\forall x F(x)$，②也不能符号化为 $\exists x F(x)$。其原因是，此时 $\forall x F(x)$ 表示宇宙间的一切事物都是要死的，这与原命题不符。$\exists x F(x)$ 表示在宇宙间的一切事物中存在百岁以上，显然也未表达出原命题的意义。因而必须引入一个新的谓词，将"人"分离出来。在第二种情况下，以上两个命题可叙述如下：

①对所有个体而言，如果它是人，则它是要死的。

②存在着个体，它是人并且活百岁以上。

于是，引入一个新的谓词 $M(x)$：x 是人。这个谓词称为特性谓词。有了特性谓词后，

①可符号化为：$\forall x(M(x) \rightarrow F(x))$。

②可符号化为：$\exists x(M(x) \wedge F(x))$。

在使用量词时，应注意以下 6 点：

（1）在不同的个体域中，命题符号化的形式可能不一样。

（2）如果事先没有给出个体域，则都应以全总个体域为个体域。

（3）在引入特性谓词后，使用全称量词与存在量词符号化的形式是不同的，全称量词使用 $\rightarrow$，而存在量词使用 $\wedge$。

（4）个体域和谓词的含义确定之后，n 元谓词要转化为命题则至少需要 n 个量词。

（5）当个体域为有限集时，如 $D = \{a_1, a_2, \cdots, a_n\}$，由量词的意义可以看出，对于任意的 $A(x)$ 谓词，都有：

①$\forall x A(x) \Leftrightarrow A(a_1) \wedge A(a_2) \wedge \cdots \wedge A(a_n)$。

②$\exists x A(x) \Leftrightarrow A(a_1) \vee A(a_2) \vee \cdots \vee A(a_n)$。

这实际上是将一阶逻辑中命题公式转化为命题逻辑中的命题公式。

（6）多个量词同时出现时，不能随意调整它们的顺序，否则可能与原来的含义完全不同。

【例 7.8 - 9】 将下列命题用一阶逻辑符号化。

①凡是偶数均能被 2 整除。

②存在偶素数。

③没有不吃饭的人。

④素数不全是奇数。

⑤所有的人都不一样高。

⑥每个自然数都有后继数。

⑦有的自然数无先驱数。

解：在本例中，没有指定个体域，因而取个体域为全总个体域，即需要引入特性谓词。

①$\forall x(F(x) \rightarrow G(x))$。$F(x)$：$x$ 是偶数；$G(x)$：x 能被 2 整除。

②$\exists x(F(x) \wedge G(x))$。$F(x)$：$x$ 是偶数；$G(x)$：x 是素数。

③$\neg \exists x(M(x) \wedge F(x))$。$M(x)$：$x$ 是人；$F(x)$ 吃饭。

③还可以描述为：所有的人都吃饭。因而③可符号化为

$$\forall x(M(x) \rightarrow F(x))。$$

这两种符号化表达是等值的。

④$\neg\forall x(F(x)\rightarrow G(x))$。$F(x)$：$x$ 是素数；$G(x)$：x 是奇数。

④还可以描述为：有的素数不是奇数。因而④可符号化为

$$\exists x(F(x)\wedge\neg G(x))。$$

这两种符号化表达是等值的。

⑤$\forall x\forall y(M(x)\wedge M(y)\wedge H(x,y)\rightarrow\neg L(x,y))$。$M(x)$：$x$ 是人；$H(x,y)$：$x\neq y$；$L(x,y)$：x 与 y 一样高。⑤还可符号化为

$$\neg\exists x\exists y(M(x)\wedge M(y)\wedge H(x,y)\wedge L(x,y))。$$

⑥$\forall x(F(x)\rightarrow\exists y(F(y)\wedge H(x,y)))$。$F(x)$：$x$ 是自然数；$H(x,y)$：y 是 x 的后继数。

⑦$\exists x(F(x)\wedge\forall y(F(y)\rightarrow\neg L(x,y)))$。$F(x)$：$x$ 是自然数；$L(x,y)$：y 是 x 的先驱数。

2. 一阶逻辑合式公式

为了使符号化能更准确和规范，以及正确进行谓词演算和推理，必须给出一阶逻辑中合式公式严格的形式定义。

【定义 7-9】 字母表。

①个体常项：$a,b,c,\cdots$ 或 $a_i,b_i,c_i,\cdots(i\geqslant 1)$。

②个体变项：$x,y,z,\cdots$ 或 $x_i,y_i,z_i,\cdots(i\geqslant 1)$。

③函数符号：$f,g,h,\cdots$ 或 $f_i,g_i,h_i,\cdots(i\geqslant 1)$。

④谓词符号：$F,G,H,\cdots$ 或 $F_i,G_i,H_i,\cdots(i\geqslant 1)$。

⑤量词符号：$\forall,\exists$。

⑥联结词符号：$\neg,\wedge,\vee,\rightarrow,\leftrightarrow$。

⑦括号和逗号：$(,),$，。

【定义 7-10】 项的递归。

①个体常项符号和个体变项符号是项；

②若 $\Phi(x_1,x_2,\cdots,x_n)$ 是任意 n 元函数，$t_1,t_2,\cdots,t_n$ 是项，则 $\Phi(t_1,t_2,\cdots,t_n)$ 也是项；

③只有有限次地使用①、②生成的符号串才是项。

例如：a、b、x、y、$f(x,y)=x+y$、$g(x,y)=x-y$、$h(x,y)=x\cdot y$ 都是项，$f(a,g(x,y))=a+(x-y)$、$g(h(x,y),f(a,b))=x\cdot y-(a+b)$ 也都是项。

【定义 7-11】 设 $R(x_1,x_2,\cdots,x_n)$ 是任意的 n 元谓词，$t_1,t_2,\cdots,t_n$ 是项，则称 $R(t_1,t_2,\cdots,t_n)$ 为原子公式。

注意：定义 7-10 和定义 7-11 中的 Φ 和 R 都不是字母表中的符号，它们分别代表任意的函数和任意的谓词，用 A、B 等表示任意的命题公式一样。

【定义 7-12】 合式公式。

①原子公式是合式公式。

②若 A 是合式公式，则 $(\neg A)$ 也是合式公式。

③若 A、B 是合式公式，则 $(A\wedge B)$、$(A\vee B)$、$(A\rightarrow B)$、$(A\leftrightarrow B)$ 也是合式公式。

④若 A 是合式公式，则 $\forall xA$、$\exists xA$ 也是合式公式。

⑤只有有限次地应用①~④构成的符号串才是合式公式。

在一阶逻辑中，合式公式又称为谓词公式，简称公式。为简单起见，合式公式的最外层括号可以省略。

【定义 7 – 13】 在合式公式 $\forall xA$ 和 $\exists xA$ 中，将 x 称为指导变项，A 称为相应量词的辖域。在辖域中，x 的所有出现称为约束出现（即 x 受相应量词指导变项的约束），A 中不是约束出现的其他变项的出现称为自由出现。

【例 7.8 – 10】 指出下列各合式公式中的指导变项、量词的辖域、个体变项的自由出现和约束出现。

①$\forall x(F(x)\rightarrow\exists yH(x,y))$

②$\exists xF(x)\wedge G(x,y)$

③$\forall x(R(x,y,z)\wedge\forall yH(x,y,z))$

解： ①在整个公式中，x 是指导变项，$\forall$ 的辖域为 $(F(x)\rightarrow\exists yH(x,y))$，$x$ 的两次出现都是约束出现。在 $\exists yH(x,y)$ 中，y 为指导变项，$\exists$ 的辖域为 $H(x,y)$，y 是约束出现。$H(x,y)$ 中的 x 也是约束出现，它受前面 $\forall x$ 的约束。

②在 $\exists xF(x)$ 中，x 是指导变项，$\exists$ 的辖域为 $F(x)$，x 是约束出现。$G(x,y)$ 中的 x、y 都是自由出现。在整个公式中，x 的第一次出现是约束出现，第二次出现是自由出现；y 是自由出现。

③在整个公式中，x 是指导变项，第一个 $\forall$ 的辖域为 $(R(x,y,z)\wedge\forall yH(x,y,z))$。在 $\forall yH(x,y,z)$ 中，y 是指导变项，$\forall$ 的辖域为 $H(x,y,z)$。x 的两次出现都是约束出现；y 的第一次出现是自由出现，第二次出现是约束出现；z 的两次出现都是自由出现。

【定义 7 – 14】 若公式 A 中无自由出现的个体变项，则称 A 是封闭的合式公式，简称闭式。例如：$\exists x(F(x)\rightarrow G(x))$、$\exists x\forall y(F(x)\wedge G(x,y))$ 都是闭式；然而，$\exists x(F(x)\rightarrow G(x,y))$、$\exists z\forall yL(x,y,z))$ 都不是闭式。

换名规则：将一个指导变项及其在辖域中所有约束出现替换成公式中没有出现的个体变项符号。换名规则可消除公式中既有约束出现又有自由出现的个体变项。

例如，在例 7.8 – 10 的②中，利用换名规则，将指导变项 x 及它的第一次出现替换成 z，得到 $\exists zF(z)\wedge G(x,y)$；在例 7.8 – 10 的③中，利用换名规则得到 $\forall s(R(s,y,z)\wedge\forall tH(s,t,z))$。替换后，这两个公式中就都不存在既是约束出现又是自由出现的个体变项了。

在命题逻辑中，讨论公式的恒真、恒假及可满足性只需考虑公式在所有可能的赋值下的取值。但是，在一阶逻辑中，由于引入了函数和谓词，情况变得十分复杂。为了进行类似的讨论，就要给公式中出现的每一个个体常项符号、函数变项符号和谓词变项符号"赋值"，这就是解释。

【定义 7 – 15】 一个解释 I，由以下 4 部分组成：

①非空个体域 D；

②给论及的每一个个体常项符号指定一个 D 中的元素；

③给论及的每一个函数变项符号指定一个 D 上的函数；

④给论及的每一个谓词变项符号指定一个 D 上的谓词。

在使用 I 解释公式 A 时，采用指定的个体域 D，并将 A 中的所有个体常项符号、函数变项符号及谓词变项符号分别替换成 I 中指定的元素、函数及谓词。

【例 7.8 – 11】 给定解释 I 如下：

①$D_1=\{2,3\}$。

②$a=2$。

③函数 $f(x)$：$f(2)=3$，$f(3)=3$。

④谓词 $F(x)$：$F(2)=0$，$F(3)=1$；

　　　　$G(x,y)$：$G(i,j)=1,i,j=2,3$；

　　　　$L(x,y)$：$L(2,2)=L(3,3)=1$，$L(2,3)=L(3,2)=0$。

在解释 I 下，求下列各式的真值：

①$\forall x(F(x)\wedge G(x,a))$

②$\exists x(F(f(x))\wedge G(x,f(x)))$

③$\forall x\exists yL(x,y)$

解：设①～③中的公式分别为 A、B、C。在解释 I 下：

①$A\Leftrightarrow(F(2)\wedge G(2,2))\wedge(F(3)\wedge G(3,2))$

　$\Leftrightarrow(0\wedge1)\wedge(1\wedge1)\Leftrightarrow0$

②$B\Leftrightarrow(F(f(2))\wedge G(2,f(2)))\vee(F(f(3))\wedge G(3,f(3)))$

　$\Leftrightarrow(F(3)\wedge G(2,3))\vee(F(2)\wedge G(3,2))$

　$\Leftrightarrow(1\wedge1)\vee(0\wedge1)\Leftrightarrow1$

③$C\Leftrightarrow(L(2,2)\vee L(2,3))\wedge(L(3,2)\vee L(3,3))$

　$\Leftrightarrow(1\vee0)\wedge(0\vee1)\Leftrightarrow1$

【例 7.8 – 12】给定解释 N 如下：

①个体域 D_N 为自然数集合；

②$a=0$；

③函数 $f(x,y)=x+y$，$g(x,y)=x\cdot y$

④谓词 $F(x,y)$：$x=y$。

在解释 N 下，求下列各式的真值：

①$\forall xF(g(x,a),x)$

②$\forall x\forall y(F(f(x,a),y)\rightarrow F(f(y,a),x))$

③$\forall x\forall y\exists zF(f(x,y),z)$

④$\forall x\forall yF(f(x,y),g(x,y))$

⑤$F(f(x,y),f(y,z))$

解：在解释 N 下，将公式分别化为：

①$\forall x(x\cdot0=x)$，这是假命题。

②$\forall x\forall y(x+0=y\rightarrow y+0=x)$，这是真命题。

③$\forall x\forall y\exists z(x+y=z)$，这是真命题。

④$\forall x\forall y(x+y=x\cdot y)$，这是假命题。

⑤$x+y=y+z$，它的真值不确定，因而不是命题。

从例 7.8 – 11 与例 7.8 – 12 中看出，在给定的解释下，有的公式真值确定，是一个命题；有的公式真值不确定，不是命题。然而对于闭式来说，由于每个个体变项都受量词的约束，因而在任何解释下都是表达一个意义确定的语句，即一个命题。例 7.8 – 12 中的①～④都是闭式，它们在所给的解释下都是命题。对于非闭式的公式，如果进一步对每个自由出现的个体变项指定个体域中的一个元素，那么它也成为命题。

给定解释 I，对公式中每个自由出现的个体变项指定个体域中的一个元素，这称为在解

释 I 下的赋值。例 7.8 – 12 中的⑤取解释 N 下的赋值 σ：$\sigma(x)=1,\sigma(y)=2,\sigma(z)=3$，则在解释 N 和赋值 σ 下，该公式为 $1+2=2+3$，这是假命题；若取赋值 σ'：$\sigma'(x)=1$，$\sigma'(y)=2,\sigma'(z)=1$，则在解释 N 和赋值 σ' 下，该公式为 $1+2=2+1$，这是真命题。

在给定的解释和赋值下，任何公式都是命题。闭公式与赋值无关，只需要给定解释。

【定义 7 – 16】设 A 为一个谓词公式，如果 A 在任何解释和该解释下的任何赋值下都为真，则称 A 为逻辑有效式（或称永真式）；如果 A 在任何解释和该解释下的任何赋值下都为假，则称 A 为矛盾式（或称永假式）；若至少存在一个解释和该解释下的一个赋值使 A 为真，则称 A 是可满足式。

与命题公式不同，由于公式的复杂性和解释的多样性，谓词公式的可满足性是不可判定的，即不存在一个可行的算法能够判断任一公式是否为可满足的。但是，在某些特殊情况下，可以判断其可满足性。

【定义 7 – 17】设 A_0 是含命题变项 $p_1,p_2,\cdots,p_n$ 的命题公式，$A_1,A_2,\cdots,A_n$ 是 n 个谓词公式，用 A_i（$1\leqslant i\leqslant n$）处处代替 A_0 中的 p_i，所得公式 A 称为 A_0 的代换实例。

例如，$F(x)\rightarrow G(x)$，$\forall xF(x)\rightarrow\exists xG(x)$ 都是 $p\rightarrow q$ 的代换实例。

可以证明：命题公式中的重言式的代换实例都是有效式（永真式），命题公式中的矛盾式的代换实例都是矛盾式（永假式）。

3. 一阶逻辑等值式

【定义 7 – 18】设 A、B 是一阶逻辑中的两个公式，若 $A\leftrightarrow B$ 为逻辑有效式，则称 A 与 B 是等值的，记作 $A\Leftrightarrow B$，称 $A\Leftrightarrow B$ 为等值式。

由于重言式都是逻辑有效式，因而表 7 – 13 给出的 24 个等值式及其代换实例都是一阶逻辑中的等值式。例如：

$\forall xA(x)\Leftrightarrow\forall xA(x)\wedge\forall xA(x)$；

$\forall xA(x)\rightarrow\exists xB(x)\Leftrightarrow\neg\forall xA(x)\vee\exists xB(x)$；

都是等值的。另外，使用换名规则所得的公式与原来的公式是等值的。

4. 一阶逻辑的特有等值式

一阶逻辑除了可用命题逻辑的代换实例是它的等值式外，还有一些自己的特有等值公式。

（1）设个体域为有限集 $D=\{x_1,x_2,\cdots,x_n\}$，则

①$\forall xP(x)\Leftrightarrow P(x_1)\wedge P(x_2)\wedge\cdots\wedge P(x_n)$

②$\exists xP(x)\Leftrightarrow P(x_1)\vee P(x_2)\vee\cdots\vee P(x_n)$

（2）换名规则：

①$\forall xP(x)\Leftrightarrow\forall yP(y)$

②$\exists xP(x)\Leftrightarrow\exists yP(y)$

（3）量词转换律/量词否定律：设 $P(x)$ 是任意的含自由出现个体变项 x 的公式，则

①$\neg\forall xP(x)\Leftrightarrow\exists x\neg P(x)$

②$\neg\exists xP(x)\Leftrightarrow\forall x\neg P(x)$

（4）量词辖域的扩张与收缩律：设 $P(x)$ 是任意的含自由出现个体变项 x 的公式，Q 中不含 x 的出现，则

①$\forall x(P(x)\vee Q)\Leftrightarrow\forall xP(x)\vee Q$

$\forall x(P(x)\wedge Q)\Leftrightarrow\forall xP(x)\wedge Q$

$\forall x(P(x)\rightarrow Q)\Leftrightarrow\exists xP(x)\rightarrow Q$

$\forall x(Q\rightarrow P(x))\Leftrightarrow Q\rightarrow\forall xP(x)$

②$\exists x(P(x)\vee Q)\Leftrightarrow\exists xP(x)\vee Q$

$\exists x(P(x)\wedge Q)\Leftrightarrow\exists xP(x)\wedge Q$

$\exists x(P(x)\rightarrow Q)\Leftrightarrow\forall xP(x)\rightarrow Q$

$\exists x(Q\rightarrow P(x))\Leftrightarrow Q\rightarrow\exists xP(x)$

（5）量词分配律：设 $P(x)$、$Q(x)$ 是任意的含自由出现个体变项 x 的公式，则

①$\forall x(P(x)\wedge Q(x))\Leftrightarrow\forall xP(x)\wedge\forall xQ(x)$

说明：全称量词（$\forall$）只对合取（$\wedge$）满足分配律，对析取（$\vee$）无分配律。

②$\exists x(P(x)\vee Q(x))\Leftrightarrow\exists xP(x)\vee\exists xQ(x)$

说明：存在量词（$\exists$）只对析取（$\vee$）满足分配律，对合取（$\wedge$）无分配律。

（6）由换名规则与量词辖域的扩张律可推导出：

①$\forall xP(x)\vee\forall xQ(x)\Leftrightarrow\forall x\,\forall y(P(x)\vee Q(y))$

②$\exists xP(x)\wedge\exists xQ(x)\Leftrightarrow\exists x\,\exists y(P(x)\wedge Q(y))$

（7）多个量词的公式：设 $P(x,y)$ 是含自由变元 x、y 的谓词公式，则有

①$\forall x\,\forall yP(x,y)\Leftrightarrow\forall y\,\forall xP(x,y)$

②$\exists x\,\exists yP(x,y)\Leftrightarrow\exists y\,\exists xP(x,y)$

说明：如果是 $\forall x\exists y$，则顺序不能调换。

7.8.3 查询的应用

本节将结合数理逻辑的理论内容（主要是一阶逻辑的等值式），对 7.5.3 节中的部分例题进行符号化表示，以帮助读者更好地理解对应 SQL 语句的编写原因。

1. 存在量词的应用

在 7.5.3 节中已经提到 SQL 语句中的 EXISTS 代表存在量词（$\exists$）。这就是一阶逻辑中的量词在 SQL 查询的应用体现。

（1）对"例 7.5 - 9：查询计算机科学与技术 1 班的所有学生信息"进行符号化表示。

该例题可以说成"查询在计算机科学与技术 1 班的学生信息"。"在……"在这里可以理解成"存在"的意思。因此，假设：

①$P(x)$：x 是学生；

②$Q(x,a)$：x 在 a 班；

③a：计算机科学与技术 1 班。a 是个体常项。

则例 7.5 - 9 可以符号化表示为：$\exists x(P(x)\wedge Q(x,a))$。

例 7.5 - 9 中的 SQL 查询语句就是对该符号化的实现。

（2）对"例 7.5 - 10：查询不是计算机科学与技术 1 班的学生信息"进行符号化表示。

该例题可以说成"查询不在计算机科学与技术 1 班的学生信息"。因此，例 7.5 - 10 可

以符号化表示为：$\neg\exists x(P(x)\land Q(x,a))$。

例7.5-10中的SQL查询语句就是对该符号化的实现。

2. 全称量词的应用

在7.5.3节中已经提到SQL语句中没有全称量词（∀）。但是，一阶逻辑等值式"量词转换律/量词否定律"可以将全称量词（∀）的谓词转换为等价的带存在量词（∃）的谓词：$\forall xP(x)\Leftrightarrow\neg(\exists x\neg P(x))$。

（1）对"例7.5-11：查询指导过所有班级的辅导员"进行符号化表示。该例题可以说成"查询这样的辅导员，其指导过所有班级"。因此，假设：

①$P(x)$：x是辅导员；

②$Q(y)$：y是班级；

③$L(x,y)$：x指导y。

则例7.5-11可以符号化表示如下：

$$\exists x\forall y(P(x)\land Q(y)\rightarrow L(x,y))$$

$\Leftrightarrow\exists x\forall y(\neg(P(x)\land Q(y))\lor L(x,y))$　　　　蕴涵等值式代换实例

$\Leftrightarrow\exists x\forall y(\neg P(x)\lor\neg Q(y)\lor L(x,y))$　　　　德·摩根律代换实例

$\Leftrightarrow\exists x\neg\exists y(\neg(\neg P(x)\lor\neg Q(y)\lor L(x,y)))$　　量词转换律/量词否定律

$\Leftrightarrow\exists x\neg\exists y(P(x)\land Q(y)\land\neg L(x,y))$　　　　德·摩根律代换实例

$\Leftrightarrow\exists x(P(x))\land\exists x\neg\exists y(Q(y)\land\neg L(x,y))$　　量词辖域的扩张与收缩律

该符号化的含义：存在这样的辅导员，没有一个班级是他（或她）不指导的。

例7.5-11中的SQL查询语句就是对该符号化的实现。

（2）对"例7.5-12：查询至少指导过［指导辅导员］='03'指导过的所有班级的辅导员"进行符号化表示。该例题可以说成"查询编号为x的辅导员，对所有班级，只要编号为03的辅导员指导了班级y，则x也指导了班级y"。因此，设：

①$P(y)$：编号为03的辅导员指导了班级y；

②$Q(x,y)$：编号为x的辅导员指导了班级y。

则例7.5-12可以符号化表示如下：

$$\exists x\forall y(P(y)\rightarrow Q(x,y))$$

$\Leftrightarrow\exists x\forall y(\neg P(y)\lor Q(x,y))$　　　　蕴涵等值式代换实例

$\Leftrightarrow\exists x\neg\exists y(\neg(\neg P(y)\lor Q(x,y)))$　　量词转换律/量词否定律

$\Leftrightarrow\exists x\neg\exists y(P(y)\land\neg Q(x,y))$　　　德·摩根律代换实例

该符号化的含义：不存在这样的班级y，编号为03的辅导员指导了班级y，而编号为x的辅导员没有指导班级y。

例7.5-12中的SQL查询语句就是对该符号化的实现。

●本章小结

本章介绍了SQL Server中对于查询语句的语法约定；详细介绍了查询语句中的SELECT子句、FROM子句、WHERE子句、GROUP BY子句、HAVING子句等部分的含义与参数说

明；列举了在数据库操作中的各类常用函数。

在单表查询中，按查询表中的若干列、若干元组、汇总与分组这三个学习过程，介绍了查询语句中的各个子句的实际操作应用。在连接查询中，按照连接关键字的不同，将连接查询分成内连接、外连接与交叉连接。其中，内连接操作可结合第 6 章中的等值连接与不等值连接、自然连接、自连接、多表连接分成四种操作；外连接分成左外连接、右外连接与全外连接；交叉连接体现的是笛卡儿积，在现实操作中极少用到。

嵌套查询是本章的学习难点，按嵌入语句的不同，分成嵌入 SELECT 语句、嵌入 FROM 语句、嵌入 WHERE 语句。其中，重点在于嵌入 WHERE 语句；其涉及的知识点有 IN 谓词、比较运算符、ALL 与 ANY、EXISTS 等，特别是 EXISTS 的应用对于逻辑理解力的要求比较高。在集合查询中，本章主要介绍了并、交、叉三种集合查询操作。

本章还特别扩充了在 SQL Server 上对半连接查询的操作实例以及查询方法；简要介绍了数理逻辑涉及的命题逻辑与一阶逻辑。其内容包括：介绍基本概念、符号表示、等值式以及相应实例；将数理逻辑的理论应用到查询操作。

● 思考题

1. 请简要说明查询语句中各个子句的作用。

2. 请列出自己常用的函数名称、参数与使用说明。

3. 请列出 SELECT 语句、FROM 语句、WHERE 语句、GROUP BY 语句、HAVING 语句中所用的关键字。

4. 请自行设计若干单表查询的实例。

5. 请自行设计若干多表查询的实例。

6. 请自行设计若干集合查询的实例。

7. 理解术语：命题、联结词（否、析取、合取、蕴含、等价)、个体词、量词、个体常项、个体变项、个体域、谓词、谓词常项、谓词变项、全称量词、存在量词、字母表、项、原子公式、合式公式、谓词公式、约束出现、自由出现、换名规则、解释。

8. 请列出命题等值式。

9. 请列出一阶逻辑等值式。

10. 请尝试将自行设计的命题说明进行符号化，并利用等值式进行等价转换。

第8章

数据管理

1. 学会解释数据管理的概念。
2. 能说出插入数据相关语句语法约定的各参数含义，解释其用法。
3. 能说出修改数据相关语句语法约定的各参数含义，解释其用法。
4. 能说出删除数据相关语句语法约定的各参数含义，解释其用法。
5. 尝试完成数据插入、数据修改和数据删除操作。

数据素养指标

1. 了解数据管理，主要包括数据的插入、修改和删除操作。
2. 熟练并正确完成基本的更新操作。

本章导读

1. 简单数据管理：插入单行数据、修改所有数据以及删除若干行数据的语法约定；操作案例；注意事项说明。

2. 复杂数据管理：批量插入数据、修改指定数据以及删除指定数据的语法约定；操作案例；注意事项说明。

3. 基于其他表的数据管理：复制其他表的数据、基于其他表删除数据的语法约定；操作案例；注意事项说明。

8.1 简单数据管理

在数据库中，数据管理主要包括插入数据、修改数据和删除数据。SQL 可用于数据管理的语句有 INSERT 语句、UPDATE 语句和 DELETE 语句，这部分语句属于数据操纵语言（DML）。

- INSERT 语句：向表中添加新的行。
- UPDATE 语句：修改表中现有的行。
- DELETE 语句：删除表中已有的行。

本章节以 SQL Server 的 DML 为例进行说明。

8.1.1 插入单行数据

1. 语法约定

INSERT [INTO] [schema_name.]table_name[(columnList)]
VALUES (dataValueList);

参数说明：

- schema_name：要插入数据的表所属模式的名称。
- table_name：要插入数据的表或视图的名称。
- columnList：接收数据的列名列表，各列名以逗号分隔。如果未指定 columnList，则表（或视图）中的所有列都将接收到数据。
- dataValueList：数据值列表。在 dataValueList 中，项的数目必须与 columnList 列名列表相同，每一项的数据类型必须和对应列数据类型兼容，两个列表中项的位置也必须一一对应。

2. 案例

【例 8.1-1】往班级表中插入一条记录。其中，班级编号、班级名、班级人数的值分别为 "20180101" "计算机科学与技术 1 班" "25"。

INSERT [SIMS_SCHEMA].[班级表]
VALUES('20180101','计算机科学与技术 1 班',25);

【例 8.1-2】往班级表中插入一条记录。其中，班级编号、班级名的值分别为 "20180102" "计算机科学与技术 2 班"。

INSERT [SIMS_SCHEMA].[班级表](班级编号,班级名)
VALUES('20180102','计算机科学与技术 2 班');

3. 注意事项

(1) INSERT 语句插入值时，不指定以下类型列的值：具有 IDENTITY 属性的列；具有默认值的列；通过 CREATE TABLE 语句中一个（或多个）其他列计算的表达式的虚拟计算列。

（2）表名（或视图名）后面的列名列表 columnList 和 VALUES 子句中的值列表的列数必须保持一致。若列数不一致，就会出错，无法插入数据。若没有指定列名列表，则值列表的列是表中的所有列，对应顺序按 CREATE TABLE 语句定义列的顺序。

（3）对于想要插入 NULL 的列，一定不能设置 NOT NULL 约束。若向设置了 NOT NULL 约束的列中插入 NULL，则 INSERT 语句会出错，导致数据插入失败。

（4）插入数据时，如果表定义了默认约束，则当列表上的某列没有具体值时，可显示使用 DEFAULT 关键字来代替。

（5）插入数据时，如果表定义了主键约束，则主键值必须唯一，否则拒绝插入。

（6）插入数据时，如果表定义了外键约束，则关联的主表的数据必须事先插入，并且新插入的值必须符合外键约束，否则拒绝插入。

（7）插入数据时，如果表定义了检查约束，则插入的值必须满足检查约束条件，否则拒绝插入。

8.1.2 修改所有数据

1. 语法约定

UPDATE [schema_name.]table_name
SET{ column_name = { expression|DEFAULT|NULL }
    | column_name { += | -= | *= | /= | %= | &= | ^= || = } expression}[,...n];
参数说明：

● SET 子句：指定需要修改的一个（或多个）列的名称。新的数据值必须与对应列中的数据类型兼容。

● expression：表达式，可以使用赋值表达式或组合赋值表达式。

2. 案例

【例 8.1-3】修改班级表，把班级人数都改成 20 人。
UPDATE [SIMS_SCHEMA].[班级表]
SET 班级人数 = 20;
【例 8.1-4】修改辅导员表，把年龄统一加 1，联系方式前加 "手机号:"。
UPDATE [SIMS_SCHEMA].[辅导员表]
SET 年龄 = 年龄 + 1,联系方式 = '手机号:' + 联系方式;

3. 注意事项

（1）修改数据时，如果表定义了外键约束，则修改的新值必须符合外键约束，否则拒绝修改。

（2）和 INSERT 语句一样，UPDATE 语句也可以将 NULL 作为一个值来使用。例如：

SET 列名 = NULL。但是，只有未设置 NOT NULL 约束和主键约束的列才可以清空为 NULL；如果将设置了上述约束的列更新为 NULL，就会出错。

（3）SET 子句支持同时将多列作为修改对象，见例 8.1 – 4。需要注意的是，单列修改的方法见例 8.1 – 3，在所有 DBMS 中都支持，而多列修改在某些 DBMS 或 SQL Server 早期版本是不支持的。

8.1.3　删除若干行数据

1. 语法约定

```
DELETE [TOP (expression) [PERCENT]]
FROM[schema_name.]table_name
```
参数说明：
- ［TOP(expression)［PERCENT]]：指定将要删除的任意行数或任意行的百分比。expression 可以是行数或行的百分比。
- ［schema_name.］table_name：指定要删除数据的表或可更新视图的完整名称（包含模式名）。

2. 案例

【例 8.1 – 5】 删除班级表中所有记录。
```
DELETE FROM [SIMS_SCHEMA].[班级表];
```
【例 8.1 – 6】 删除班级表中前 3 行记录。
```
DELETE TOP(3) FROM [SIMS_SCHEMA].[班级表];
```

3. 注意事项

（1）删除数据时，如果其他关联的表定义了外键约束，则必须事先删除所关联的表的数据，不破坏外键约束，否则拒绝删除。

（2）DELETE 关键字后不需要写列表，因为 DELETE 是对行（元组）数据的删除，与列无关。

（3）（知识扩展）DROP TABLE 语句将表完全删除，同时删除表中的所有数据。

（4）（知识扩展）TRUNCATE TABLE 可以一次性从表中删除所有的数据，且不把单独的删除操作记录记入日志保存，其删除行是不能恢复的；在删除的过程中，不会激活与表有关的删除触发器；执行速度快。

8.2　复杂数据管理

8.1 节中主要介绍了插入、修改与删除语句的基本语法及其应用，本节将以 8.1 节的内容为基础，介绍这三种数据操作语句的相对复杂的数据管理操作。

8.2.1　批量插入数据

SQL Server 2008 开始引入了 Transact-SQL 行构造函数（又称为表值构造函数），用于在一个 INSERT 语句中指定多个行。行构造函数包含一个 VALUES 子句和多个括在圆括号中且以逗号分隔的值列表。

1. 语法约定

```
INSERT [INTO][schema_name.]table_name[(columnList)]
VALUES (dataValueList1)[,dataValueList2,…,dataValueListn];
```
参数说明：

- columnList：接收数据的列名列表，列名以逗号分隔。如果未指定 columnList，则表（或视图）中的所有列都将接收到数据。
- dataValueList：数据值列表，dataValueList 中项的数目必须与 columnList 列表相同，每一项的数据类型必须和对应列数据类型兼容。

2. 案例

【例 8.2 -1】批量往班级表中插入多条记录。
```
INSERT [SIMS_SCHEMA].[班级表](班级编号,班级名,班级人数)
VALUES ('20050101','计算机科学与技术 1 班',18),
       ('20050102','计算机科学与技术 2 班',19),
       ('20050201','英语系 1 班',21),
       ('20050202','英语系 2 班',20),
       ('20050301','企业管理系 1 班',26);
```

3. 注意事项

（1）应确保 INSERT 语句的书写内容及插入的数据正确。若不正确，就会发生 INSERT 错误，但是由于是多行插入，和特定的单行插入相比，想要找出到底是哪行的哪个位置出错就变得十分困难。

（2）多行 INSERT 的语法并不适用于所有的 RDBMS 以及早期版本的 SQL Server。

8.2.2　修改指定数据

UPDATE 语句允许修改给定表中指定行的数据。

1. 语法约定

```
UPDATE [schema_name.]table_name
SET columnName1 = dataValue1[,columnName2 = dataValue2...]
[WHERE searchCondition]
```

参数说明：

● ［schema_name.］table_name：指定要修改数据的表（或视图）的完整名称（包含模式名）。

● SET 子句：指定需要修改的一列或多列的名称。新的数据值必须与对应 column-Name 列中的数据类型兼容。

● WHERE 子句：是可选择的，如果省略，则对给定列的所有行进行修改。如果给出 WHERE 子句，则仅对那些满足 searchCondition 的行进行修改。

2. 案例

【例 8.2-2】修改班级表，把班级编号为"20050102"的班级人数改为 20。

UPDATE［SIMS_SCHEMA］.［班级表］
SET 班级人数 = 20 WHERE 班级编号 = '20050102';

【例 8.2-3】修改班级表，把指导班级的［指导辅导员］= '07'的班级人数改为 21。

UPDATE［SIMS_SCHEMA］.［班级表］
SET 班级人数 = 21
WHERE 班级编号 IN(
    SELECT［指导班级］FROM［SIMS_SCHEMA］.［指导表］
    WHERE［指导辅导员］= '07');

3. 注意事项

（1）UPDATE 语句中的 WHERE 子句运用与 SELECT 语句中的 WHERE 子句运用是一样的。

（2）UPDATE 语句修改的数据可以通过数据库日志还原。

8.2.3 删除指定数据

1. 语法约定

DELETE FROM［schema_name.］table_name
［WHERE searchCondition］
参数说明：

● ［schema_name.］table_name：指定要删除数据的表（或可更新视图）的完整名称（包含模式名）。

● WHERE 子句：该子句是可选择的，如果省略，则对给定列的所有行进行删除。如果给出 WHERE 子句，则仅对那些满足 searchCondition 的行进行删除。

2. 案例

【例 8.2-4】删除班级表中班级编号为"20050102"的记录。

DELETE FROM［SIMS_SCHEMA］.［班级表］WHERE 班级编号 = '20050102';

3. 注意事项

（1）DELETE 语句中的 FROM ［schema_name.］table_name 子句只能有一个表，不能有多表。也就是说，一次删除操作只能影响一个表，不能用一个删除操作来删除多个表中的数据。如果删除操作需要基于其他表来删除某个表中的数据，则需要使用 DELETE 语句的扩展形式或使用 WHERE 子句的嵌套查询。

（2）DELETE 语句中的 WHERE 子句运用与 SELECT 语句中的 WHERE 子句运用是一样的。

8.3　基于其他表的数据管理

除了 8.1 与 8.2 节中介绍的单行插入和多行插入外，还可以基于其他表的数据进行批量插入。SQL Server 在其他表的基础上完成删除操作，除可以使用嵌套查询外，还进行了语法扩展。本节将针对这两种情况进行说明。

8.3.1　复制其他表的数据

方法 1：INSERT 语句允许把一个（或多个）表中的数据复制到另一个表。

1. 语法约定

INSERT ［INTO］［schema_name.］table_name［(columnList)］
SELECT 子句；
参数说明：

- ［schema_name.］table_name：指定要删除数据的表（或可更新视图）的完整名称（包含模式名）。

- columnList：列名列表，列名以逗号分隔，用于指定为其提供数据的列。如果未指定 columnList，表（或视图）中的所有列都将接收到数据。

- SELECT 子句：可以是任何有效的查询语句，插入给定表中的行就来自 SELECT 子句所生成的。SELECT 子句中列的数目必须与 columnList 列表相同，每一项的数据类型必须和对应列数据类型兼容。

方法 2：SELECT 语句允许把一个（或多个）表中的数据复制到另一个表。

2. 语法约定

SELECT select_list ［INTO new_table］
［FROM table_source］［WHERE searchCondition］
参数说明：

- INTO new_table：可选项，表示将查询的结果保存到一个新表中。

3. 案例

【例8.3-1】创建一个班级备份表，把班级表的记录插入班级备份表。

方法1：

```
CREATE TABLE [SIMS_SCHEMA].[班级备份表](
    [班级编号] [NCHAR](10) NOT NULL,
    [班级名] [NCHAR](10) NOT NULL,
    [班级人数] [INT]NULL)
GO
INSERT INTO [SIMS_SCHEMA].[班级备份表]
SELECT * FROM [SIMS_SCHEMA].[班级表];
```

方法2：

```
SELECT * INTO [SIMS_SCHEMA].[班级备份表]
FROM [SIMS_SCHEMA].[班级表];
```

4. 注意事项

（1）上述两种方法都可以实现把一个或多个表中的数据复制到另一个表的工作。

（2）两种方法的区别：方法1需要事先创建好相应的表；方法2是在查询完成后用查询的结果来创建新表。

8.3.2 基于其他表删除数据

1. 语法约定

```
DELETE
[FROM] {{table_alias|[schema_name.]table_or_view_name}
FROM[schema_name.]table_name[,...n]
[WHERE searchCondition]
```

参数说明：

- table_alias：在表示要从中删除行的表（或视图）的 FROM table_name 子句中指定的别名。
- [FROM]：可选关键字，用在 DELETE 关键字与目标 table_name 的 FROM 关键字之间。
- WHERE 子句：是可选择的，如果省略，则对给定列的所有行进行删除。如果给出 WHERE 子句，则仅对那些满足 searchCondition 的行进行删除。

2. 案例

【例8.3-2】删除班级备份表中07编号辅导员指导的班级信息。

方法1：

```
DELETE FROM [SIMS_SCHEMA].[班级备份表]
```

FROM ［SIMS_SCHEMA］.［班级备份表］

WHERE ［班级编号］ IN (

    SELECT ［指导班级］ FROM ［SIMS_SCHEMA］.［指导表］

    WHERE ［指导辅导员］ ='07')

方法 2：

DELETE FROM ［SIMS_SCHEMA］.［班级备份表］

FROM ［SIMS_SCHEMA］.［班级备份表］ INNER JOIN ［SIMS_SCHEMA］.［指导表］

    ON ［SIMS_SCHEMA］.［班级备份表］.［班级编号］=［SIMS_SCHEMA］.［指导表］.

［指导班级］

    WHERE ［指导辅导员］ ='07'

3. 注意事项

（1）上述两种方法都可以实现基于其他表的删除数据的工作。

（2）方法 1 利用在 WHERE 子句中嵌套查询的方式来完成，其在各 DBMS 中都适用；方法 2 是利用 SQL Server 对 T-SQL 的扩展语法来完成的。

（3）使用方法 2 时，要注意两个 FROM 子句的含义是不一样的。第一个 FROM 子句是指将要删除数据的表；第二个 FROM 子句用于设置需要删除数据的表与其他表之间的连接。

◎ 本章小结

本章介绍 SQL Server 中的数据操纵语言（DML）的增加、修改与删除三个操作。对这三个操作的内容，按无筛选条件的操作、加入筛选条件的操作以及复杂的操作的顺序，逐步提高操作难度的方式来进行说明。简单数据管理部分介绍了未加筛选条件的增加、修改与删除三个操作的语法约定、案例以及注意事项。复杂数据管理部分介绍了使用筛选条件的增加、修改与删除三个操作的语法约定、案例以及注意事项。最后，特别介绍了基于其他表的插入与删除操作的案例与注意事项。

◎ 思考题

1. 请说明插入、修改与删除数据时的注意事项。
2. 请自行设计并完成插入单行数据、插入批量数据与复制其他表数据的操作。
3. 请自行设计并完成修改所有数据、修改指定数据与修改数据嵌套查询的操作。
4. 请自行设计并完成删除所有数据、删除若干行数据、删除指定数据与基于其他表删除数据的操作。

第 9 章

视 图

学习目标

1. 学会解释视图的概念，总结视图的作用。
2. 说出创建视图语法约定的各参数含义，解释其用法。
3. 说出删除视图语法约定的各参数含义，解释其用法。
4. 说出视图定义中 WITH CHECK OPTION 的含义，尝试举例说明其作用。
5. 尝试完成视图创建、视图删除和查询视图的操作。
6. 学会解释视图物化、可更新性的概念，总结视图可更新性的限制条件。

数据素养指标

1. 了解使数据便于使用的基本理念、管理方式与数据组织结构等。
2. 能够结合实际情况采取合适的工具，提高数据使用性能与效率。

本章导读

1. 视图的定义。
2. 视图的管理：创建与删除视图的语法约定；操作案例；注意事项说明。
3. 查询视图：查询视图的语法约定；操作案例；注意事项说明。
4. WITH CHECK OPTION：该选项的作用以及案例说明。
5. 视图的作用：对数据提供安全保护、数据透明性、简化操作、提供逻辑数据独立性。
6. 视图的优缺点。
7. 视图的物化分类：普通视图与物化视图。
8. 视图的可更新性：可更新的概念与约束条件。

9.1　视图的定义

　　视图是对一个（或多个）基本表（或视图）进行关系操作的动态结果，是从一个（或多个）表导出的表。视图与基本表（又称基本关系）不同，视图是一个虚表（又称虚关系或导出关系），视图不存在于数据库中，数据库中只存储视图的定义，视图对应的数据仍然存放在基本表。视图是 1.6.2 节提到的外模式的部分体现。外模式不仅包含视图，还包含暴露给外部可见的基本表，但一般都只用视图而不将基本表作成外模式的内容。

　　视图的内容被定义成基于一个（或多个）基本表的查询。对视图所进行的任何操作都自动转换成对导出它的表进行操作。视图是动态的，对导出视图的基本表的修改将立即反映到视图上。当用户对视图做允许的修改时，这些修改也将作用到基本表上。需要说明的是，通过修改视图而修改基本表是有条件约束的，具体可见 9.8 节的内容。

　　视图可以当作基本表一样进行查询、删除操作。

9.2　视图管理

1. 创建或修改视图的语法约定

```
CREATE [OR ALTER] VIEW [schema_name.]view_name [(column[,...n])]
[WITH <view_attribute >[,...n]]
AS
    select_statement
    [WITH CHECK OPTION][;]
```

参数说明：

- schema_name：视图所属模式的名称。
- view_name：新建视图的名称。
- column：视图中的列使用的名称。仅在下列情况下需要列名：

①列是从算术表达式、函数或常量派生的。

②两列（或更多列）可能具有相同的名称（通常是由于多表连接的原因）。

③视图中的某个列的指定名称不同于其派生来源列的名。

可以在 SELECT 语句中分配列名。如果未指定列（column），则视图列将获得与 SELECT 语句中的列相同的名称。

- AS：指定视图要执行的操作。
- view_attribute：视图的属性设置。属性如下：

①ENCRYPTION：用于为视图定义内容加密。

②SCHEMABINDING：将视图绑定到基本表的架构。只有先修改（或删除）视图定义本身，才能删除将要修改的表。使用该属性时，表或视图的名称必须包含模式名；所有被引用对象都必须在同一个数据库内。

- select_statement：定义视图的 SELECT 语句。该语句可以使用多个表和其他视图。视图不一定是某个表的行和列的简单子集，也可以使用多个表或带任意复杂性的 SELECT 子句的其他视图创建视图。

- WITH CHECK OPTION：可选项。如果加了该项，则强制针对视图执行的所有数据修改语句都必须符合在 select_statement 中设置的条件。通过视图修改行时，WITH CHECK OPTION 可确保提交修改后仍可通过视图看到数据。

2. 删除视图语法约定

DROP VIEW [schema_name.]view_name [,...n]

3. 案例

【例 9.2 - 1】创建一个视图，视图包含所有学生的学号、姓名、性别和所属班级信息，并将该视图与学生表进行架构绑定。

CREATE VIEW [SIMS_SCHEMA].[V_学生名单]

WITH ENCRYPTION

AS

  SELECT [学号],[姓名],[性别],[所属班级]

  FROM [SIMS_SCHEMA].[学生表]

GO

DROP TABLE[SIMS_SCHEMA].[学生表]   /* 由于绑定架构,因此无法删除表 */

【例 9.2 - 2】创建一个视图，视图包含英语系所有辅导员的信息（指导班级、辅导员姓名和手机号码），并将该视图的定义内容加密。

CREATE VIEW [SIMS_SCHEMA].[V_英语系辅导员表](指导班级,辅导员姓名,手机号码)

WITH ENCRYPTION

AS

  SELECT [班级名],[姓名],[联系方式]

  FROM [SIMS_SCHEMA].[辅导员表] AS a inner join [SIMS_SCHEMA].[指导表] AS b

    on a.[辅导员编号] = b.[指导辅导员] inner join [SIMS_SCHEMA].

[班级表] AS c

    on b.[指导班级] = c.[班级编号]

  WHERE c.[班级名] LIKE '英语系%';

GO

sp_helptext 'SIMS_SCHEMA.V_英语系辅导员表'   /* 由于加密,故无法查看视图定义内容 */

【例 9.2 - 3】删除视图 "V_英语系辅导员表"。

DROP VIEW [SIMS_SCHEMA].[V_英语系辅导员表];

4. 注意事项

（1）视图创建中的 SELECT 子句不能包括 COMPUTE 或 COMPUTE BY 子句。

（2）视图创建中的 SELECT 子句不能包括 ORDER BY 子句，除非在 SELECT 语句的选择列表中也有一个 TOP 子句。

（3）视图创建中的 SELECT 子句不能包括 INTO 关键字。

（4）ALTER VIEW 可应用于索引视图，但 ALTER VIEW 会无条件地删除视图的所有索引。

（5）如果某个视图依赖于已删除的表（或视图），则当有人试图使用该视图时，数据库引擎将产生错误消息。如果创建了新表（或视图），该表（或视图）的结构与以前的基表没有不同之处，以替换删除的表（或视图），则表（或视图）将再次可用。如果新表（或视图）的结构发生更改，则必须删除并重新创建该表（视图）。

9.3　查询视图

视图是一种虚拟表，查询视图和查询基本表的方法是相同的，即使用 SELECT 语句查询视图对应的数据。

1. 语法约定

```
SELECT select_list
FROM [schema_name.]view_name [,...n][;]
[WHERE searchCondition]
```

参数说明：

- select_list：选择的列名的列表。
- schema_name：视图所属模式的名称。
- view_name：要查询的视图的名称。
- WHERE 子句：数据查询的筛选条件。

2. 案例

【例 9.3-1】从视图"V_英语系辅导员表"中查询英语系 1 班的辅导员信息。

```
SELECT *
FROM [SIMS_SCHEMA].[V_英语系辅导员表]
WHERE [指导班级]='英语系 1 班';
```

【例 9.3-2】先从视图"V_英语系辅导员表"中查询英语系 1 班的辅导员信息，再创建基于视图的视图"V_英语系 1 班的辅导员表"。

```
CREATE VIEW [SIMS_SCHEMA].[V_英语系1班的辅导员表]
AS
    SELECT *
    FROM [SIMS_SCHEMA].[V_英语系辅导员表]
    WHERE [指导班级] = '英语系1班';
select * from [SIMS_SCHEMA].[V_英语系1班的辅导员表]/*查询基于视图的视图*/
```

9.4 WITH CHECK OPTION

在 CREATE VIEW 语句中,如果加了 WITH CHECK OPTION 子句,则强制针对视图执行的所有数据修改语句都必须符合在 select_statement 中设置的条件。通过视图修改行时,WITH CHECK OPTION 可确保提交修改后,仍可通过视图看到数据。

当视图中 INSERT 语句和 UPDATE 语句违反了定义查询的 WHERE 条件时,操作即被拒绝。对数据库强加这种约束有助于保持数据的完整性。

WITH CHECK OPTION 子句仅能应用于可修改视图。

【例 9.4 - 1】创建一个视图,视图包含班级为 "20050101" 的学生的学号、姓名、性别和所属班级。

```
CREATE VIEW [SIMS_SCHEMA].[V_学生20050101]
AS
    SELECT [学号],[姓名],[性别],[所属班级]
    FROM [SIMS_SCHEMA].[学生表]
    WHERE [所属班级] = '20050101'
    WITH CHECK OPTION;
```

【例 9.4 - 2】往视图 [SIMS_SCHEMA].[V_学生20050101] 中插入一条记录。

```
INSERT [SIMS_SCHEMA].[V_学生20050101] ([学号],[姓名],[性别])
VALUES('2005010120','欧阳青','男');
```

- 由于该视图在创建时使用了 WITH CHECK OPTION 子句,因此对该视图的插入操作都必须指定 "所属班级" 列值为 "20050101",否则插入操作将被拒绝,提示如下:

> 消息550,级别16,状态1,第1行
> 试图进行的插入或更新已失败,原因是目标视图或者目标视图所跨越的某一视图指定了
> WITH CHECK OPTION,而该操作的一个或多个结果行又不符合CHECK OPTION约束语句
> 已终止。

插入该视图的正确操作如下:

```
INSERT [SIMS_SCHEMA].[V_学生20050101] ([学号],[姓名],[性别],[所属班级])
VALUES('2005010120','欧阳青','男','20050101');
```

9.5　视图的作用

视图的内容被定义成基于一个（或多个）基本表的查询。对视图所进行的任何操作都自动转换成对导出它的表进行操作。

视图的作用主要有：

（1）视图能够对数据提供安全保护。视图可以与存取控制（见 11.2.2 节）相结合，对特定用户隐藏部分数据库信息，提供一个强大而灵活的安全机制。如果属性（或元组）不出现在其视图中，用户将无从得知其存在。

（2）视图可以使不同用户通过不同途径看到相同的数据。这是因为，视图允许用户根据自己的需求自定义访问数据的方法。

（3）视图可以简化用户的操作。视图可以简化用户对基本表的查询操作。例如，如果一个视图被定义成两个表的连接查询，用户就可以在该视图上执行更为简单的查询操作，而这个操作将被 DBMS 转换成在该连接上的等价操作。

（4）视图对重构数据库提供了逻辑数据独立性。例如，用户需要"计算机科学与技术 1 班"的学生的元组，包含属性"学生"的姓名和班级名。对此，可以将班级表和学生表连接，并限定班级表中的班级名称必须是"计算机科学与技术 1 班"，从而创建所需的视图。如果要限定某些辅导员只能看到他所管理的班级的学生记录，那么也可以根据需要创建视图。

9.6　视图的优缺点

限制某些用户仅能访问视图而不能直接访问基本表有许多好处，视图的优点主要有以下几点：

（1）数据独立性。视图可给出一致的、不变的数据库结构描述，即使底层源表发生变化（如添加（或删除）列、表被重构等）。如果表中添加（或删除）列，且这些列不是视图所需要的，那么视图定义就不需要改变。如果现有表被重构，可定义视图使用户仍能继续看到旧表。

（2）实时性。定义查询中任何基本表的改变都会立即反映到视图中。

（3）提高安全性。每个用户访问数据库的权限限定为一小组视图，这些视图包括用户可使用的数据，从而限制和控制了用户对数据库的访问。

（4）降低复杂性。视图可以简化查询，将多表查询转换为单表查询。

（5）方便。视图为用户提供了极大的方便，提供给用户的数据仅仅是用户想看到的那部分数据库内容。从用户的观点来说，也降低了复杂性。

（6）用户化。视图提供了定制数据库呈现形式的一种方法，目的是同一个底层基本表可以被不同的用户以不同的方式查看。

（7）数据完整性。如果使用了 CREATE VIEW 语句的 WITH CHECK OPTION 子句，则 SQL 就可确保不满足定义查询中 WHERE 子句的任何行都不会通过视图加入基本表，这样就确保了视图的完整性。

尽管视图有不少优点，但也有缺点。视图的缺点主要有：

（1）更新局限性。在一些情况下，视图不可更新。

（2）结构局限性。视图的结构是在建立时确定的。如果定义查询是"SELECT ＊ FROM …"形式的，那么星号（＊）代表视图创建时基本表的列；如果列是以后加入基本表的，那么就不会出现在视图中，除非删除视图重建。

（3）性能开销。使用视图会带来一定的性能开销。某些情况下，性能开销是严重的问题。例如，通过复杂多表查询定义的视图可能会用很长的时间处理查询过程。

9.7　视图的物化分类

根据视图是否可物化（materialized），可将视图分成非物化视图、物化视图。

1. 非物化视图

非物化视图就是上述内容提到的普通视图。前文已经提到在创建普通视图后，其定义保存在数据库中，没有分配内存，本身不存储数据，在查询调用时才会查询数据。由于普通视图是动态不保存数据的，因此每次查询时都需要运行查询功能以得出结果。当视图涉及数据量大、表结构复杂，需要远程连接时，就会严重影响查询性能。

2. 物化视图

物化视图（materialized view）会保存从视图定义查询返回的数据，并在基本表中的数据更改时自动更新。它提高了复杂查询（通常是使用联接和聚合的查询）的性能，同时提供了简单的维护操作。也就是说，在创建物化视图时，DBMS 会分配一块存储空间，将查询出来的结果存储到视图表中，使用时直接从视图表中查询数据，因此物化视图很好地解决了普通视图查询性能的问题。

在 SQL Server 中可以使用 CREATE MATERIALIZED VIEW 语句来创建物化视图，但是该命令只在 Azure SQL 数据仓库中使用，数据库引擎中无法使用。另外，SQL Server 中的索引视图也是物化视图。所谓的索引视图，就是创建了索引的普通视图，通过视图上的索引可以达到提高查询性能的目的，而为了创建索引，视图是需要物化的。

9.8　视图的可更新性

对某个基本表的所有更新，应该立即在涉及这个基本表的视图中体现。同样，如果一个视图被更新，那么它涉及的基本表也应该体现出这种变化，通过视图去更新基本表的数据称为视图的可更新性。

通过视图进行更新存在一些约束。系统允许通过视图进行更新的条件如下：

（1）定义查询中没有指定 DISTINCT，即重复元组未从查询结果中消除。

（2）定义查询的 SELECT 列表中的每个元素均为列名，而不是常量、表达式或聚集函数，且列名出现的次数不多于一次。

（3）FROM 子句只指定一个表，即视图只有一个源表且用户对该表有要求的权限。如果源表本身就是一个视图，那么该视图必须满足这些条件。

（4）WHERE 子句不能包括任何引用了 FROM 子句中的表的嵌套 SELECT 操作。

（5）定义查询中不能有 GROUP BY 或 HAVING 子句。

（6）添加到视图中的每一行都不能违反基本表的完整性约束。例如，通过视图插入一个新行，则视图中没有涉及的列可以设置为空，但这不能违反基本表的 NOT NULL 完整性约束。

● 本章小结

本章介绍了视图是虚关系的基本概念，SQL Server 中视图创建、修改与删除操作的语法约定、操作案例及注意事项，视图的查询操作。本章还介绍了视图的 WITH CHECK OPTION 可选项的作用，并通过实例进行说明，还总结了视图对象的作用。本章在扩充知识方面介绍了三部分内容：其一，视图物化的概念，其本质就是把视图变成物理表可以保存数据，由此来提高查询性能；其二，通过视图可以更新基本表中的数据，但是有一定的限制条件；其三，视图的优点和缺点。

通过本章的学习，读者可以对视图有一定程度的了解，从而加深对数据库三级模式结构以及外模式的理解。

● 思考题

1. 理解术语：视图、物化视图、视图可更新性。

2. 描述视图的作用。

3. 描述视图的优缺点。

4. 创建与修改视图中的 WITH ENCRYPTION、WITH SCHEMABINDING、WITH CHECK OPTION 等可选项的作用。

5. 自行设计并完成视图的创建、修改、删除以及查询等操作。

第 10 章

索　引

❮❮❮❮❮❮

学习目标

1. 解释索引的概念。
2. 列举索引的优点与缺点。
3. 列举不同分类方式下的索引类型。
4. 说出创建、修改与删除索引的语法约定及其参数含义，解释其用法。
5. 列举规划索引的原则，能举一反三应用合适的索引。
6. 总结 SQL Server 的索引组织结构。

数据素养指标

1. 了解使数据便于使用的基本理念、管理方式与数据组织结构等。
2. 能够结合实际情况采取合适的工具，提高数据使用性能与效率。

本章导读

1. 索引的简介：索引的概念；索引的优缺点。
2. 索引类型：按数据结构分类的索引；按存储方式分类的索引；按数据唯一性分类的索引；其他类型的索引。
3. 索引的操作：创建、修改以及删除索引的语法约定；操作案例；注意事项说明。
4. 规划索引的原则：数据库准则、查询准则、列准则。
5. SQL Server 索引下的数据组织结构：页与区；二叉搜索树、B 树与 B⁺ 树；基于堆、基于聚集索引与基于非聚集索引的数据检索。

10.1　索引的简介

10.1.1　索引的概念

数据库索引类似于图书的索引，便于用户（读者）快速定位到所需查找的内容。数据库索引，是数据库管理系统中一个排序的数据结构，以提供多种存取路径，加快查找速度。除了在数据库中保存数据结构之外，数据库系统还维护着满足特定查找算法的数据结构，这些数据结构以某种方式引用（指向）数据，这样就可以在这些数据结构上实现高级查找算法，这种数据结构就是索引（Index）。

图 10－1 展示了一种可能的索引方式。其左边是一个数据表，共有 2 列 7 条记录，最左边的是数据记录的物理地址（注意：逻辑上相邻的记录在磁盘上并不一定物理相邻）。为了加快 Col2 的查找，可以维护一个右边所示的二叉搜索树，每个节点分别包含索引键值和一个指向对应数据记录物理地址的指针，这样就可以运用二叉查找算法在 $O(\log_2 n)$ 的复杂度内获取相应数据。

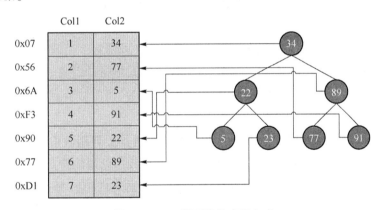

图 10－1　一种可能的索引方式

10.1.2　索引的优缺点

索引具有明显的优点，它可以显著提升数据检索的性能，提高用户使用数据库的体验。但是，用户不能对数据表的每一列都建立索引，因为索引既有优点，也存在缺点。

索引除了可以提升数据检索性能外，还具有提高系统性能的优点，具体表现如下：

（1）创建唯一性索引可以保证每一行数据的唯一性。

（2）可以大大加快数据的检索速度。

（3）加速表和表之间的连接，特别是在实现数据的参照完整性方面特别有意义。

（4）在对数据进行分组或排序时，可以减少查询中用于分组和排序的时间。

（5）通过索引，可以在查询的过程中使用优化隐藏器提高系统的性能。

然而，并不是每一个数据表都适合建立索引，索引也不是越多越好。这是因为，索引也有缺点，主要表现在以下几方面：

（1）创建索引和维护索引要耗费时间，这种耗费随着数据量的增加而增加。

（2）索引需要占用物理空间，除了数据表占用数据空间之外，每个索引还要占用一定的物理空间，如果要建立聚集索引，那么所需的空间就会更大。

（3）对表中数据进行增加、删除和修改时，还需要对索引进行动态维护，这样就会降低数据的维护速度。

10.2　索引类型

按不同的分类方式，数据库索引可分为多种类型。

1. 按数据结构分类

按数据结构分，索引可以分为顺序文件上的索引、B$^+$树索引、散列（hash）索引、位图索引等。

（1）顺序文件上的索引：针对按指定属性值升序（或降序）存储的关系，在该属性上建立一个顺序索引文件，该索引文件由属性值和相应的元组指针组成。

（2）B$^+$树索引：其将索引属性组织成 B$^+$树形式，B$^+$树的叶节点为属性值和相应的元组指针。B$^+$树索引具有动态平衡的优点。

（3）散列索引：其建立若干个桶，将索引属性按照其散列函数值映射到相应桶中，桶中存放索引属性值和相应的元组指针。散列索引具有查找速度快的特点。

（4）位图索引：其用位向量记录索引属性中可能出现的值，每个位向量对应一个可能值。

2. 按存储索引和数据的物理行的方式分类

按存储索引和数据的物理行的方式分，索引可分为聚集索引（又称聚类索引或簇集索引）、非聚集索引（又称非聚类索引或非簇集索引）。

（1）聚集索引：索引项的排序方式和表中数据记录排序方式一致的索引。也就是说，聚集索引的顺序就是数据的物理存储顺序，如图 10-2 所示。它会根据聚集索引键的顺序来存储表中的数据，即对表的数据按索引键的顺序进行排序，然后重新存储到磁盘上。由于数据在物理存储时只能有一种排列方式，所以一个表上只能有一个聚集索引。

（2）非聚集索引：该索引中索引的逻辑顺序与磁盘上行的物理存储顺序不同，如图 10-3 所示。一个表中可以有多个非聚集索引。

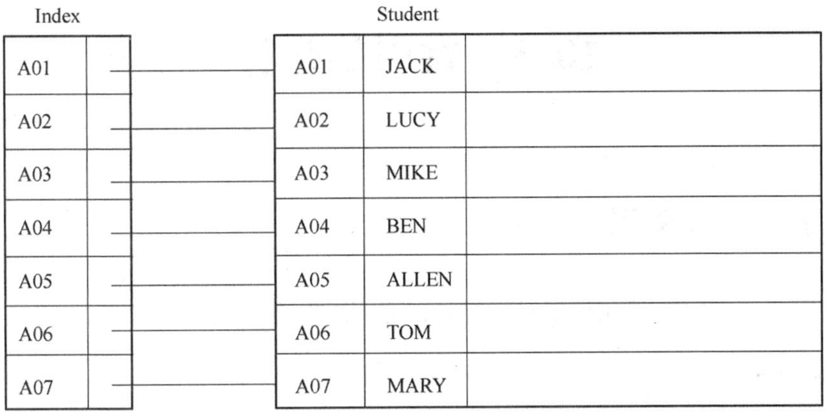

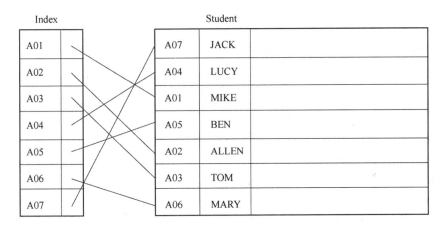

图 10 - 2　聚集索引示例

图 10 - 3　非聚集索引示例

3. 按数据的唯一性分类

按数据的唯一性分，可将索引分为唯一索引与普通索引（又称非唯一索引）。

（1）唯一索引：确保索引的数据值具有唯一性的索引，即创建了唯一索引的数据不能出现重复值。其实，主键约束与唯一约束都是通过唯一索引来实现唯一性的。

（2）普通索引：与唯一索引正好相反，普通索引不保证数据值具有唯一性，因此普通索引又可称为非唯一索引。

除了按以上三种分类方式划分的索引类型外，还有组合索引、全文索引等。组合索引是指将多列值组成一个索引，专门用于组合搜索，其效率大于索引合并；全文索引是指对文本的内容进行分词，便于进行文本搜索。总之，索引可以有很多的类型，不同 DBMS 支持的索引类型也不尽相同。

10.3　索引的操作

10.3.1　创建索引

使用 CREATE INDEX 语句可以对指定表创建不同类型的索引。

1. 语法约束

```
CREATE [UNIQUE] [CLUSTERED|NONCLUSTERED] INDEX index_name
    ON [schema_name.]table_name(column [ASC|DESC] [,...n]);
    [INCLUDE (COLUMN_NAME[,...n])]
    [WHERE <FILTER_PREDICATE >]
    [WITH ( <RELATIONAL_INDEX_OPTION >[,...n])]
    [ON {FILEGROUP_NAME|DEFAULT}][;]
<relational_index_option >::=
    {PAD_INDEX = {ON|OFF}
    |FILLFACTOR = fillfactor
    |IGNORE_DUP_KEY = {ON|OFF}
    |DROP_EXISTING = {ON|OFF}}
```

参数说明：

- index_name：要创建的索引的名称。

- [UNIQUE] [CLUSTERED|NONCLUSTERED]：用于指定索引类型，如果没有指定 CLUSTERED 或 NONCLUSTERED，则采用默认值 NONCLUSTERED，即创建非聚集索引。其中各取值的含义如下：

UNIQUE：为表创建唯一索引。唯一索引不允许两行具有相同的索引键值。

CLUSTERED：为表创建聚集索引。

NONCLUSTERED：为表创建非聚集索引。无论是使用 PRIMARY KEY 和 UNIQUE 约束隐式创建索引，还是使用 CREATE INDEX 显式创建索引，每个表都最多可包含 999 个非聚集索引。

- column：索引的键列，即索引所基于的列，可以是一列或多列。若指定了两个（或多个）列名，就可为指定列的组合值创建组合索引。在 table_name 后的括号中，按排序优先级列出组合索引中要包括的列。

- [ASC|DESC]：确定特定索引列的升序（ASC）或降序（DESC）排序方向。如果没有指定 ASC 或 DESC，则采用默认值 ASC。

- INCLUDE：用于设置添加到非聚集索引的叶级别的非键列。非聚集索引可以唯一，也可以不唯一。

说明：当查询中的所有列都作为键列（或非键列）包含在索引中时，带有包含性非键列的索引可以显著提高查询性能，实现性能提升。这里因为，查询优化器可以在索引中找到所有列值，不访问表或聚集索引数据，从而可以减少磁盘 I/O 操作。

- WHERE：用于指定哪些行创建筛选索引。筛选索引必须是对表的非聚集索引。系统会为筛选索引中的数据行创建筛选统计信息。
- PAD_INDEX：设置创建索引期间中间级别页中可用空间的百分比，当它为 ON 时，使用 FILLFACTOR 值作为中间级别页可用空间的百分比。默认为 OFF。
- FILLFACTOR：设置创建索引期间每个索引页的叶级可用空间的百分比，其值为 1～100 之间的整数。
- IGNORE_DUP_KEY：用于设置在插入操作尝试向唯一索引插入重复键值时是否报错。
- DROP_EXISTING：用于删除已有索引，默认为 OFF。

2. 案例

索引产生效果需要一定的数据量，读者可下载[①]相应版本的 AdventureWorks 案例数据库，下载还原文件并完成数据库载入操作。

【例 10.3－1】创建简单非聚集索引：为 Purchasing. ProductVendor（产品销售公司）表的 BusinessEntityID 列创建非聚集索引。

```
USE [AdventureWorks2019]
GO
CREATE INDEX IX_ProductVendor_VendorID
    ON Purchasing.ProductVendor(BusinessEntityID);
```

【例 10.3－2】创建简单非聚集组合索引：为 Sales. SalesPerson（销售代表）表的 SalesQuota（年销售额）和 SalesYTD（目前销售总额）列创建非聚集组合索引，其中 SalesQuota 列按升序排序，SalesYTD 列按降序排列。

```
CREATE NONCLUSTERED INDEX IX_SalesPerson_SalesQuota_SalesYTD
    ON Sales.SalesPerson (SalesQuota asc,SalesYTD desc);
```

【例 10.3－3】创建唯一非聚集索引：为 Production. UnitMeasure 表的 Name 列创建唯一的非聚集索引。该索引将强制插入 Name 列中的数据具有唯一性。

```
CREATE UNIQUE INDEX IX_UnitMeasure_Name
    ON Production.UnitMeasure(Name);
```

【例 10.3－4】在视图上创建索引：为 Production. Product（产品）表创建视图，先在该视图的 ProductID 列上创建唯一聚集索引，再在 ListPrice 列上创建非聚集索引。

```
CREATE VIEW [PRODUCTION].[vProductLineR]
WITH SCHEMABINDING
AS
    SELECT [ProductID],[ProductNumber],[Name],[ProductLine][ListPrice]
    FROM [PRODUCTION].[PRODUCT]
```

---

① https：//docs. microsoft. com/zh-cn/sql/samples/adventureworks-install-configure？view = sql-server-ver15&tabs = ssms

```
    WHERE PRODUCTLINE = 'R'
GO
CREATE UNIQUE CLUSTERED INDEX IX_ProductLineR_ProductID
    ON [PRODUCTION].[vProductLineR]([ProductID] ASC)
GO
CREATE NONCLUSTERED INDEX IX_ProductLineR_ListPrice
    ON [PRODUCTION].[vProductLineR]([ListPrice] ASC)
```

3. 注意事项

（1）不允许为已包含重复值的列创建唯一索引。必须先删除重复值，然后才能为一列（或多列）创建唯一索引。唯一索引中使用的列应设置为 NOT NULL，因为在创建唯一索引时，会将多个 NULL 视为重复值。

（2）只有为索引指定两个（或多个）列名，才能为指定列的组合值创建组合索引。在 table_name 后的括号中，按排序优先级列出组合索引中要包括的列。一个组合索引键中最多可组合 16 列。组合索引键中的所有列必须在同一个表中。组合索引值允许的最大大小为 900 字节。

（3）不能将大型对象（LOB）数据类型 ntext、text、nvarchar(max)、varchar(max)、varbinary(max)、xml 或 image 的列指定为索引的键列。

（4）创建索引视图时要注意：创建视图时要使用可选项 WITH SCHEMABINDING；创建索引时，要先创建一个唯一的非聚集索引，然后才能创建非聚集索引。

10.3.2　修改索引

ALTER INDEX 语句可以通过禁用、重新生成或重新启用等操作来修改现有的索引。

1. 语法约定

```
ALTER INDEX {index_name|ALL}
ON [schema_name.]table_name REBUILD|DISABLE;
```
参数说明：
- **ALL**：指定与表相关联的所有索引，而不考虑其索引类型。
- **REBUILD**：指定将使用相同的列、索引类型、唯一性属性和排序顺序重新生成索引，启用已禁用的索引，重新生成聚集索引，并不重新生成关联的非聚集索引。
- **DISABLE**：将索引标记为已禁用，从而不能使用。任何索引均可被禁用。已禁用的索引的索引定义保留在没有基础索引数据的系统目录中。禁用聚集索引将阻止用户访问基础表数据。若要启用索引，则可以使用 ALTER INDEX…REBUILD 语句来实现。

2. 案例

【例 10.3-5】重新生成索引：在 Employee 表中重新生成单个索引。
```
ALTER INDEX PK_Employee_BusinessEntityID
```

```
ON HumanResources.Employee
REBUILD;
```

【例 10.3 – 6】禁用索引：禁用对 Employee 表的非聚集索引。

```
ALTER INDEX IX_Employee_OrganizationNode
ON HumanResources.Employee
DISABLE;
```

【例 10.3 – 7】启用索引：重新生成 Employee 表的非聚集索引。

```
ALTER INDEX IX_Employee_OrganizationNode
ON HumanResources.Employee
REBUILD;
```

【例 10.3 – 8】通过禁用索引来自动禁用约束：通过禁用 PRIMARY KEY 索引来禁用 PRIMARY KEY 约束，同时自动禁用对基础表的 FOREIGN KEY 约束。

```
ALTER INDEX PK_Department_DepartmentID
ON HumanResources.Department
DISABLE;
```

结果集返回以下警告消息：

警告:由于禁用了索引'PK_Department_DepartmentID',导致引用表'Department'的表'EmployeeDepartmentHistory'上的外键'FK_EmployeeDepartmentHistory_Department_DepartmentID'也被禁用。

【例 10.3 – 9】通过启用索引来自动启用约束：对于在例 10.3 – 8 中禁用的 PRIMARY KEY 和 FOREIGN KEY 约束，通过重新生成 PRIMARY KEY 索引来启用 PRIMARY KEY 约束。此时，也系统将自动启用 FOREIGN KEY 约束。

```
ALTER INDEX PK_Department_DepartmentID
ON HumanResources.Department
REBUILD;
```

3. 注意事项

（1）在 ALTER INDEX 语句中使用 REBUILD，不仅可以重新生成索引，还可以重新启用已禁用的索引。

（2）在 ALTER INDEX 语句中使用 DEISABLE，可通过禁用 PRIMARY KEY 索引可以禁用 PRIMARY KEY 主键约束，同时系统会自动禁用对表的 FOREIGN KEY 外键约束。同理，在 ALTER INDEX 语句中使用 REBUILD 启用 PRIMARY KEY 索引可以启用 PRIMARY KEY 主键约束，同时系统会自动启用对表的 FOREIGN KEY 外键约束。

10.3.3 删除索引

DROP INDEX 语句可以删除指定索引。

1. 语法约定

```
DROP INDEX index_name ON [schema_name.]table_name;
```

2. 实例

【例 10.3 – 10】删除单个索引：删除 ProductVendor 表上的 IX_ProductVendor_VendorID 索引。

```
DROP INDEX IX_ProductVendor_BusinessEntityID
ON Purchasing.ProductVendor;
```

【例 10.3 – 11】删除多个索引：删除单个事务中的两个索引。

```
DROP INDEX
IX_PurchaseOrderHeader_EmployeeID ON Purchasing.PurchaseOrderHeader,
IX_Address_StateProvinceID ON Person.Address;
```

3. 注意事项

（1）不能使用 DROP INDEX 语句删除具有 PRIMARY KEY 或 UNIQUE 约束的索引。若要删除这些索引，则必须先删除该约束。

（2）删除非聚集索引时，将从元数据中删除索引定义，并从数据库文件中删除索引数据页（B 树）。删除聚集索引时，将从元数据中删除索引定义，并且存储于聚集索引叶级别的数据行将存储到生成的未排序表（堆）中。删除后，将重新获得以前由索引占有的所有空间，此后可将该空间用于任何数据库对象。

（3）删除索引视图的聚集索引时，将自动删除同一视图的所有非聚集索引和自动创建的统计信息。手动创建的统计信息不会删除。

10.4 规划索引的原则

经验丰富的数据库管理员能够设计出好的索引集。然而，即使对于不特别复杂的数据库和工作负荷，这项任务也十分复杂、耗时和易出错。了解数据库、查询和列的特征，能有助于更好地规划索引。

在对表设计索引时，需要考虑数据库准则、查询准则、列准则。

1. 数据库准则

（1）一个表如果建有大量索引，就会影响 INSERT、UPDATE、DELETE 和 MERGE 语句的性能。这是因为，当表中的数据更改时，所有索引都必须进行适当调整。

（2）避免对经常更新的表进行过多索引，并且索引的列要尽可能少。

（3）使用多个索引可以提高更新少而数据量大的查询的性能。大量索引可以提高不修改数据的查询的性能，这是因为查询优化器有更多索引可供选择，从而可以确定最快的访问方法。

（4）对小表进行索引可能不会产生优化效果。这是因为，查询优化器在遍历用于搜索数据的索引时，耗费的时间可能比执行简单的表扫描还久。因此，小表的索引可能从来不使用，但仍必须在表中的数据更改时进行维护。

2. 查询准则

（1）为经常用于查询中的谓词和连接条件的所有列创建非聚集索引。避免添加不必要的列。添加太多索引列可能对磁盘空间和索引维护性能产生负面影响。

（2）涵盖索引可以提高查询性能，因为符合查询要求的全部数据都存在于索引本身。例如，对某个表（其中对 a 列、b 列和 c 列创建了组合索引）的 a 列和 b 列进行查询，仅从该索引本身就可以检索指定数据。

（3）当查询影响数据量较多时，需将其写入单个语句，而不要使用多个查询来更新相同的行。

（4）评估查询类型以及如何在查询中使用列。例如，在完全匹配查询类型中使用的列就适合用于非聚集索引或聚集索引。

3. 列准则

（1）对于聚集索引，保持较短的索引键长度。对唯一列或非空列创建索引可以使用聚集索引。

（2）不能将 ntext、text、image、varchar（max）、nvarchar（max）和 varbinary（max）数据类型的列指定为索引键列。

（3）检查列的唯一性。在同一个列组合的唯一索引而不是非唯一索引提供了有关使索引更有用的查询优化器的附加信息。

（4）在列中检查数据分布。通常情况下，为包含很少唯一值的列创建索引或在这样的列上执行连接将导致长时间运行的查询。例如，如果物理电话簿按姓氏字母顺序排序，而城市里所有人的姓都是 Smith 或 Jones，将无法快速找到某个人。

（5）如果索引包含多个列，则应考虑列的顺序。用于等于（=）、大于（>）、小于（<）或 BETWEEN 搜索条件的 WHERE 子句或者参与连接的列应该放在最前面，其他列应该基于其非重复级别进行排序，也就是说，从最不重复的列到最重复的列排序。例如，假设将索引定义为 LastName、FirstName，则该索引在搜索条件为"WHERE LastName = 'Smith'"或"WHERE LastName = Smith AND FirstName LIKE 'J%'"时将很有用。不过，查询优化器不会将此索引用于基于"FirstName（WHERE FirstName ='Jane'）"而搜索的查询。

（6）考虑对计算列进行索引。

10.5　SQL Server 索引下的数据组织结构

10.5.1　页与区

4.1 节已经介绍了页是存储数据的基本单位（8 KB），也是读写的最小 I/O 单位，即使只需访问一行，SQL Server 也要先把整个页加载到缓存，再从缓存中读取数据。页信息包含表数据、索引数据、分配位图、可用空间等。区是由 8 个物理上连续的页组成的单元。

10.5.2 二叉搜索树、B 树与 B^+ 树

1. 二叉搜索树的特点

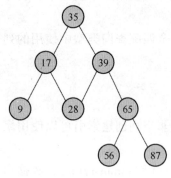

图 10 - 4 二叉搜索树结构示意

（1）所有非叶子节点至多拥有两个孩子（Left 和 Right）。

（2）所有节点存储一个关键字。

（3）非叶子节点的左指针指向小于其关键字的子树，右指针指向大于其关键字的子树；

二叉搜索树结构如图 10 - 4 所示。

二叉搜索树的搜索从根节点开始，如果查询的关键字与节点的关键字相等，那么就命中；否则，如果查询关键字比节点关键字小，就进入左孩子；如果比节点关键字大，就进入右孩子；如果左孩子或右孩子的指针为空，则报告找不到相应的关键字。二叉搜索树的搜索过程如图 10 - 5 所示。

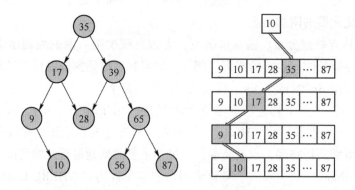

图 10 - 5 二叉搜索树搜索示意

如果二叉搜索树的所有非叶子节点的左右子树的节点数目均保持差不多（平衡），那么二叉搜索树的搜索性能逼近二分查找；但它比连续内存空间的二分查找的优点是，改变二叉搜索树结构（插入与删除节点）不需要移动大段的内存数据，甚至通常是常数开销。二叉搜索树在经过多次插入与删除后，有可能导致不同的结构，如图 10 - 6 所示。

图 10 - 6（b）也是一个二叉搜索树，但它的搜索性能已经是线性的了。同样的关键字集合有可能导致不同的树结构索引。因此使用二叉搜索树时还要考虑尽可能让二叉搜索树保持图 10 - 6（a）所示的结构，并避免图 10 - 6（b）所示的结构，也就是所谓的"平衡"问题。实际使用的二叉搜索树都是在二叉搜索树的基础上加上平衡算法，即"平衡二叉树"；如何保持二叉搜索树节点分布均匀的平衡算法是平衡二叉树的关键。平衡算法是一种在二叉搜索树中插入和删除节点的策略。

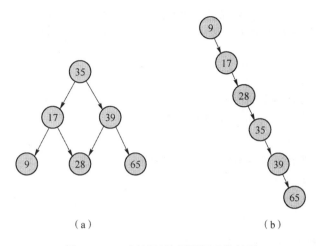

（a）   （b）

图 10-6　B 树经过数据更新后的结果

2. B 树

B 树是一种多路搜索树（并不是二叉的）：

（1）定义任意非叶子节点最多只有 M 个孩子，且 $M>2$。

（2）根节点的孩子数为 $[2,M]$。

（3）除根节点以外的非叶子节点的孩子数为 $[M/2,M]$。

（4）每个节点存放至少 $\lceil M/2-1 \rceil$ 和至多 $M-1$ 个关键字（至少 2 个关键字）。

（5）非叶子节点的关键字个数 = 指向孩子的指针个数 -1。

（6）非叶子节点的关键字：$K[1],K[2],\cdots,K[M-1]$；且 $K[i]<K[i+1]$。

（7）非叶子节点的指针：$P[1],P[2],\cdots,P[M]$；其中 $P[1]$ 指向关键字小于 $K[1]$ 的子树，$P[M]$ 指向关键字大于 $K[M-1]$ 的子树，其他 $P[i]$ 指向关键字属于 $(K[i-1],K[i])$ 的子树。

（8）所有叶子节点位于同一层。

B 树结构如图 10-7 所示，其 $M=3$。

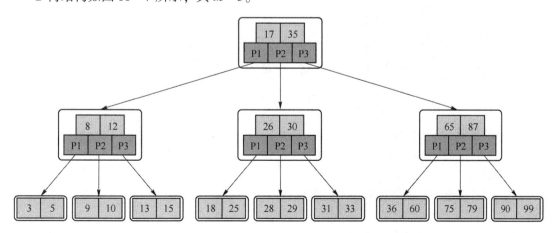

图 10-7　B 树结构示意

B 树的搜索从根节点开始,对节点内的关键字(有序)序列进行二分查找,如果命中则结束,否则进入查询关键字所属范围的孩子节点;重复,直到所对应的孩子指针为空,或已经是叶子节点。

B 树的特性:

(1)关键字集合分布在整棵树中。

(2)任何一个关键字出现且只出现在一个节点中。

(3)搜索有可能在非叶子节点结束。

(4)其搜索性能等价于在关键字全集内做一次二分查找。

(5)自动层次控制。

3. B⁺ 树

B⁺ 树是 B 树的变体,也是一种多路搜索树,其定义与 B 树基本相同,除了以下几方面:

(1)非叶子节点的子树指针与关键字个数相同。

(2)非叶子节点的子树指针 $P[i]$,指向关键字值属于 $[K[i], K[i+1])$ 的子树(B 树是开区间)。

(3)为所有叶子节点增加一个链指针。

(4)所有关键字都在叶子节点出现。

B⁺ 树结构如图 10−8 所示,其 $M = 3$。

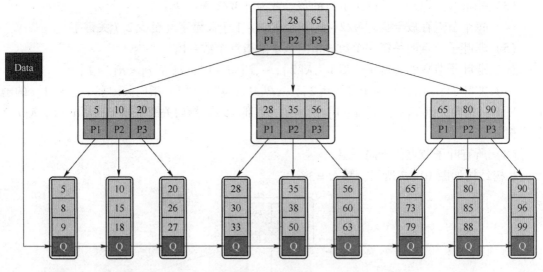

图 10−8　B⁺ 树结构示意

B⁺ 树的搜索与 B 树也基本相同,区别是 B⁺ 树只有达到叶子节点才命中(B 树可以在非叶子节点命中),其性能也等价于在关键字全集做一次二分查找。

B⁺ 树的特性:

(1)所有关键字都出现在叶子节点的链表中(稠密索引),且链表中的关键字恰好是有序的。

(2)不可能在非叶子节点命中。

(3)非叶子节点相当于叶子节点的索引(稀疏索引),叶子节点相当于存储关键字数据的数据层。

（4）更适合文件索引系统。

10.5.3　对数据表的数据检索

在 SQL Server 中，索引的存储结构是以 B⁺ 树的形式进行组织的。在 SQL Server 中，对数据表的数据检索主要有：基于堆的数据检索；基于聚集索引的数据检索；基于非聚集索引的数据检索。

1. 基于堆的数据检索

图 10 - 9　堆结构示意

堆（heap）是指在其上没有聚集索引的一个表。在这种情况下，基于行的区段、页以及行偏移量（偏移页顶部的位置）的组合创建唯一的标识符，或者称为行 ID（RID）。如果没有可用的聚集键（没有聚集索引），那么 RID 是唯一必要的内容。堆并不是 B 树结构，其结构如图 10 - 9 所示。

堆在 sys. partitions 系统视图中会有一行数据，对于堆使用的每个分区，都有 index_id = 0。默认情况下，一个堆有一个分区。当堆有多个分区时，每个分区有一个堆结构，其中包含该特定分区的数据。例如，一个堆有 4 个分区，则有 4 个堆结构。根据堆中的数据类型，每个堆结构将有一个（或多个）分配单元来存储和管理特定分区的数据。每个堆中的每个分区至少有一个 IN_ROW_DATA 分配单元。如果堆包含大型对象（LOB）列，则该堆的每个分区还将有一个 LOB_DATA 分配单元。如果堆包含超过 8 060 字节行大小限制的可变长度列，则该堆的每个分区还将有一个 ROW_OVERFLOW_DATA 分配单元。

sys. system_internals_allocation_units 系统视图中的列 first_iam_page 指向管理特定分区中堆的分配空间的一系列 IAM 页的第一页。SQL Server 使用 IAM 页在堆中移动。堆内的数据页和行没有任何特定的顺序，也不连接在一起。数据页之间唯一的逻辑连接是记录在 IAM 页内的信息。

使用堆进行数据检索时，可以通过扫描索引分配映射（Index Allocation Map，IAM）页对堆进行表扫描或串行读操作，以找到容纳该堆的页的扩展盘区。基于堆的数据检索过程如图 10 - 10 所示。

2. 基于聚集索引的数据检索

当数据表上创建了聚集索引后，数据检索便可采用聚集索引方式进行。聚集索引的特殊性在于，聚集索引的叶级是实际的数据。也就是说，数据重新排序，按照与聚集索引排序条件声明的相同物理顺序进行存储。这意味着，一旦到达索引的叶级，就到了数据。其检索过程如图 10 - 11 所示。聚集索引把索引和数据都存储在同一棵 B⁺ 树中，因此从聚集索引中查找到数据通常比在非聚集索引进行查找要快。

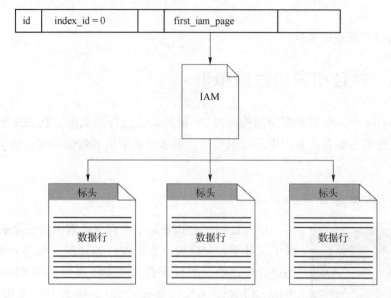

图 10 – 10　基于堆的数据检索过程示意

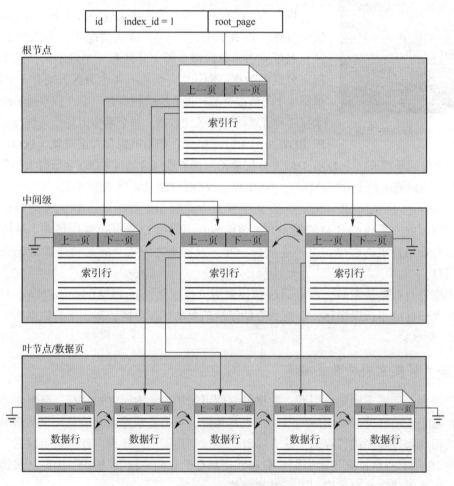

图 10 – 11　基于聚集索引的数据检索过程示意

3. 基于非聚集索引的数据检索

在非聚集索引中，叶节点的信息也按聚集索引的键值顺序存储。但是，叶节点的信息所存储的并不是实际数据，而是相应数据对象的存放地址指针，实际数据存储在其他位置，按另一种顺序存储。也就是说，索引和数据是分开存储的。所以非聚集索引的叶节点仍然是索引节点，只不过是用索引指向了实际数据，如图 10 – 12 所示。

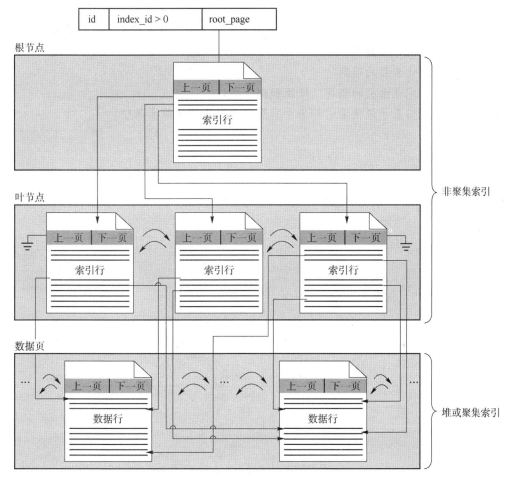

图 10 – 12　基于非聚集索引的数据检索过程示意

● 本章小结

本章首先介绍了索引的概念和作用，比较列举说明索引的优点和缺点。接着，本章介绍了数据库索引按不同的分类方式可以有多种类型：按数据结构可分为顺序文件上的索引、B^+ 树索引、散列索引、位图索引等；按存储索引和数据的物理行的方式可分为聚集索引和非聚集索引；按数据的唯一性可分为唯一索引与普通索引。随后，本章介绍了索引设计的原则，包括数据库准则、查询准则和列准则的注意事项。

此外，本章还详细介绍了与索引相关的语句，包括创建索引、修改索引和删除索引，并详细举例说明语句的应用。

最后，本章特别扩展了 SQL Server 索引下的数据组织结构内容，主要从页与区、二叉搜索树、B 树与 B⁺树、基于堆的数据检索、基于聚集索引的数据检索与基于非聚集索引的数据检索进行说明。

● 思考题

1. 理解术语：索引、B⁺树索引、散列索引、位图索引、聚集索引、非聚集索引。
2. 尝试说明索引的优缺点。
3. 尝试说明设计索引的原则。
4. 自行设计并完成索引的创建、修改和删除操作。
5. 分别尝试说明基于聚集索引和基于非聚集索引的数据检索原理。

第11章

数据库安全性

学习目标

1. 说出数据库可能存在的安全问题。
2. 说出数据库系统安全框架的四个层次。
3. 列举用户标识的技术种类。
4. 解释存取控制的基本概念；解释三种存取控制机制（自主存取控制、强制存取控制与基于角色的存取控制）。
5. 解释视图与模式的安全性问题；解释审计的概念，列举审计工作的内容。
6. 列举数据加密的方法与种类。
7. 说出推理控制、隐蔽信道与数据隐私的概念。
8. 能够利用 SQL Server 完成身份验证模式设置、登录账号管理、数据库用户与角色管理、权限控制、模式安全管理、审计与安全设置等操作。
9. 说出通知服务安全、SQL Service Broker 安全、分析服务的安全性、SQL Server 集成服务安全特性、报表服务安全等 SQL Server 高级安全性的基本概念。

数据素养指标

1. 了解各类安全性机制，树立数据安全意识。
2. 能够灵活应用安全性管理工具完成安全操作工作。
3. 能够根据实际情况制定安全管理机制。

本章导读

1. 数据库的安全问题：数据库安全性概念；威胁的概念；数据威胁示例。
2. 数据库的安全控制：数据库系统的分层安全框架；数据库安全模型；用户标识与鉴

别的概念与技术；存取控制的概念；自主存取控制的概念与机制；强制存取控制的概念与机制；基于角色的存取控制的概念与机制。

3. 视图安全性：视图安全性机制与示例。

4. 模式安全性：模式安全性机制。

5. 审计：数据库审计的概念；审计事件类型；审计的功能；审计记录；审计策略。

6. 数据加密：数据加密、明文、密文、密钥、加密、解密等基本概念；数据存储加密技术；数据存储加密技术的分类；数据传输加密技术。

7. 其他安全性机制：推理控制概念；隐蔽信道概念；数据隐私概念。

8. SQL Server 的安全性：身份验证模式的概念与设置；登录账号的语法约定、Windows 登录与 SQL Server 登录账号管理示例；数据库用户的语法约定、示例；数据库角色的语法约定、示例；权限控制的授予、收加与拒绝操作的语法约定、示例；模式安全管理的语法约定、示例；审计对象构成、创建审核的步骤、审计对象的语法约定与示例；对称加密与非对称加密的概念、SQL Server 的加密层次结构、数据加密操作示例。

9. SQL Server 的高级安全性：高级安全性的种类与基本概念。

11.1　数据库的安全问题

数据是一种极具价值的资源，对一个组织机构来说，部分或者全部数据可能具有战略重要性，因此应当对数据进行严格的控制和管理，以确保其安全性和机密性。

数据库的安全性是指保护数据库，以防止不合法使用所造成的数据泄露、更改或破坏。这种非法访问，无论是有意的还是无意的，都是必须避免的。除了 DBMS 提供的安全机制以外，数据库的安全还包括保护数据库和数据库环境的安全，其涉及硬件、软件、人和数据等方面的内容。

威胁是指可能对系统造成负面影响，进而影响企业运作的情况或事件。表 11 – 1 列举了不同类型的威胁，以及它们可能造成的破坏。

表 11 – 1　数据威胁示例

威胁	盗用和假冒	破坏机密性	破坏隐私	破坏完整性	破坏可用性
使用他人身份访问	√	√	√		
未授权的数据修改和复制	√			√	
程序变更	√			√	√
策略或过程的不完备导致机密数据和普通数据混淆在一起输出	√	√	√		
窃听	√	√	√		
黑客的非法入侵	√	√	√		
敲诈、勒索	√	√	√		
制造系统"陷阱门"	√	√	√		
盗窃数据、程序和设备	√	√	√		√

续表

威胁	盗用和假冒	破坏机密性	破坏隐私	破坏完整性	破坏可用性
安全机制失效导致超出常规的访问		√	√	√	
员工短缺或罢工				√	√
员工训练不足		√	√	√	√
查看和泄漏未授权数据	√	√	√		
电子干扰和辐射				√	√
病毒入侵				√	√

由此可见，数据库的安全性的内容范围广泛。本章将以数据库安全技术方面的内容为主进行安全性说明，特别是介绍 DBMS 的安全性技术。

11.2　数据库的安全控制

在现代计算机体系中，安全措施是逐级设置的。因此从广义上讲，数据库系统的安全框架可以划分为四个层次，如图 11 – 1 所示。

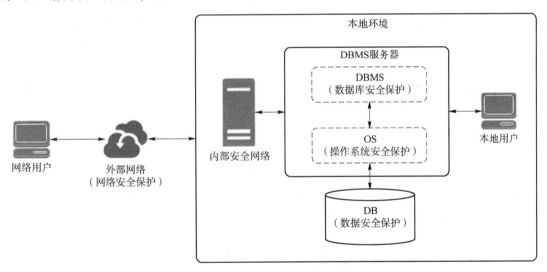

图 11 – 1　数据库安全层次体系

1. 网络安全保护

从广义上讲，数据库的安全首先依赖于网络系统。随着 Internet 的发展和普及，越来越多的公司将其核心业务向互联网转移，基于网络的数据库应用系统如雨后春笋般涌现，面向网络用户提供信息服务。可以说，网络系统是数据库应用的外部环境和基础，数据库系统要发挥其强大作用就离不开网络系统的支持，数据库系统的用户（如异地用户、分布式用户）

也要通过网络才能访问数据库的数据。网络系统的安全是数据库安全的第一道屏障，外部入侵就是从入侵网络系统开始的。网络系统层次的安全防范技术有很多，大致可以分为防火墙、入侵检测、协作式入侵检测技术等。

2. 操作系统安全保护

操作系统是大型数据库系统的运行平台，为数据库系统提供一定程度的安全保护。目前操作系统平台大多数集中在 Windows 和 Linux 等，安全级别通常为 C1、C2 级，主要安全技术在操作系统安全策略、安全管理策略、数据安全等方面。

说明：关于 C1、C2 安全级别的内容，读者可查阅《可信计算机系统评估准则关于可信数据库系统的解释》（Trusted Computer System Evaluation Criteria/Trusted Database Interpretation，TCSEC/TDI）中的有关条款。

（1）C1 级：该级只提供初级的自主安全保护，能够实现对用户和数据的分离，进行自主存取控制（DAC），保护或限制用户权限的传播。现有的商业系统往往稍作改进即可满足要求。

（2）C2 级：该级实际上是安全产品的最低档，提供受控的存取保护，即将 C1 级的 DAC 进一步细化，以个人身份注册负责，并实施审计和资源隔离。达到 C2 级的产品在其名称中往往不突出"安全"这一特色，如操作系统中的 Windows 2000、数据库产品中的 Oracle 7 等。

3. 数据库安全保护

数据库系统的安全性很大程度上依赖于数据库管理系统。如果数据库管理系统安全机制非常强大，则数据库系统的安全性能就较好。其安全技术主要包括用户身份鉴别、多层存取控制、审计、视图等。

4. 数据安全保护

在数据库存储层，数据库管理系统不仅存放用户数据，还存储与安全有关的标记和信息（称为安全数据），提供存储加密、数据备份与恢复、独立磁盘冗余阵列等功能。

接下来，将重点介绍本地环境下的数据库管理，主要包括用户标识与鉴别、多层存取控制、审计、视图、数据加密等安全内容。图 11–2 所示的安全模型描述了本地用户进入计算机系统后进行安全数据访问所涉及的相关安全技术。

11. 2. 1　用户标识与鉴别

用户标识：指用户向系统出示自己的身份证明，最简单的方法是输入用户 ID 和密码。标识机制用于唯一标志进入系统的每个用户的身份，因此必须保证标识的唯一性。鉴别：指系统检查、验证用户的身份证明，用于检验用户身份的合法性。标识和鉴别功能用于保证只有合法的用户才能存取系统中的资源。

由于数据库用户的安全等级是不同的，因此分配给他们的权限也是不一样的，数据库系统必须建立严格的用户认证机制。身份的标识和鉴别是 DBMS 对访问者授权的前提，并且通过审计机制使 DBMS 保留追究用户行为责任的能力。功能完善的用户标识与鉴别机制也是访

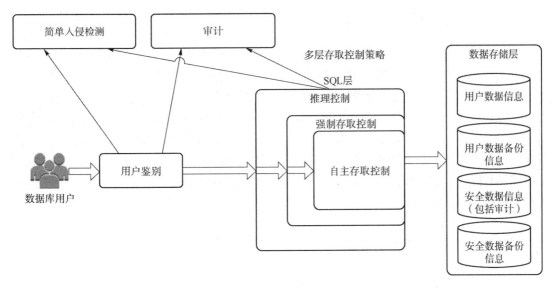

图 11 - 2　本地环境下的数据库安全模型

问控制机制有效实施的基础，特别是在一个开放的多用户系统的网络环境中，识别与鉴别用户是构筑 DBMS 安全防线的第一个重要环节。

近年来，用户标识与鉴别技术发展迅速，一些实体认证的新技术在数据库系统集成中得到应用，目前的常用方法有通行字认证、数字证书认证、智能卡认证和个人特征识别等。

1. 通行字认证

通行字也称为"口令"或"密码"，它是一种根据已知事物验证身份的方法，也是一种得到最广泛研究和使用的身份验证法。在数据库系统中，往往对通行字采取一些控制措施，常见的有最小长度限制、次数限定、选择字符、有效期、双通行字和封锁用户系统等。一般还需考虑通行字的分配和管理，以及在计算机中的安全存储。通行字多以加密形式存储，攻击者要得到通行字就必须知道加密算法和密钥。

2. 数字证书认证

数字证书是认证中心颁发并进行数字签名的数字凭证，实现实体身份的鉴别与认证、信息完整性验证、机密性和不可否认性等安全服务。数字证书可用来证明实体所宣称的身份与其持有的公钥的匹配关系，使得实体的身份与证书中的公钥相互绑定。

3. 智能卡认证

智能卡（有源卡、IC 卡或 Smart 卡）作为个人所有物，可以用来验证个人身份，典型智能卡主要由微处理器、存储器、输入/输出接口、安全逻辑及运算处理器等组成。在智能卡中引入认证的概念，智能卡和应用终端之间通过相应的认证过程来相互确认合法性。在智能卡和接口设备之间，只有相互认证之后才能进行数据的读写操作，目的在于防止伪造应用终端及相应的智能卡。

4. 个人特征识别

个人特征识别是指根据被授权用户的个人特征来进行确证，是一种可信度更高的验证方法。个人特征识别应用了生物统计学的研究成果，即利用个人具有唯一性的生理特征来实现。个人特征都具有因人而异和随身携带的特点，不会丢失并且难以伪造，非常适合于个人身份认证。目前已得到应用的个人生理特征有指纹、语音声纹、DNA、视网膜、虹膜、脸型和手型等。此外，也有学者正研究基于用户个人行为方式的身份识别技术，如用户写签名和敲击键盘的方式等。个人特征一般需要应用多媒体数据存储技术来建立档案，相应地需要基于多媒体数据的压缩、存储和检索等技术作为支撑。目前已有不少基于个人特征识别的身份认证系统成功地投入应用。

11.2.2 存取控制

数据库安全最重要的一点就是确保只授权给有资格的用户访问数据库的权限，同时令所有未被授权的人员无法接近数据，这主要通过数据库系统的存取控制机制实现。

在存取控制机制中，一般把被访问的资源称为"客体"，把以用户名义进行资源访问的进程、事务等实体称为"主体"。存取控制机制主要包括定义用户权限和合法权限检查两部分。定义用户权限和合法权限检查机制组成了数据库管理系统的存取控制子系统。

（1）定义用户权限，并将用户权限登记到数据字典中。

用户（主体）对某一数据对象（客体）的操作权力称为权限。某个用户应该具有何种权限是个管理问题和策略问题，而不是技术问题。数据库管理系统的功能是保证这些决定的执行。为此，数据库管理系统必须提供适当的语言来定义用户权限，这些定义经过编译后存储在数据字典中，被称为安全规则或授权规则。

（2）合法权限检查。

每当用户发出存取数据库的操作请求后（请求一般应包括操作类型、操作对象和操作用户等信息），数据库管理系统查找数据字典，根据安全规则进行合法权限检查，若用户的操作请求超出了定义的权限，系统将拒绝执行此操作。

存取控制机制主要有三种：自主存取控制（Discretionary Access Control，DAC）、强制存取控制（Mandatory Access Control，MAC）、基于角色的存取控制（Role-based Access Control，RBAC）。后续小节将对这三种存取控制机制进行介绍说明。

11.2.3 自主存取控制

1. 基本概念

自主访问控制（DAC）：指以主体为核心的权限控制，它允许用户自主地为其他用户授予自己所拥有的对资源的访问权限或者收回其授予其他用户的权限。也就是说，用户对于不同的数据库对象有不同的存取权限，而不同的用户对同一对象也有不同的权限，且用户可将其拥有的存取权限转授给其他用户。因此，DAC 可以为用户提供灵活和简单的数据访问控制方式，但其具有较低的安全性。

用户权限由两个要素组成：数据库对象和操作类型。定义一个用户的存取权限就是要定义这个用户可以在哪些数据库对象上进行哪些类型的操作。在数据库系统中，定义存取权限称为授权（authorization）。

在关系数据库系统中，存取控制的对象不仅有数据本身（基本表中的数据、属性列上的数据），还有数据库模式（包括数据库、基本表、视图和索引的创建等），表 11 – 2 列出了主要的存取权限。

表 11 – 2　关系数据库系统中的存取权限

对象类型	对象	操作类型
数据库模式	模式	CREATE SCHEMA
	基本表	CREATE TABLE，ALTER TABLE
	视图	CREATE VIEW
	索引	CREATE INDEX
数据	基本表和视图	SELECT，INSERT，UPDATE，DELETE，REFERENCES，ALL PRIVILEGES
	属性列	SELECT，INSERT，UPDATE，REFERENCES，ALL PRIVILEGES

现结合上述内容，举例说明 DAC 机制，如图 11 – 3 所示。

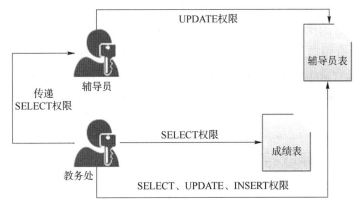

图 11 – 3　DAC 机制示例

（1）辅导员拥有对辅导员表的 UPDATE 权限，教务处拥有成绩表的 SELECT 权限、辅导员表的 INSERT、UPDATE、INSERT 权限。这就是 DAC 机制：用户对于不同的数据库对象有不同的存取权限，而不同用户对同一对象也有不同的权限。

（2）教务处可以把它拥有的成绩表 SELECT 权限授予辅导员。这就是 DAC 机制：用户还可将其拥有的存取权限转授给其他用户。

2. 实现机制

在实现 DAC 时，一般可以采用访问控制矩阵（Access Control Matrix，ACM）和访问控制列表（Access Control Lists，ACL）的方法。

（1）访问控制矩阵是用矩阵形式表示访问控制规则和授权用户的权限的方法。也就是说，对每一个主体而言，其所具有对哪些客体的哪些访问权限；而对每一个客体而言，可以对他实施访问又有哪些主体。访问控制矩阵描述的就是这种关联关系。为方便起见，用 read（或 r）代表读操作，用 write（或 w）代表写操作，用 own（或 o）代表管理操作。访问控制矩阵示例如表 11 – 3 所示。

表 11 – 3　访问控制矩阵示例

域	文件 1	文件 2	文件 3	文件 4
域 A	rw –	r – –	– – –	– – o
域 B	rwo	– – –	r – –	– – –
域 C	– – –	r – –	rw –	r – –
域 D	r – –	rwo	– – o	– – –
域 E	– – o	– – –	rw –	rwo

（2）访问控制表是将每个对象在列表中列出访问该对象的全部域及如何访问，如果域为空则不显示。其中，对象可以是文件、文件组、表或视图等，示例如下：

对象 1：（域 A,rwo）,（域 B,rw – ）,（域 D,r – o）,（域 E, – wo）;

对象 2：（域 A, – – o）,（域 C, – w – ）,（域 D,r – o）。

3. 优点与缺点

总体来说，DAC 的优势在于表述直观、容易理解，并且能够轻松查出对某一特定资源具有访问权限的所有用户，易于实施有效的授权管理，因而目前被广泛应用于商用系统。

DAC 的不足之处是用户个人同时具有授予或取消访问权限的权利，这使得管理员很难确定对某些资源拥有访问权限的究竟是哪些用户，很难实现对全局的统一的访问控制，安全方面考虑欠妥。

11.2.4　强制存取控制

1. 基本概念

自主存取控制（DAC）能够通过授权机制有效地控制对敏感数据的存取。然而，由于用户对数据的存取权限是"自主"的，因此用户可以自由地决定将数据的存取权限授予何人，以及决定是否也将"授权"的权限授予别人。在这种授权机制下，可能存在数据的"无意"泄露。例如，在图 11 – 3 所示的例子中，教务处将自己权限范围内对成绩表的SELECT 权限授予辅导员，教务处的意图是仅允许辅导员本人操纵这些数据。但教务处的这种安全性要求并不能得到保证，因为辅导员一旦获得了对数据的权限，就可以将数据备份，获得自身权限内的副本，并在不征得教务处同意的前提下传播副本。造成这一问题的根本原因就在于，这种机制仅通过对数据的存取权限来进行安全控制，而数据本身并无安全性标记。要解决这一问题，就需要对系统控制下的所有主客体实施强制存取控制策略。

强制存取控制（MAC）的主要思想：每个主体和客体都有已确定的敏感度标记（label），

主体能否对客体执行特定的操作由两者敏感度标记之间的关系决定。

主体是系统中的活动实体，既包括数据库管理系统所管理的实际用户，也包括代表用户的各进程。客体是系统中的被动实体，是受主体操纵的，包括文件、基本表、索引、视图等。敏感度标记被分成若干级别，如绝密（top secret，TS）、机密（secret，S）、可信（confidential，C）、公开（public，P）等。密级的次序是 TS≥S≥C≥P。主体的敏感度标记称为许可证级别（clearance level），客体的敏感度标记称为密级（classification level）。

当某一用户（或某一主体）以标记注册入系统时，系统要求其对任何客体的存取必须遵循以下规则：

（1）仅当主体的许可证级别大于或等于客体的密级时，该主体才能读取相应的客体。

（2）仅当主体的许可证级别小于或等于客体的密级时，该主体才能写相应的客体。

规则（1）的意义是明显的。而按照规则（2），用户可以为写入的数据对象赋予高于自己的许可证级别的密级。这样一旦数据被写入，该用户自己也不能再读该数据对象了。如果违反了规则（2），就有可能把数据的密级从高流向低，造成数据的泄漏。例如，某个 TS 密级的主体把一个密级为 TS 的数据恶意地降低为 P，然后把它写回。这样原来是 TS 密级的数据大家都可以读到，造成 TS 密级数据的泄露。

强制存取控制的规则可避免自主访问控制方法中存在的访问传递问题，其由系统决定用户是否可以访问该客体的依据是用户和访问客体的敏感度标记。主体不具有改变主体或客体被赋予的敏感度标记，只有系统管理员具有确定主体的访问权限的权力，这是 MAC 与 DAC 最大的区别之处。对安全级别要求较高的计算机一般采用这种策略。

2. 实现机制

在实现 MAC 时，一般可以采用访问控制安全标签列表（Access Control Security Labels Lists，ACSLL），其结构如表 11 - 4 所示。

表 11 - 4　访问控制安全标签列表示例

用户（主体）	许可证级别	文件（客体）	密级
UserA	低	File1	高
UserB	中	File2	低

由于较高安全性级别提供的安全保护要包含较低级别的所有保护，因此在实现强制存取控制前要要实现自主存取控制（DAC），即自主存取控制与强制存取控制共同构成数据库管理系统的安全机制，如图 11 - 4 所示。系统首先进行自主存取控制检查，对通过自主存取控制检查的允许存取的数据库对象再由系统自动进行强制存取控制检查，只有通过强制存取控制检查的数据库对象方可存取。

3. 优点与缺点

总体来说，在 MAC 中的信息只能向安全属性的方向流动。这是因为，MAC 对客体施加了更加严格的访问控制，既不允许低信任级别的用户读取高敏感度的信息，也不允许将高敏感度的信息写入敏感度较低的区域，从而保证了信息流动的单向性。MAC 的这种信息的单向流动可以有效地防止信息扩散，因而其可以防止木马程序偷窃受保护的信息；同时，

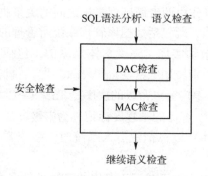

图 11 - 4　DAC + MAC 安全检查示意图

MAC 也能有效地预防由于用户的意外而造成机密信息泄露。

其不足之处主要在于，实现起来工作量较大、管理不便、不够灵活，且其过多地强调保密性，而在对系统连续工作能力、授权的可管理性方面考虑不够，造成系统维护和管理方面的复杂性。

11.2.5　基于角色的存取控制

1. 基本概念

DAC 与 MAC 两种访问控制模型都存在缺陷，其主要体现在主体和客体被直接绑定在一起，授权时系统管理员要考虑每对（主体,客体），需要为其指定访问许可。当主体和客体数量达到较高的级别后，必然存在授权工作非常困难的问题。20 世纪 90 年代以来，随着对多用户、多系统的访问控制的研究不断深入，逐渐形成了角色的概念，并逐步产生了基于角色的访问控制（Role-Based Access Control，RBAC）。

RBAC 的基本思想：用户（User）与角色（Role）相关联，通过为用户分配适合的角色，用户就可以获得角色所对应的访问权限。也就是说，对客体操作的各种权限不是直接授予具体的用户，而是在用户集合与权限集合之间建立一个角色集合。每种角色对应一组相应的权限。一旦用户被分配了角色后，该用户就拥有此角色的所有操作权限。

（1）RBAC 模型中，角色是实现访问控制策略的核心概念，系统管理员创建角色时，可以根据职能或组织机构的需求状况来创建，将对资源的访问权限分配给角色，然后将角色分配给用户，这样用户就可以通过角色间接地获得访问资源的权限。

（2）可以将多个角色分配给一个用户，用户的权限由角色所对应的权限的并集决定。

（3）角色之间存在继承和约束等逻辑关系，这些关系影响着用户和权限的实际对应情况。

在现实系统应用中，首先根据组织机构中不同工作的职能创建相应的角色，每个角色表示一个独立的访问权限个体。然后，根据用户的职能分配相应的已创建的角色，这样角色被授予的权限就是用户的访问权限的体现。在用户的组织机构或权限发生变化时，只要将该用户从一个角色移到另一个角色就可以灵活地实现权限的协调转换，从而使管理的复杂度大大降低，并且对用户来说这些操作都是完全透明的。

另外，在组织机构发生职能性变更时，为了使系统能够重新适应需求，系统管理员的工作只有对角色进行重新授予或撤销某些权限，管理员的工作量将大大降低。由此可以看出，基于角色访问控制策略的管理和访问方式具有较高的灵活性和易操作性。

关于 DAC、MAC 与 RBAC 三者之间的描述能力的研究成果表明，只要通过在 RBAC 框架下引入一个系统管理员角色，就可以用 RBAC 来模拟 DAC 和 MAC。也就是说，RBAC 的安全表达能力至少等价于 DAC 和 MAC。这三者间的比较如表 11 – 5 所示：

表 11 – 5 DAC、MAC、RBAC 的比较

对比项	DAC	MAC	RBAC
安全性	弱	强	强
实现难易度	易	易	难
授权管理	复杂	复杂	容易
应用领域	广泛用于商用系统	较窄，主要为军用	广泛

2. RBAC96 模型

基于角色的访问控制（RBAC）模型是由 R. Sandhu 等人在 1996 年提出的，该模型系统全面地描述了 RBAC 多个层次的意义，得到了广泛认可。RBAC96 是一个模型家族，其由 $RBAC_0$、$RBAC_1$、$RBAC_2$ 和 $RBAC_3$ 四个概念模型组成。图 11 – 5 描述了各个子模型之间的关系。

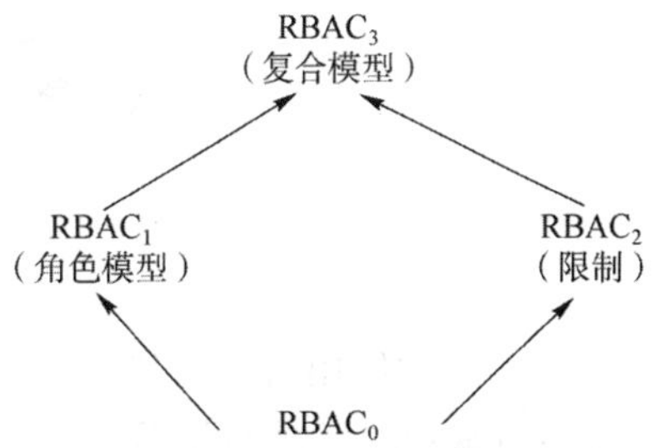

$RBAC_0$ 是基本模型，规定了对于任何 RBAC 系统所必须的最小需求，对用户、角色、权限、会话等基本概念作了定义，它基本吻合核心 RBAC 中的相应的概念。

图 11 – 5 RBAC96 模型间的关系

下面简要介绍 $RBAC_0$ 的基本要素。

（1）用户（User）：具有很广的概念，可以是人、计算机、应用系统。

（2）角色（Role）：指完成特定任务的能力或在组织中已被授予一定职责的工作头衔。

（3）会话（Session）：在基于 RBAC 模型的应用系统中，每个用户进入系统获得角色集合的时候，就会为其建立一个会话。每个会话都是由用户发起的，因此不是静态产生的，而是动态产生的，而且从属于发起其的用户。只要对这些角色与该用户的关系进行过静态定义，那么会话就会根据用户的职责将它所代表的用户映射到多个角色。

（4）权限（Permission）：在系统中对一个（或多个）客体进行特定访问的许可，这与实现的机制有着密切的关系。权限的本质取决于系统的具体实现细节。例如：在信息管理系统中，文件、信息等资源是受保护的，对于这些资源的相应操作为读、写、执行；在关系数据库管理系统中，受保护的为关系、元组、属性、视图等，可以进行选择、更新、删除、插入等操作。

（5）用户分配（User Assignment，UA）：是用户集 U 与角色集 R 之间的一种多对多的关系，即有 $UA \subseteq U \times R$。$(u, r) \in UA$ 表示将角色 r 分配给用户 u，语义上就表示 u 具有 r 具有的权限。

（6）权限分配（Permission Assignment，PA）：权限集 P 与角色集 R 之间的一种多对多

的关系，即有 PA $\in P \times R$，$(p,r) \in$ PA 表示角色 r 拥有权限 p，语义上就表示具有 r 的用户具有权限 p。

RBAC_0 模型阐述了用户、角色、权限以及会话之间的关系。至少为角色分配一个权限，每个用户至少被指派一个角色；同时允许对两个完全不同的角色分配完全相同的访问权限；会话是受用户控制的，一个用户可以创建会话并激活用户对应的角色，从而获得角色相应的访问权限，用户可以在会话中变更激活角色，并且用户可以自主结束会话。图 11 – 6 演示了 RBAC_0 各元素之间的关系。

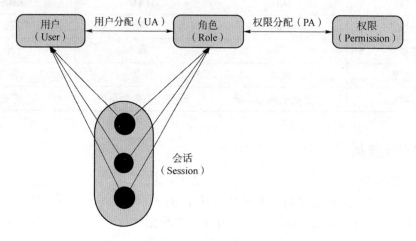

图 11 – 6 RBAC_0 各元素之间的关系

RBAC_1 是在 RBAC_0 的基础上添加了角色分层（Role Hierarchies，RH）的概念，使得角色间具有继承与层次的关系，这种角色与角色之间的层次关系可以根据组织内部权力和责任的结构来构造。图 11 – 7 演示了 RBAC_1 各元素之间的关系。

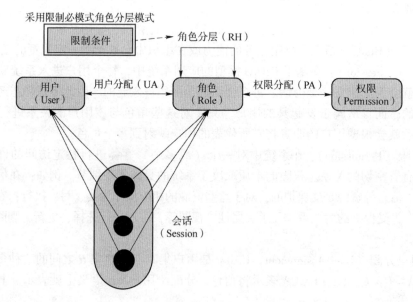

图 11 – 7 RBAC_1 各元素之间的关系

$RBAC_2$是在$RBAC_0$的基础上添加了约束（Constraints）的概念，这个约束概念包括角色互斥、角色基数、前提角色、前提权限等。之所以会引入约束的概念，是因为大多数企业经常需要考虑类似下列情况的问题：一个公司具有会计和出纳员这两个角色，但任何一个公司都绝不会允许把这两个角色的权限同时分配给某一个具体工作人员。这是因为，如果这样安排，极有可能发生欺诈行为，公司的钱财会受到损失。约束作用于$RBAC_0$模型的各个核心元素，该约束条件能够判断$RBAC_0$模型各个组成部分的值是否是可接受，只有能够被接受的才是被许可的。图11-8演示了$RBAC_2$各元素间关系。

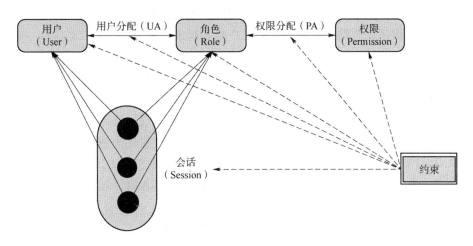

图11-8 $RBAC_2$各元素间关系

$RBAC_3$是在$RBAC_1$和$RBAC_2$两者的基础上构建的，由于$RBAC_1$和$RBAC_2$都是在$RBAC_0$基础上构建的，因此它实际上就是能够同时提供角色层次关系和约束关系。

3. 优点与缺点

RBAC的优点主要有以下几个方面：

（1）角色控制相对独立，根据配置可使某些角色接近DAC，某些角色接近MAC。因此，RBAC既可以构造出支持MAC的系统，也可以构造出支持DAC的系统，还可以构造出同时具备MAC和DAC的系统。

（2）RBAC是一种策略无关的访问控制技术，它不局限于特定的安全策略，几乎可以描述任何的安全策略，甚至DAC和MAC也可以用RBAC来描述。

（3）RBAC具有自管理的能力。利用RBAC思想产生出的ARBAC（Administrative RBAC）模型能够很好地实现对RBAC的管理。

由于RBAC比DAC和MAC复杂，因此系统实现的难度大，而且RBAC的策略无关性需要用户自定义适合本领域的安全策略。定义众多的角色和访问权限及它们之间的关系也非常复杂。

11.3 视图安全性

第 9 章已介绍视图是作用于基础关系的一个（或多个）关系运算的动态结果，即视图就是这些关系运算的结果关系。视图是一个虚（virtual）关系，在数据库中并不实际存在，它根据某个用户的请求并在请求那一刻才计算产生。

我们可以为不同的用户定义不同的视图，把数据对象限制在一定的范围内。也就是说，通过视图机制把要保密的数据对无权存取的用户隐藏起来，从而自动对数据提供一定程度的安全保护。

视图机制间接地实现支持存取谓词的用户权限定义。例如，在某大学中假定王平辅导员只能检索计算机系班级的信息，系主任张明具有检索和增加、删除、修改计算机系学生信息的所有权限。这就要求系统能支持"存取谓词"的用户权限定义。在不直接支持存取谓词的系统中，可以先建立计算机系学生的视图 CS_CLASS，然后在视图上进一步定义存取权限。

【例 11.3 - 1】建立计算机系班级的视图，把对该视图的 SELECT 权限授予王平，把该视图上的所有操作权限授予张明。注：本例中涉及授权（GRANT）操作的具体内容，将在 11.7 小节中进行详细说明。

```
CREATE VIEW CS_CLASS    /*建立视图 CS_CLASS */
AS
    SELECT *
    FROM [SIMS_SCHEMA].[班级表]
    WHERE [班级名] LIKE '计算机科学与技术%';


GRANT SELECT    /*将查询权限赋予王平,其只能检索计算机系的班级信息 */
ON CS_STUDENT
TO 王平;


GRANT ALL PRIVILEGES /*系主任具有检索和增删改计算机系班级信息的所有权限 */
ON CS_CLASS
TO 张明;
```

11.4 模式安全性

1.6 节已经提到了模式（schema）的概念，通过外模式、概念模式和内模式的三级模式结构和二级映射可以达到数据库分层管理与数据独立的目的。特别需要说明的是，概念模式简称模式（schema），其与所有者、其他主体以及权限控制结合，让模式也具有重要的安全功能。

注意：在 SQL Server 中，schema 也被称为架构。在查看 SQL Server 帮助或相关书籍时，读者需要注意这一点。

模式从本质上看是另一个数据库对象（客体），是其他对象的容器。这个容器可以放置表、视图、存储过程等对象。所有者、其他主体、模式与数据库对象之间的关系如图 11 - 9 所示。

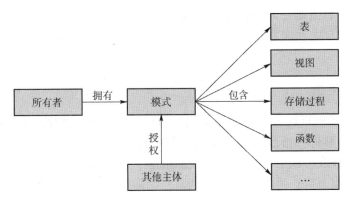

图 11 - 9　模式与其他三者之间的关系

模式的所有者是模式的拥有者，它拥有模式内包含的所有对象的各类权限。可以这样理解，模式是所有者创造出来的，作为创造主当然可以拥有模式的全部权限，而包含在该模式里的所有对象的全部权限当然也归创造主所有。

通过授权，还可以将模式这一客体的部分权限授予其他主体，而该模式内所有对象的相应权限也就同时授予其他主体。例如，可以把 MySchema 的 SELECT 权限授予一个主体，在那个模式里所有表的 SELECT 权限也就同时都授予了这个主体。这种情况就类似于"超级管理员→管理员→普通用户"的主体分级体系，在授权时超级管理员可以把一些具有普通性的权限一次性分配给管理员，从而简化了权限管理的工作。如果超级管理员离职了，那只需要修改超级管理员的信息，不会造成重新调整已有的权限体系。

其实，模式安全性也是基于角色控制的存取控制机制的部分体现，其在 SQL Server 上的具体操作可参考 11.8.6 小节的内容。

11.5　审　　计

数据库审计（Database Audit）是指监视和记录用户对数据库所施加的各种操作的机制。按照 TCSEC/TDI 标准中关于安全策略的要求，审计功能是数据库系统达到 C2 以上安全级别必不可少的一项指标。

因为任何系统的安全保护措施都不是完美无缺的，蓄意盗窃、破坏数据的人总是想方设法打破控制。审计功能会自动记录用户对数据库的所有操作，并且存入审计日志（audit log）。审计员可以事后利用这些信息重现导致数据库现有状况的一系列事件，将其作为分析攻击者线索的依据，找出非法存取数据的人、时间和内容等；审计员还可以通过对审计日志的分析，对潜在的威胁提前采取措施加以防范。

审计通常很费时间和空间，所以数据库管理系统往往都将审计设置为可选特征，允许数据库管理员根据具体应用对安全性的要求灵活地打开或关闭审计功能。审计功能主要用于安全性要求较高的部门。

可审计的事件有服务器事件、系统权限、语句事件及模式对象事件，还包括用户鉴别、自主访问控制和强制访问控制事件。换言之，它能对普通和特权用户行为、各种表操作、身份鉴别、自主和强制访问控制等操作进行审计。它既能审计成功操作，也能审计失败操作。

1. 审计事件类型

数据库管理系统的审计主要分为语句审计、特权审计、模式对象审计和资源审计。

（1）语句审计事件：指监视一个（或多个）特定用户（或所有用户）提交的 SQL 语句。例如，DDL、DML、DQL（Data Query Language，数据查询语言）及 DCL（Data Control Language，数据控制语言）语句的审计等。

（2）权限审计事件：对系统拥有的结构或模式对象进行操作的审计；要求该操作的权限是通过系统权限获得的。

（3）模式对象审计事件：指监视一个模式中在一个（或多个）对象上发生的行为。模式对象包括表、视图、存储过程、函数等。模式对象不包括依附于表的索引、约束、触发器、分区表等。

（4）服务器审计事件：审计数据库服务器发生的事件，包含数据库服务器的启动、停止、数据库服务器配置文件的重新加载。

（5）资源审计事件：指监视分配给每个用户的系统资源。

2. 审计功能包括的主要内容

（1）基本功能。提供多种审计查阅方式，如基本的、可选的、有限的等。

（2）提供多套审计规则。审计规则一般在数据库初始化时设定，以方便审计员管理。

（3）提供审计分析和报表功能。

（4）审计日志管理功能。包括：为防止审计员误删审计记录，审计日志必须先转储后删除；对转储的审计记录文件提供完整性和保密性保护；只允许审计员查阅和转储审计记录，不允许任何用户新增和修改审计记录；等等。

（5）系统提供查询审计设置及审计记录信息的专门视图。对于系统权限级别、语句级别及模式对象级别的审计记录也可通过相关的系统表直接查看。

3. 审计记录

审计机制应该至少记录用户标识和认证、客体访问、授权用户进行且会影响系统安全的操作，以及其他安全相关事件。对于每个记录的事件，审计记录中需要包括事件时间、用户、时间类型、事件数据和事件的成功/失败情况。对于标识和认证事件，必须记录事件源的终端 ID 和源地址等；对于访问和删除对象的事件，则需要记录对象的名称。

4. 审计策略

审计一般可以分为用户级审计和系统级审计。用户级审计是任何用户都可设置的审计，主要是用户针对自己创建的数据库表或视图进行审计，记录所有用户对这些表或视图的一切成功和（或）不成功的访问要求，以及各种类型的 SQL 操作。

系统级审计只能由数据库管理员设置，用以监测成功或失败的登录要求、监测授权和收回操作，以及其他数据库级权限下的操作。

对于审计粒度与审计对象的选择，需要考虑系统运行效率与存储空间消耗的问题。为了达到审计目的，一般必须审计到对数据库记录与字段一级的访问。但这种小粒度的审计需要消耗大量的存储空间，同时使系统的响应速度降低，给系统运行效率带来影响。

总之，数据库安全审计系统提供了一种事后检查的安全机制。安全审计机制将特定用户或者特定对象相关的操作记录到系统审计日志中，作为后续对操作的查询分析和追踪的依据。通过审计机制，可以约束用户可能的恶意操作。

11.6　数据加密

对于保护数据的安全性，传统数据库的访问控制（即认证和授权）已被证明是有用的，只要使用预定义的系统接口就可以访问数据。但是，如果攻击者绕过传统的机制来获得对原始数据库数据的访问，那么访问控制是无效的。这种访问权限很容易被内部人员获得，如系统管理员和数据库管理员。因此，当数据库中的数据以明文、可读的形式保存时，上述的安全机制便不足以保证数据库的安全性。所以，现在企业通常采取数据库加密的措施来应对私人数据公开的挑战，尤其是在银行、金融、保险、政府和医疗行业。虽然数据库级加密不能保护数据不受各种攻击，但通过它可确保只有授权用户才能看到数据，以这种方式来提供一定程度的数据保护，并在备份介质丢失、被盗或其他损坏时保护数据库备份。

数据加密（data encryption）是指通过加密（encrytion）算法和加密密钥将明文（plain text）转变为密文（cipher text），而解密（decryption）则是通过解密算法和解密密钥将密文恢复为明文。它是一门历史悠久的技术，其核心是密码学，涉及的基本概念有：

- 明文：即原始的或未加密的数据。通过加密算法对其进行加密，加密算法的输入信息为明文和密钥。
- 密文：明文加密后的格式，是加密算法的输出信息。加密算法是公开的，而密钥则是不公开的。密文不应为无密钥的用户理解，用于数据的存储以及传输。
- 密钥：由数字、字母或特殊符号组成的字符串，用于控制数据加密、解密的过程。
- 加密：把明文转换为密文的过程。
- 加密与解密算法：加密与解密过程所采用的变换方法。
- 解密：对密文实施与加密相逆的变换，从而获得明文的过程。

数据加密的基本功能如下：

（1）防止不速之客查看机密的数据文件。

（2）防止机密数据被泄露或窜改。

（3）防止特权用户（如系统管理员）查看私人数据文件。

（4）使入侵者不能轻易地查找一个系统的文件。

按照作用的不同，数据库加密技术可分为数据存储加密和数据传输加密。

1. 数据存储加密

数据存储加密技术用于防止在存储环节上的数据失密。数据存储加密技术可简要分为硬件加密和软件加密，其中软件加密又分为库内加密和库外加密。另外，从技术手段上来说，数据存储加密技术还可以分为应用层加密、后置代理、前置代理及加密网关。

1）库内加密

这种加密方式是在 DBMS 内部来实现加解密，其过程对用户是完全透明的（即加密与解密过程对于用户来说是无感的）。DBMS 在数据库读写数据前便完成加（解）密工作，其加密与解密的密钥通常存放在 DBMS 的系统表中（或称为数据字典）。

这种加密方式的优点在于加密功能强，比起库外加密能够集成 DBMS 自带的功能。另外，通过这样的加密方法，数据库应用中的加密过程是透明的，可以直接使用。

这种加密方法的不足是对数据库有很大的影响。DBMS 除了完成正常的存储和查询功能外，还要承担加（解）密的工作，而加（解）密的过程同样是在服务器端完成，所以会导致增加服务器的负担。另外，由于加（解）密密钥通常存放在数据库中，所以也提高了密钥管理的风险，这也导致对于密钥的保护只能通过 DBMS 的访问控制来解决。最后，由于数据库加密功能只能由 DBMS 开发商来提供，而开发商通常只提供有限的加密强度，这也使得数据库的自主性降低了。

2）库外加密

该加密方式将数据库中的加密系统做成 DBMS 的外层工具。这个加密定义工具主要定义对数据库中每个表数据加密的方式，在创建某个数据库表后，通过这个工具对该表的特点定义其加密方式。数据库应用系统只是对数据库进行定义和操作。数据库加密系统则通过得到的加密方式自动对数据库进行加（解）密。

数据库管理系统调用操作系统的接口有三种方式：直接运用文件系统、直接运用存储管理、调用操作系统的 I/O 模块。在使用库外加密方法时，加密系统可以先采用 RSA、DES 等加密算法在内存中对数据进行加密，然后文件系统把内存中的加密数据存放到数据库中，读数据只需逆解密。

采用这种加密方法在密钥管理上比较简单，只需利用文件加密的密钥管理。但是这种方式在数据库读写数据的时候比较麻烦，每次存取数据都需要进行加（解）密，这对数据库读写数据以及编写程序的效率有一定的影响。

3）硬件加密

这种加密方式对于软件加密来说，就是在数据库系统和存储器间添加一个硬件中间层，加（解）密的工作都由该硬件来完成。不过，由于添加硬件会出现兼容性的问题，并且设置读写控制比较烦琐，所以这种方式应用得不太广泛。

4）应用层加密

这种加密技术主要是通过应用系统加密 API 来对明文数据进行加密，并将密文存储在数据库的底层文件中。在执行查询时，应用系统将密文提取到客户端进行解密。另外，密钥的管理在应用系统上完成。该方案的缺陷很明显，由于加（解）密的过程在应用程序中完成，所以增加了程序编写的复杂度，而且对于现有系统是不透明的。在效率方面，这种技术不能利用到数据库中的索引，在对密文检索的过程中效率降低。应用层加密属于库外加密。

5）后置代理

这种方式采用了视图、触发器、扩展索引以及外部调用的方法来实施数据加密，这个过程完全透明。其主要是利用了数据库自带的应用定制扩展能力，分别使用了视图、触发器、索引以及自定义函数的扩展能力等技术来完成加密存储。这个加密技术的技术原理如下：

（1）利用视图完成数据加密透明查询：数据库的视图功能可以对表内的数据进行投影、聚集、过滤、关联及函数运算。这个加密技术就是利用视图的原理来透明访问数据。数据库先对原有表改名，再在该表上创建与原表相同名字的视图，最后在视图内调用解密函数对敏感列的数据进行解密。

（2）利用触发器更新处理和加密插入数据：触发器能够在数据完成更新动作后做出特定行为的响应，并支持对视图的触发器。该加密技术就是通过触发器加密明文，再将加密数据插入表中。

（3）利用数据库的扩展索引接口对索引加密：用户可以利用 DBMS 中的索引扩展机制来自定义加密索引，当通过该索引来检索密文数据时，能够正常地排序和比较，这使得密文数据的检索问题得以解决，提高了加密数据检索的效率。

（4）利用外部接口的调用完成自定义加密方案的实现和独立于数据库的权限控制：该功能的技术原理是外部的通信支持和程序调用。只要定义好通信接口，用户便可以在数据库中调用外部程序。因此用户可以将这种方案的加（解）密函数做成外部调用，这样就能够在外部调用自定义的加密算法，也能够在数据库之外校验权限，确保限制超级用户的权限。

6）前置代理及加密网关

该技术是在数据库之前添加了一项安全代理，用户在访问数据库之前需要通过这个安全代理服务。在这个服务中实现了一些安全策略，如权限控制、数据加解密等。接着，这个代理服务调用数据库的访问接口来完成最终的存储。这个安全代理处于数据库存储引擎和客户端之间，完成数据库中的数据加密和解密。

2. 数据传输加密

数据传输加密技术用于对传输中的数据流加密，通常有链路加密与端－端加密两种。其中，链路加密对传输数据在链路层进行加密，它的传输信息由报头和报文两部分组成，前者是路由选择信息，而后者是传送的数据信息。这种方式对报文和报头均加密。与之相对，端－端加密对传输数据在发送端加密，在接收端解密。它只加密报文，而不加密报头。与链路加密相比，它只在发送端和接收端需要密码设备，而中间节点不需要密码设备，因此它所需密码设备数量相对较少。但这种方式不加密报头，容易被非法监听者发现并从中获取敏感信息。

图 11-10 所示为一种基于安全套接层协议（Security Socket Layer，SSL）的数据库管理系统可信传输方案。它采用的是一种端到端的传输加密方式。在这个方案中，通信双方协商建立可信连接，一次会话采用一个密钥，传输数据在发送端加密，在接收端解密，有效降低了被重放攻击和恶意窜改的风险。此外，出于易用性考虑，这个方案的通信加密还对应用程序透明。

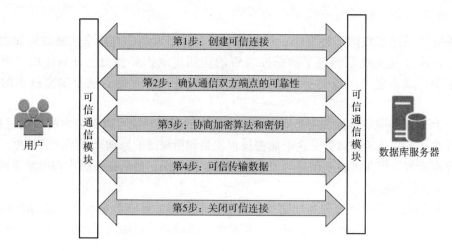

图 11-10　数据可信传输方案

该方案的实现思路如下：

1）确认通信双方端点的可靠性

数据库管理系统采用基于数字证书的服务器和客户端认证方式实现通信双方的可靠性确认。用户和服务器各自持有由知名数字证书认证（Certificate Authority，CA）中心或企业内建 CA 颁发的数字证书，双方在进行通信时均首先向对方提供己方证书，然后使用本地的 CA 信任列表和证书撤销列表（Certificate Revocation List，CRL）对接收到的对方证书进行验证，以确保证书的合法性和有效性，进而保证对方确系通信的目的端。

2）协商加密算法和密钥

确认双方端点的可靠性后，通信双方协商本次会话的加密算法与密钥。在这个过程中，通信双方利用公钥基础设施（Public Key Infrastructure，PKI）方式保证服务器和客户端的协商过程通信的安全可靠。

3）可信数据传输

在加密算法和密钥协商完成后，通信双方开始进行业务数据交换。与普通通信路径不同的是，这些业务数据在被发送之前将被用某一组特定的密钥进行加密和消息摘要计算，以密文形式在网络上传输。当业务数据被接收的时候，需用相同一组特定的密钥进行解密和摘要计算。所谓特定的密钥，是由先前通信双方磋商决定的，为且仅为双方共享，通常称为会话密钥。第三方即使窃取传输密文，也因无会话密钥而无法识别密文信息。一旦第三方对密文进行任何窜改，均会被真实的接收方过摘要算法识破。另外，会话密钥的生命周期仅限于本次通信，理论上每次通信所采用的会话密钥将不同，因此能避免使用固定密钥而引起的密钥存储类问题。

总的来说，数据库加密使用已有的密码技术和算法对数据库中存储的数据和传输的数据进行保护。加密后，数据的安全性能够进一步提高。即使攻击者获取数据源文件，也很难获取原始数据。但是，数据库加密增加了查询处理的复杂性，查询效率会受到影响。此外，加密数据的密钥管理和数据加密对应用程序的影响也是数据加密过程中需要考虑的问题。

11.7　其他安全性机制

为满足较高安全等级数据库管理系统的安全性保护要求，在自主存取控制和强制存取控制之外，还有推理控制以及数据库应用中隐蔽信道和数据隐私保护等技术。

1. 推理控制

数据库安全中的推理是指用户根据低密级的数据和模式的完整性约束推导出高密级的数据，造成未经授权的信息泄露，这种推理的路径称为推理通道（inference channel）。这种推理问题不同于其他安全问题，其主要反映推理导致的信息泄露并不受安全机制的限制。因此，MAC 安全机制并不能够有效解决推理问题。

推理控制（inference control）是指能够防止蓄意破坏的用户利用历史访问或相互交换查询信息，借助推理通道实现对敏感信息的间接访问。在推理控制方面，常用的方法有基于函数依赖的推理控制、基于敏感关联的推理控制等。例如，某个公司信息系统中假设姓名和职务属于低安全等级（如公开）信息，而工资属于高安全等级（如机密）信息。用户 A 的安全等级较低，他通过授权可以查询自己的工资、姓名、职务，及其他用户的姓名和职务。由于工资是机密信息，因此用户 A 不应知道其他用户的工资。但是，若用户 B 的职务和用户 A 相同，则利用函数依赖关系职务→工资，用户 A 可通过自己的工资信息（假设 3 000 元），推出 B 的工资也是 3 000 元，从而导致高安全等级的敏感信息泄露。

2. 隐蔽信道

11.2.4 节提到的 MAC 存取规则是基于 BLP（Bell-La Padula）模型的。使用 BLP 模型的系统会对系统的用户（主体）和数据（客体）做相应的安全标记，这类系统又称多级安全系统。简而言之，BLP 模型的原理就是"不读上，不写下"，我们也可以说 BLP 模型的基本安全策略是"下读上写"，也就是说主体对客体向下读、向上写。主体可以读安全级别比他低或相等的客体，可以写安全级别比他高或相等的客体。"下读上写"的安全策略保证了数据库中所有数据只能按照安全级别从低到高的流向流动，从而保证了敏感数据不泄露。

但是，即使在 MAC 模型下，恶意用户仍然能够通过构建隐蔽信道来实现从高安全级主体向低安全级主体的信息传输。隐蔽信道（covert channel）的定义：给定一个强制安全策略模型 M 以及其在一个操作系统中的解释 I(M)，I(M) 中两个主体 I(Sh) 和 I(Si) 之间的潜在通信是隐蔽的，当且仅当模型 M 中主体 Sh 和 Si 之间的通信是非法的。简单来说，隐蔽信道就是本意不是用来传送信息的通信通道。

国际及国内相关安全评估标准都明确要求，高安全等级数据库管理系统需对隐蔽信道进行分析。例如，由美国、英国、德国等 9 个国家制定的《信息技术安全评估通用准则》（简称 CC 标准）明确规定，在对 EAL – 5 级及以上的高安全等级信息系统进行评估时，必须进行隐蔽信道分析，以确保系统能够正确实施其安全策略。我国的《信息技术 安全技术 信息技术安全评估准则》（GB/T 18336—2015）和《信息安全技术 数据库管理系统安全评估准则》（GB/T 20009—2019）也对隐蔽信道分析提出了明确规定。

图 11 – 11 演示了隐蔽信道的实现方式。该图说明了高安全级（High-level）和低安全级（Low-Level）用户之间通过修改和感知共享对象（Mid-Level）的值或者属性来传递信息。

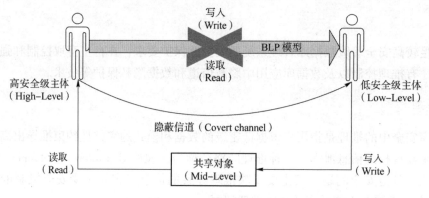

图 11 – 11　隐蔽信道示例

图 11 – 11 是一个基于错误提示信息的存储隐蔽信道示例，以便读者更好地理解隐蔽信道的概念。设现有数据库规定：

①开启强制访问控制功能时，若主体对客体可以进行读操作，则主体标签必须支配客体标签。

②高安全级别主体创建新的客体后，默认的客体标签等于该主体的标签。

由①、②可知，高安全级别主体 Alice 创建一个表 T，该表的标签默认是高安全级别。即使 Alice 将自主访问控制中的表 T 的查询权限赋予 Bob，Bob 仍然不能查看表 T 的内容。若 Bob 对表 T 进行查询操作，则系统会返回错误提示信息（下读）。

但是在该数据库中，Alice 的表 T 是否存在，其对应的错误提示信息是不同的。可将两种错误提示信息分别编码为 0 和 1。这样 Bob 可通过访问表 T 来查看返回的错误提示信息，从而获得 1bit 的信息。具体的 SQL 语句如下：

```
Alice:create table T( id int)        /*Alice 创建表 T*/
Alice:grant select on T to Bob       /*Alice 把表 T 的查询权限赋予 Bob*/
Bob:select * from Alice.T            /*Bob 查询表 T*/
```

此时，表 T 存在，系统返回的错误提示信息为"无法进行安全标签检测"，可约定表示接收到了一个"0"。

```
Alice:drop table T                   /*Alice 删除表 T*/
Bob:select * from Alice.T            /*Bob 查询表 T*/
```

此时表 T 不存在，系统返回的错误提示信息为"T 不存在或者不属于你"，可约定表示接收到了一个"1"。

由此，本例利用表作为共享对象实现了信息从高安全等级用户向低安全等级用户的传递，从而导致敏感信息泄露。共享对象除了可以使用表，还可利用视图、同义词等数据库客体来构建此类隐蔽信道。

3. 数据隐私

随着人们对隐私日益重视，数据隐私成为数据库应用中新的数据保护模式。数据隐私（data privacy）是指控制不愿被他人知道或他人不便知道的个人数据的能力。

数据隐私范围很广，涉及数据管理中的数据收集、数据存储、数据处理和数据发布等阶段。在数据存储阶段，应避免非授权用户访问个人的隐私数据。通常可以使用数据库安全技术来实现这一阶段的隐私保护，如使用自主访问控制、强制访问控制和基于角色的访问控制以及数据加密等。在数据处理阶段，需要考虑数据推理带来的隐私数据泄露。非授权用户可能通过分析多次查询的结果（或者基于完整性约束信息），推导出其他用户的隐私数据。在数据发布阶段，应使包含隐私的数据发布结果满足特定的安全性标准（如发布的关系数据表首先不能包含原有表的候选码），同时还要考虑准标识符的影响。

准标识符是能够唯一确定大部分记录的属性集合。在现有安全性标准中，k - 匿名化（k - anonymization）标准要求每个具有相同准标识符的记录组中至少包含 k 条记录，从而控制攻击者判别隐私数据所属个体的概率。此外，还有 L - 多样化（l - diversity）标准、t - 临近（t - closeness）标准等，从而使攻击者不能从发布数据中推导出额外的隐私数据。数据隐私保护也是当前研究的热点。

总之，要想万无一失地保证数据库安全，使之免遭任何蓄意的破坏是几乎不可能的。但高度的安全措施将使蓄意的攻击者付出高昂的代价，从而迫使攻击者不得不放弃其破坏企图。

11.8 SQL Server 的安全性

SQL Server 数据库管理系统使用身份验证控制用户对服务器的连接，使用数据库用户和角色等限制用户对数据库的访问，它们共同构成 SQL Server 数据库系统安全机制的基础。一个用户如果要对某数据库进行操作，必须至少满足 3 个条件：其一，登录 SQL Server 服务器时必须通过身份认证（即用户鉴别）；其二，必须是该数据库的用户，或者是该数据库某角色的成员；其三，必须具有执行该操作的权限（即存取控制）。除此之外，SQL Server 还提供了审计、加密等安全功能。

11.8.1 SQL Server 身份验证模式与设置

用户身份验证用于确认登录 SQL Server 的登录账号和密码的正确性，由此来验证其是否具有连接 SQL Server 的权限。SQL Server 提供了两种确认用户的认证方法：Windows 身份验证；SQL Server 身份验证。图 11 - 12 给出了这两种身份验证方式登录 SQL Server 服务器的情形。

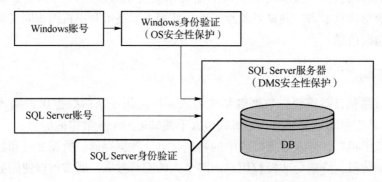

图 11 - 12　两种身份验证模式

　　2.8 节介绍的安装过程已经说明了安装时必须为数据库引擎选择身份验证模式，有两种可能的模式：Windows 身份验证模式；混合模式。Windows 身份验证模式会启用 Windows 身份验证并禁用 SQL Server 身份验证。混合模式会同时启用 Windows 身份验证和 SQL Server 身份验证。Windows 身份验证始终可用，并且无法禁用。

　　如果在安装过程中使用默认的 Windows 身份验证模式，则可在用 Windows 账号登录 SQL Server 服务器后，选中服务器→单击右键→选中属性"安全性"→在服务器属性对话框中修改身份验证模式。如图 11 - 13 所示。

图 11 - 13　修改身份验证模式

(a) 选中属性"安全性"；(b) 服务器属性对话框

11.8.2　SQL Server 登录账号的管理

　　在设置身份验证模式后，就可以在 SQL Server 中为 Windows 身份验证与 SQL Server 身份验证创建登录账号。

1. 登录账号的语法约定

为 SQL Server 创建登录账号的语法约定如下：

```
CREATE LOGIN login_name {WITH < option_list1 >|FROM < sources >}
< option_list1 >::=
    PASSWORD = {'password'} [MUST_CHANGE]
    [, < option_list2 >[,...]]
< option_list2 >::=
    DEFAULT_DATABASE = database
```

```
        |DEFAULT_LANGUAGE = language
        |CHECK_EXPIRATION = {ON|OFF}
< sources > :: =
        WINDOWS [WITH < windows_options >[,...]]
< windows_options > :: =
        DEFAULT_DATABASE = database
        |DEFAULT_LANGUAGE = language
```

参数说明：

- login_name：指定创建的登录账号。本节将介绍两种类型登录账号：SQL Server 登录账号、Windows 登录账号。

- PASSWORD = 'password'：指定登录账号的密码，仅适用于 SQL Server 登录账号。

- MUST_CHANGE：仅适用于 SQL Server 登录。如果包括此选项，则 SQL Server 将在首次使用新登录账号时，提示用户输入新密码。

- DEFAULT_DATABASE：指定将指派给登录账号的默认数据库。如果未包括此选项，则默认数据库将设置为 master。

- DEFAULT_LANGUAGE：指定将指派给登录账号的默认语言。如果未包括此选项，则默认语言将设置为服务器的当前默认语言。

- CHECK_EXPIRATION：仅适用于 SQL Server 登录账号。指定是否应对此登录账号强制实施密码过期策略，默认值为 OFF。

- WINDOWS：将登录账号映射到 Windows 登录账号。

2. Windows 登录账号

【例 11.8 – 1】在 SQL Server 里创建 Windows 账号名为 WIN_TEACHER 的登录用户。

（1）首先，单击"开始"菜单→设置→账号→单击"家庭与其他用户"→选中"我没有这个人的登录信息"→单击"添加一个没有 Microsoft 账号的用户"→创建用户名（win_teacher）与密码（自行设置），完成创建一个新 Windows 账号的工作。操作完成后的结果如图 11 – 14 所示：

图 11 – 14 添加 Windows 账号成功结果

（2）接着，编写 T-SQL 命令，完成 Windows 账号在 SQL Server 里的登录账户创建工作。

CREATE LOGIN [域名 \WIN_TEACHER] FROM WINDOWS

Windows 身份验证的注意事项：

（1）创建 Windows 账号时，不同 Windows 版本会有所差异，需查看自己的 Windows 版本并自行调整创建账号的步骤。

（2）CREATE LOGIN 创建 Windows 身份的 login_name 时，需要加上域名。一般家庭版

Windows 操作系统的域名是计算机名。选中"我的电脑",单击右键,在弹出的快捷菜单中选择"属性"即可看到。

(3) CREATE LOGIN 语句适用于 SQL Server 2008 及更高版本,SQL Server 的早期版本不适用。

3. SQL Server 的登录账号

【例 11.8-2】在 SQL Server 里创建 SQL Server 账号名为 SQL_TEACHER1,密码为 123。

```
CREATE LOGIN SQL_TEACHER1 WITH PASSWORD = '123'
```

【例 11.8-3】在 SQL Server 里创建 SQL Server 账号名为 SQL_TEACHER2,密码为 456,用户在首次连接服务器时更改此密码,强制实施密码过期。

```
CREATE LOGIN SQL_TEACHER2 WITH PASSWORD = '456'
    MUST_CHANGE,CHECK_EXPIRATION = ON
```

【例 11.8-4】在 SQL Server 里创建 SQL Server 账号名为 SQL_STUDENT1,密码为 789,默认数据库为:新学籍信息管理系统。

```
CREATE LOGIN SQL_STUDENT1 WITH PASSWORD = '789',
    DEFAULT_DATABASE = [新学籍信息管理系统]
```

SQL Server 身份验证的注意事项:

(1) 设置密码里建议使用强密码策略,为四种符号的组合:大写字母(A ~ Z);小写字母(a ~ z);数字(0 ~ 9);一个非字母数字字符,如空格、_ 、@ 、* 、^、%、! 、$ 、# 或 &。

(2) 如果指定 MUST_CHANGE,则 CHECK_EXPIRATION 必须设置为 ON;否则,该语句将失败。

(3) 如果没有指定 DEFAULT_DATABASE,则默认数据库为 master。

(4) 如果修改了"服务器身份验证模式",则需要重新启动 SQL Server 引擎才能登录。

(5) 在为登录账号设置默认数据库时,一般使用 master 数据库。如果需要设置自定义的默认数据库,则需要将登录账号与数据库用户映射后再进行登录;否则,会出现无法打开默认数据库而无法连接的情况。

4. 修改与删除登录账号

1) 修改登录账号的语法约定

```
ALTER LOGIN login_name{
    <status_option >
    |WITH <set_option >[,...]}[;]
<status_option >:: = ENABLE|DISABLE
<set_option >:: =
    PASSWORD = 'password'
    [OLD_PASSWORD ='oldpassword'|<password_option >[ <password_option >]]
    |DEFAULT_DATABASE = database
    |DEFAULT_LANGUAGE = language
```

```
            |NAME = login_name
            |CHECK_EXPIRATION = {ON|OFF}
    <password_option>::=MUST_CHANGE|UNLOCK
```

参数说明：

● ENABLE|DISABLE：启用或禁用此登录账号。

● UNLOCK：解锁被锁定的登录账号，适用于 SQL Server 登录账号。

2）删除登录账号的语法约定

```
DROP LOGIN login_name
```

3）示例

【例 11.8 – 5】修改账号名为 SQL_TEACHER1 的密码为 ABC。

```
ALTER LOGIN SQL_TEACHER1 WITH PASSWORD = 'ABC'
```

【例 11.8 – 6】将名为 SQL_TEACHER1 的账号禁用，然后启用。

```
ALTER LOGIN SQL_TEACHER1 DISABLE
ALTER LOGIN SQL_TEACHER1 ENABLE
```

【例 11.8 – 7】将 SQL_TEACHER1 的账号名改为 SQL_TEACHER3。

```
ALTER LOGIN SQL_TEACHER1 WITH NAME = SQL_TEACHER3
```

【例 11.8 – 8】删除 SQL_STUDENT1 的登录账户。

```
DROP LOGIN SQL_STUDENT1
```

修改与删除登录账号的注意事项：

（1）用 DISABLE 禁用登录账号后，不会影响已连接登录账号的行为，禁用的登录账号将保留它们的权限。

（2）修改密码时，需要注意大小写敏感，ABC 与 abc 是不一样的。

11.8.3 数据库用户

在数据库中，一个用户（或工作组）取得合法的登录账号，只表明该账号通过了 Windows 认证或者 SQL Server 认证。这只是完成了身份标识与鉴别的工作，不能表明其可以对数据库数据和数据库对象进行某种（或某些）操作，只有该用户（或工作组）同时拥有了数据库访问权限后，才能访问数据库。也就是说，登录账号还未完成存取控制的权限分配管理，因此还不能对数据库对象进行某些操作。

在进行权限分配前，需要将登录账号映射到某个数据库用户上。因为权限分配针对的是数据库用户或角色，而不针对登录账号分配权限。SQL Server 采用这种方式实现了身份鉴别与权限控制的独立。

1. 创建数据库用户的语法约定

```
CREATE USER user_name
    [{FOR|FROM} LOGIN login_name]
    [WITH <limited_options_list> [,...]][;]
<limited_options_list>::=[DEFAULT_SCHEMA = schema_name]
```

2. 修改数据库用户的语法约定

ALTER USER userName WITH < set_item > [,...n][;]

< set_item >∷=

    NAME = newUserName

     |DEFAULT_SCHEMA = {schemaName|NULL}

     |LOGIN = loginName

3. 删除数据库用户的语法约定

DROP USER [IF EXISTS] user_name

参数说明：

- user_name：数据库用户名。
- LOGIN login_name：指定数据库用户对应的登录账号。
- DEFAULT_SCHEMA：数据库用户的默认模式。
- NAME = newUserName：指定新的数据库用户名。
- IF EXISTS：有条件地删除用户（仅当其已存在时）。适用于 SQL Server 2016 （13. ×）以上的版本。

4. 案例

【例 11.8 – 9】为 SQL_TEACHER1 的登录账号创建一个名为 DB_TEACHER1 的数据库用户。

USE 新学籍信息管理系统

GO

CREATE USER DB_TEACHER1 FOR LOGIN SQL_TEACHER1

【例 11.8 – 10】为 SQL_TEACHER2 的登录账号创建一个名为 DB_TEACHER2 的数据库用户，设置默认模式为 SIMS_SCHEMA。

CREATE USER DB_TEACHER2 FOR LOGIN SQL_TEACHER2

    WITH DEFAULT_SCHEMA =[SIMS_SCHEMA]

【例 11.8 – 11】将名为 DB_TEACHER2 的数据库用户更名为 DB_TEACHER3。

ALTER USER DB_TEACHER1 WITH NAME = DB_TEACHER3

【例 11.8 – 12】将名为 DB_TEACHER3 的数据库用户重新映射到 SQL_STUDENT1 的登录账号。

ALTER USER DB_TEACHER3 WITH LOGIN =SQL_STUDENT1

【例 11.8 – 13】将名为 DB_TEACHER3 的数据库用户删除。

DROP USER IF EXISTS DB_TEACHER3

5. 注意事项

（1）创建数据库用户时，应注意针对的是某个数据，需要设置好当前数据库。"USE 新学籍信息管理系统"是将当前数据库设置为"新学籍信息管理系统"。

（2）数据库用户与登录账号之间映射时，如果没有指定默认模式，则自动使用 DBO 模式与数据库用户绑定。

（3）数据库用户与 Windows 登录账号映射后，修改时不能改为与 SQL Server 登录账号映射。反之，同样如此。也就是说，数据库用户只能与某类登录账号映射，而不能相互映射，否则会报错。

（4）一个登录账号只能映射一个数据库用户，不能实现 1 对多的映射关系。

（5）不能直接从数据库中删除拥有安全对象的数据库用户，必须先删除（或转移）安全对象的所有权，才能删除拥有这些安全对象的数据库用户。

11.8.4　数据库角色

11.2.5 节已经介绍：数据库角色是被命名的一组与数据库操作相关的权限，角色是权限的集合。因此，可以为一组具有相同权限的数据库用户创建一个角色，使用角色来管理数据库权限可以简化授权的过程。为此，在说明权限控制前，本节将先介绍 SQL Server 的数据库角色操作。

1. 创建角色的语法约定

CREATE ROLE role_name［AUTHORIZATION owner_name］

2. 修改角色的语法约定

ALTER ROLE role_name｛

　　ADD MEMBER database_principal

　　｜DROP MEMBER database_principal

　　｜WITH NAME = new_name｝［；］

3. 删除角色的语法约定

DROP ROLE［IF EXISTS］role_name

参数说明：

- role_name：待创建角色的名称。

- AUTHORIZATION owner_name：将拥有新角色的数据库用户或角色。如果未指定用户，则执行 CREATE ROLE 的用户将拥有该角色。角色的所有者或拥有角色的任何成员都可以添加或删除角色的成员。

- ADD MEMBER database_principal：向数据库角色添加成员。

- database_principal：数据库用户或用户自定义的数据库角色。注意：其不能是固定的数据库角色或服务器主体。

- DROP MEMBER：删除数据库角色的成员。

- WITH NAME = new_name：更改用户定义的数据库角色名称。注意：数据库中必须尚未包含新名称；更改角色的名称不会更改角色的 ID 号、所有者或权限。

4. 案例

【例 11.8 −14】创建角色 ROLE_TEACHER，其所有者为 DB_WIN_TEACHER。

CREATE ROLE ROLE_TEACHER AUTHORIZATION [DB_WIN_TEACHER]

【例 11.8 −15】为 ROLE_TEACHER 角色添加用户成员 DB_TEACHER1。

ALTER ROLE ROLE_TEACHER ADD MEMBER [DB_TEACHER1]

【例 11.8 −16】删除 ROLE_TEACHER 角色。

DROP ROLE IF EXISTS ROLE_TEACHER

5. 注意事项

（1）SQL Server 中的角色分为服务器级角色、数据库级角色。其中，数据库级角色又可分为数据库角色与应用程序角色，而数据库角色又可分为自定义数据库角色与固定数据库角色。本节介绍的是自定义数据库角色的操作，如图 11 −15 所示。

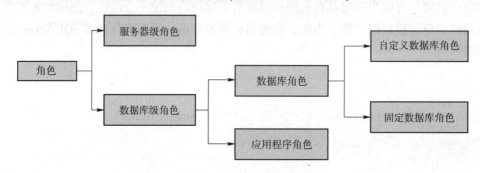

图 11 −15　SQL Server 的角色分类

①SQL Server 提供服务器级角色，以帮助管理服务器上的权限，其作用域为服务器范围。SQL Server 提供了 9 种固定服务器角色，以便使用。

②固定数据库角色是在数据库级定义的，并且存在于每个数据库中。固定数据库角色有 9 种，所有数据库中都有这些角色。无法更改分配给固定数据库角色的权限，public 数据库角色除外。

③应用程序角色是一个数据库主体，它使应用程序能够用其自身的、类似用户的权限来运行（注：应用程序角色在 SQL Server 内的作用类似于用户，而不是角色）。使用应用程序角色，可以只允许通过特定应用程序连接的用户来访问特定数据。与数据库角色不同的是，应用程序角色在默认情况下不包含任何成员，而且是非活动的。

（2）创建数据库角色使用 AUTHORIZATION 选项时，还需要具有下列权限：

①要将角色的所有权分配给另一个用户，就需要对该用户具有 IMPERSONATE 权限。

②若要将角色的所有权分配给另一个角色，则需要具有被分配角色的成员身份或对该角色具有 ALTER 权限。

（3）为数据库角色添加的成员既可以是数据库用户也可以是数据库角色。这一规则体现了 RBAC$_1$ 模型中角色继承的概念。

（4）无法从数据库删除拥有安全对象的角色。若要删除拥有安全对象的数据库角色，则必须先转移这些安全对象的所有权，或从数据库删除它们。例如，角色对表拥有权限，则无法直接删除该角色。

（5）无法从数据库删除拥有成员的角色。若要删除拥有成员的角色，则必须首先使用 ALTER ROLE 删除角色的成员。

11.8.5 权限控制

SQL Server 中使用 GRANT、REVOKE、DENY 语句向用户授予或收回对数据的操作权限。

* GRANT 语句：向主体（数据库用户或角色）授予客体（如数据库、表、模式等安全对象）的权限。
* REVOKE 语句：收回已经授予主体的客体权限。
* DENY 语句：拒绝为主体授予权限，防止该主体通过角色成员身份继承权限。

1. GRANT 语法约定

```
GRANT{ALL [PRIVILEGES]} |permission [(column[,...n])][,...n]
    [ON [class_type::] securable] TO principal [,...n]
    [WITH GRANT OPTION] [AS principal ]
<class_type >::={LOGIN|DATABASE|OBJECT|ROLE|SCHEMA|USER}
```
参数说明：

* ALL [PRIVILEGES]：表示全部权限。不推荐使用此选项，保留此选项仅用于向后兼容，因为它不会授予所有可能的权限。而且，对于不同的客体，全部权限是不一样的。
* Permission：客体的权限名称。例如，表的权限名称有 DELETE、INSERT、REFERENCES、SELECT、UPDATE。
* ON securable：表示将授予权限的客体名称，如表、视图等。
* class_type：将授予权限的客体的类型。例如，表是 OBJECT 类型。
* TO principal：表示主体名称，如数据库用户、数据角色。
* WITH GRANT OPTION：表示允许接收到权限的主体向另一个主体进行授权。此选项就是 11.2.3 节中介绍的自主存取控制的权限转授的功能体现。

2. REVOKE 语法约定

```
REVOKE [GRANT OPTION FOR]
    {[ALL [PRIVILEGES]]|permission [(column[,...n])][,...n]}
    [ON [class_type::] securable]
    {TO|FROM} principal [,...n]
    [CASCADE] [AS principal]
```
参数说明：

* TO|FROM principal：收回授权的主体名称。
* GRANT OPTION FOR：表示收回权限转授的能力。在使用该参数时，必须使用 CASCADE 参数。
* CASCADE：级联，指当前正在撤销的权限也将从其他被该主体授权的主体中撤销。

3. DENY 语法约定

```
DENY{[ALL [PRIVILEGES]]|permission [(column[,...n])][,...n]}
    [ON [class_type::] securable]
    {TO} principal [,...n]
    [CASCADE] [AS principal]
```

4. 案例

【例 11.8 – 17】 将班级表的查询权限授予数据库用户 DB_TEACHER1。

GRANT SELECT ON [SIMS_SCHEMA].[班级表]

TO DB_TEACHER1

说明：执行完成后，可执行 EXEC SP_HELPROTECT NULL,DB_TEACHER1 语句，查看授权情况。

【例 11.8 – 18】 将辅助员表的查询权限授予 ROLE_TEACHER 角色，并允许权限链传递。

GRANT SELECT ON [SIMS_SCHEMA].[辅导员表]

TO ROLE_TEACHER WITH GRANT OPTION

【例 11.8 – 19】 模拟 DB_TEACHER1 用户环境，将获得的权限转授给 DB_STUDENT1 用户。

EXEC AS USER = 'DB_TEACHER1'

GO

GRANT SELECT ON [SIMS_SCHEMA].[辅导员表]

TO DB_STUDENT1 AS ROLE_TEACHER

GO

REVERT

【例 11.8 – 20】 从 DB_TEACHER1 用户收回班级表的查询权限。

REVOKE SELECT ON OBJECT::[SIMS_SCHEMA].[班级表]

FROM DB_TEACHER1

【例 11.8 – 21】 从 ROLE_TEACHER 角色收回辅导员表的查询权限，包括被下级成员转授的。

REVOKE SELECT ON OBJECT::[SIMS_SCHEMA].[辅导员表]

FROM ROLE_TEACHER CASCADE

说明：可模拟 DB_STUDENT1 用户环境，测试辅导员表的查询权限是否也被收回。查询操作结果应该是报错的。

EXEC AS USER = 'DB_STUDENT1'

GO

SELECT * FROM [SIMS_SCHEMA].[辅导员表]

GO

REVERT

【例11.8-22】将班级查询的权限分别授予 DB_TEACHER1 用户与 ROLE_TEACHER 角色，DB_TEACHER1 是 ROLE_TEACHER 的角色成员，应注意 ROLE_TEACHER 角色收回权限与拒绝权限在权限控制结果上的区别。

GRANT SELECT ON OBJECT::[SIMS_SCHEMA].[班级表]

TO DB_TEACHER1

GO

GRANT SELECT ON OBJECT::[SIMS_SCHEMA].[班级表]

TO [ROLE_TEACHER]

GO

说明：使用收回权限的方式：

REVOKE SELECT ON OBJECT::[SIMS_SCHEMA].[班级表]

FROM DB_TEACHER1

说明：使用拒绝权限的方式：

DENY SELECT ON OBJECT::[SIMS_SCHEMA].[班级表]

TO DB_TEACHER1

5. 注意事项

（1）关系数据库常用客体对象的操作权限如表11-6所示。

表11-6 关系数据库常用客体对象的操作权限

对象类型	对象	操作类型
数据库模式	模式	CREATE SCHEMA
	基本表	CREATE TABLE，ALTER TABLE
	视图	CREATE VIEW
	索引	CREATE INDEX
数据	基本表和视图	SELECT，INSERT，UPDATE，DELETE，REFERENCES，ALL PRIVILEGES
	属性列	SELECT，INSERT，UPDATE，REFERENCES，ALL PRIVILEGES

（2）授权的主体可以数据库用户、数据库角色，但不能是登录账号。而且，随着客体对象的不同，主体也会不同。

（3）如果指定了 WITH GRANT OPTION 子句，则获得某种权限的用户还可以把这种权限再授予其他用户。如果没有指定 WITH GRANT OPTION 子句，则获得某种权限的用户只能使用该权限，而不能传播该权限。

（4）SQL 标准允许具有 WITH GRANT OPTION 的用户把相应权限或其子集传递授予其他用户，但不允许循环授权，即被授权者不能把权限授予授权者或其祖先，如图11-16所示。

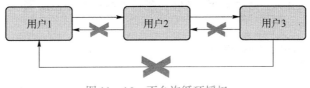

图11-16 不允许循环授权

（5）在 SQL Server 中，如果角色授权时使用 WITH GRANT OPTION，那么属于该角色的成员进行权限转授时需要使用"AS 角色名"，见例 11.8 – 19。

（6）REVOKE 类似于 DENY。但是，REVOKE 权限是删除已授予的权限，并不妨碍用户、组或角色从更高级别继承已授予的权限。也就是说，虽然某用户被 REVOKE 了权限，但如果该用户从角色上继承了该权限，其仍能够完成相应操作的。此时，如果想完全禁止用户使用该权限，则需要使用 DENY。见例 11.8 – 22。

（7）在 SQL Server 中，REVOKE 从主体收回权限时，可使用关键字 TO 或者 FROM；而 DENY 从主体拒绝权限时只能使用 TO，不能使用 FROM。

11.8.6 模式安全管理

1. 修改所有权的语法约定

```
ALTER AUTHORIZATION
    ON [ <class_type >::]entity_name
    TO {principal_name|SCHEMA OWNER}[;]
<class_type >:: = {OBJECT|DATABASE|ROLE|SCHEMA}
```
参数说明：

* class_type：修改拥有者的客体对象类型。本小节列出了对象（OBJECT）、数据库（DATABASE）、角色（ROLE）、模式（SCHEMA）等四种。

* entity_name：客体对象名称，如表名、模式名等。

* principal_name|SCHEMA OWNER：主体名称或模式所有者。数据库包含的客体的所有权，可以转移给任何数据库级的主体。服务器级客体的所有权只能转移给服务器级主体。

2. 案例

【例 11.8 – 23】修改 SIMS_SCHEMA 模式的所有者为 ROLE_SUPERTEACHER 角色。

```
ALTER AUTHORIZATION ON SCHEMA::[SIMS_SCHEMA]
TO [ROLE_SUPERTEACHER]
GO
/* 将 DB_TEACHER1 用户作为 ROLE_SUPERTEACHER 角色的成员 */
ALTER ROLE [ROLE_SUPERTEACHER]
ADD MEMBER [DB_TEACHER1]
GO
/* 模拟 DB_TEACHER1 用户环境,能够实现对 SIMS_SCHEMA 模式中所有对象的全部操作权限 */
EXEC AS USER = 'DB_TEACHER1'
GO
-- 查看所有表的信息
```

```
SELECT * FROM [SIMS_SCHEMA].[学生表]
SELECT * FROM [SIMS_SCHEMA].[班级表]
UPDATE [SIMS_SCHEMA].[学生表] SET 出生日期 = '1987 – 1 – 13'
WHERE 学号 = '2005010101'
GO
REVERT
GO
```

【例11.8 – 24】将 SIMS_SCHEMA 模式的查询权限授予 ROLE_TEACHER 角色。

```
GRANT SELECT ON SCHEMA::[SIMS_SCHEMA]
TO [ROLE_TEACHER]
GO
```

```
/* 模拟 DB_TEACHER2 用户环境,由于 DB_TEACHER2 用户是 ROLE_TEACHER 角色的
成员,因此其能够实现对 SIMS_SCHEMA 模式中所有对象的查询权限 */
EXEC AS USER = 'DB_TEACHER2'
GO
/* 查看所有表的信息 */
SELECT * FROM [SIMS_SCHEMA].[学生表]
SELECT * FROM [SIMS_SCHEMA].[班级表]
SELECT * FROM [SIMS_SCHEMA].[辅导员表]
SELECT * FROM [SIMS_SCHEMA].[指导表]
GO
REVERT
GO
```

3. 注意事项

（1）ALTER AUTHORIZATION 可用于更改任何具有所有者的实体的所有权，而不仅仅是模式的所有权。

（2）DBO 用户是模式默认的所有者。在创建模式时，如果没有指定所有者，则该模式的默认为所有者为 DBO 用户。建议不要用 DBO 拥有一切，而这在 SQL Server 2005 之前是常见的做法。

（3）可以使用"ALTER USER 用户名 WITH DEFAULT_SCHEMA = 模式名;"来设置默认模式，这样当该用户进入 SQL Server 后来创建的表、视图等对象时，不需要在名称前加模式名，其会自动使用该默认模式名。

（4）用户拥有模式与用户默认模式是不一样的。用户拥有模式并不意味着该用户在创建对象时，SQL Server 会自动在对象名前加上模式名。

11.8.7　审计设置

SQL Server 中可使用审计（Audit），用于追踪和记录 SQL Server 实例或数据库中发生的

事件，审计主要包括审计对象（Server Audit）、服务器级别的审计规范（Server Audit Specification）和数据库级别的审计规范（Database Audit Specification）。审计对象是在服务器级别，用于指定审计数据的存储方式和存储路径，并提供工具查看审计数据；服务器级别的审计规范用于记录服务器级别的事件（Event）；而数据库级别的审计规范用于记录数据库级别的事件。

1. 审计对象的构成

构成审计的成分主要有4大类：审计对象、服务器级别的审计规范、数据库级别的审计规范和目标（Target）。

（1）审计对象包含多个审计规范，并指定输出结果存储的路径。审计结果创建时的默认状态是 disable。

（2）服务器级别的审计规范从属于审计对象，它包含服务器级别的审计动作组（Audit Action Group）或单个 Audit Action，这些动作组（或动作）由 Extended Events 触发。

（3）数据库级别的审计规范也从属于审计对象，它包含数据库级别的审计动作组（Audit Action Group）或单个 Audit Action，这些动作组（或动作）由 Extended Events 触发。

（4）Target（也称作 Audit Destination）用于存储审计的结果，Target 可以是一个二进制文件（file）、Windows 应用程序日志（Windows application event log）或 Windows 安全日志（Windows security event log）。

Action Group 是预定义的，是由 Action Event 构成的组合，每一个 Action（也称作 Action Event）都是一个原子事件，当 Event（也称作 Action）发生时，Event 被发送到审计对象，SQL Server 把数据记录到 Target 中。

2. 创建审计的一般步骤

启用审计的目的一般是监控 SQL Server 执行的操作，例如，记录什么账号在什么时候查询数据、修改数据、登录 SQL Server 实例等。由于审计记录的数据有可能很丰富，因此启用审计可能产生大量的日志数据，占用磁盘的大量空间。用一句话来概括审计就是：记录谁在什么时候做了什么事，审计对象定义配置数据存在何处，而审计规范（Audit Specification）定义记录什么事。一旦特定的事件触发，SQL Server 引擎就使用审计记录事件发生的现场信息。

创建和使用审计的一般步骤如下：

步骤1：创建服务器级的审计对象，并启用审计对象；审计对象用于指定存储审计数据的路径。

步骤2：创建审计规范，并映射到审计对象审核；启用审计规范，审计对象开始追踪和记录数据。

步骤3：查看审计数据，可以使用 SSMS 的 Log Files Viewer 或函数 sys. fn_get_audit_file( ) 查看记录的日志数据。

3. 创建审计对象

审计对象的作用是指定审计数据保存的路径，以及写入数据的延迟和数据文件的大小，审计对象主要存储审计规范的数据。

1）审计对象的语法约定

```
CREATE SERVER AUDIT audit_name{
    TO {[ FILE ( < file_options >[ ,…n])]}
    [ WITH ( < audit_options >[ ,…n])]}[ ;]
< file_options >:: =
    {FILEPATH ='os_file_path'
        [ ,MAXSIZE = {max_size{MB|GB|TB}|UNLIMITED} ]
        [ ,{MAX_ROLLOVER_FILES = {integer|UNLIMITED}}|{MAX_FILES = integer}]
        [ ,RESERVE_DISK_SPACE = {ON|OFF} ]}
< audit_options >:: =
    {[ QUEUE_DELAY = integer ]
    [ ,ON_FAILURE = {CONTINUE|SHUTDOWN|FAIL_OPERATION} ]}
```

参数说明：

- audit_name：审计对象的名称。
- FILEPATH：审计文件的物理路径。
- MAXSIZE：每个文件的大小上限。
- 每当审计重新启动时（在重新启动 SQL Server 实例时，或者重启审计时），或者达到一个文件的大小上限，审计都会新建一个审计文件。

（1）如果文件数量超过 MAX_ROLLOVER_FILES，那么删除最早的文件。如果把该参数设置为 0，则每当审计重启时，都会创建一个新审计文件。

（2）如果设置为 MAX_FILES，则审计不会 ROLLOVER 到下一个文件，达到 MAX_FILES 的限制后，新的审计数据将无法记录，并会导致失败。

- RESERVE_DISK_SPACE：此选项会按 MAXSIZE 值为磁盘上的文件预先分配大小。仅在 MAXSIZE 不等于 UNLIMITED 时适用。
- QUEUE_DELAY：指数据写入审计文件的延迟，默认是 1 s。
- ON_FAILURE = {CONTINUE|SHUTDOWN|FAIL_OPERATION}：当 Target 写入审计日志出错时，SQL Server 实例是继续、关机还是失败。

【例 11.8 - 25】创建审核对象 AUDIT_MONITOR。

```
CREATE SERVER AUDIT [ AUDIT_MONITOR]
TO FILE (
    FILEPATH = N'E: \MYDATA \MONITORQUERY \',
    MAXSIZE = 10GB,
    MAX_ROLLOVER_FILES = 128,
    RESERVE_DISK_SPACE = OFF
)
WITH(
    QUEUE_DELAY = 1000,    /*1000 毫秒 = 1 秒   */
    ON_FAILURE = CONTINUE
)
```

注意事项：

（1）创建的审计对象默认是禁用（Disable）的，在使用审计对象之前，必须启用。可使用 T-SQL 语句启用：

```
ALTER SERVER AUDIT [AUDIT_MONITOR_QUERY]
WITH(STATE = ON)
```

（2）审计内容的保存可以是二进制文件、Windows 应用程序日志或 Windows 安全日志等。FILEPATH 只是文件的目录路径，而不给出具体文件名。

2）创建服务器级别的审计规范

```
CREATE SERVER AUDIT SPECIFICATION audit_specification_name
FOR SERVER AUDIT audit_name {
    {ADD ({audit_action_group_name})
    }[,...n]
    [WITH (STATE ={ON|OFF})][;]
```

参数说明：

- audit_specification_name：服务器审计规范的名称。
- audit_name：审计对象的名称。
- audit_action_group_name：服务器级别可审核操作组的名称。常用的审计操作组有：

DATABASE_OBJECT_ACCESS_GROUP：访问数据库对象时，将引发此事件。

DATABASE_OBJECT_CHANGE_GROUP：针对数据库对象（如架构）执行 CREATE、ALTER 或 DROP 语句时，将引发此事件。创建、更改或删除任何数据库对象时，均将引发此事件。

DATABASE_OPERATION_GROUP：数据库中发生操作（如检查点或订阅查询通知）时，将引发此事件。对于任何数据库的任何操作都将引发此事件。

FAILED_DATABASE_AUTHENTICATION_GROUP：指示某个主体尝试登录数据库并且登录失败。

FAILED_LOGIN_GROUP：指示主体尝试登录 SQL Server，但是登录失败。

SUCCESSFUL_LOGIN_GROUP：指示主体已成功登录 SQL Server。

【例 11.8-26】创建服务器审计规范 AUDIT_SERVER_MONITOR。

```
CREATE SERVER AUDIT SPECIFICATION [AUDIT_SERVER_MONITOR]
FOR SERVER AUDIT [AUDIT_MONITOR]
ADD(FAILED_LOGIN_GROUP),
ADD(SUCCESSFUL_LOGIN_GROUP),
ADD(DATABASE_OBJECT_ACCESS_GROUP),
ADD(DATABASE_OBJECT_CHANGE_GROUP)
WITH(STATE = ON)
```

注意事项：

（1）审核必须已存在，这样才能为它创建服务器审核规范。

（2）服务器审核规范创建时，若没有使用可选项，则默认在创建之后处于禁用状态。可使用 T-SQL 语句启用：

```
ALTER SERVER AUDIT SPECIFICATION [AUDIT_SERVER_MONITOR]
WITH (STATE = ON)
```

3）创建数据库级别的审计规范

```
CREATE DATABASE AUDIT SPECIFICATION audit_specification_name{
    FOR SERVER AUDIT audit_name
        [{ADD ({ <audit_action_specification >
        |audit_action_group_name})}
        [,...n]]
        [WITH (STATE = {ON|OFF})][;]
<audit_action_specification >::= {
    action [,...n] ON [class::]securable BY principal [,...n]}
```

参数说明：

- 数据库级别的审计包括两种：一种是数据库级别的审计操作组，其大部分和服务器级别的审计操作组很相似；另一种是数据库级别的审计动作（Database – Level Audit Actions）。
- audit_action_specification：用于设置数据库级别的审计动作，如 SELECT、UPDATE、INSERT、DELETE、EXECUTE、REFERENCES 等。

【例 11.8 – 27】创建数据库审计操作 AUDIT_DATABASE_MONITOR_20200821，审计由角色 ROLE_TEACHER 在 SIMS_SCHEMA 模式上的删除操作。

```
CREATE DATABASE AUDIT SPECIFICATION [AUDIT_DATABASE_MONITOR_20200821]
FOR SERVER AUDIT [AUDIT_MONITOR]
ADD(DELETE ON Schema::[SIMS_SCHEMA] BY [ROLE_TEACHER])
WITH(STATE = ON)
```

注意事项：

（1）数据库级别的审计需要将当前数据库设置为对应的数据库，再执行 T-SQL 语句。

（2）数据库审计规范可在相应数据库的 UI 界面上查看，也可以使用系统函数 sys. fn_get_audit_file() 查看。

11.8.8 加密设置

1. 对称加密与非对称加密

在密码学上，主要有两种加密方法：对称加密（Symmetric Cryptography）与非对称加密（Asymmetric Cryptography）。

1）对称加密

对称加密又称私钥加密，是指信息的发送方和接收方使用同一密钥进行数据的加密和解密，如图 11 – 17 所示。

- 优点：加密/解密速度快，适合大数据量加密。
- 缺点：密钥的管理与分配存在风险。

如何把密钥发送到接收方（需要解密数据的人）？如果接收方住在附近，那么可以把密钥

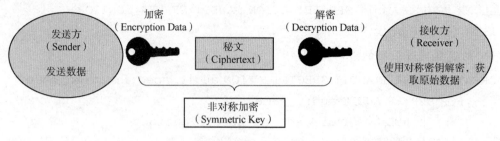

图 11 - 17　对称加密

写在纸上亲自送给他。但是，如果接收方住在别的城市，甚至别的国家，怎么办？邮寄吗？太慢！通过 Email 发送吗？若被黑客拦截了怎么办？为了解决这个问题，就有了非对称加密。

2）非对称加密

非对称加密，又称公钥加密，它解决了对称加密的缺陷。非对称加密和对称加密的主要区别在于：对称加密使用共享（单一）密钥加密/解密数据，而非对称加密使用密钥对（两个密钥）完成加密/解密数据，如图 11 - 18 所示。

- 优点：安全性高，解决了对称加密的缺陷。
- 缺点：加密和解密速度比对称密钥加密慢。

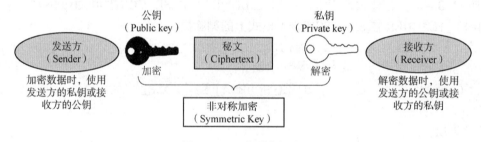

图 11 - 18　非对称加密

非对称加密使用的密钥对，就是公钥（Public key）和私钥（Private key）。公钥可以对外发布，人人可见；私钥则由自己保管，不外泄。

非对称加密使用该密钥对中的一个密钥进行加密，使用另一个密钥进行解密。如果用公钥加密，就用私钥解密；如果用私钥加密，就用公钥解密。

（1）用公钥加密信息，用私钥解密信息。

举个例子，小明和小王是特工，使用非对称加密算法保证信息传递的安全。

①小明和小王，都知道对方的公钥。

②小明发送"任务 A"给小王。小明使用小王的公钥对信息加密。加密之后，信息变成"＊＊＊＊＊＊＊＊"。就算信息被有心人截获，由于没有小王的私钥，就无从解密，不能得知"任务 A"的信息，更不能进行窜改。

③小王收到信息，用自己的私钥去解密信息，读取"任务 A"。

④接着，小王通过小明的公钥，把返回信息"已收到，任务 A 开始执行"用小明的公钥加密，发给小明。

⑤同理，小明用自己的私钥解密信息。而第三人因为没有小明的私钥，即使截获信息，也不能读取内容，更不能窜改。

（2）用私钥加密信息，用公钥解密信息。

这种情况是用来确保信息是由私钥拥有方发布的，且是完整的、正确的。这被称作数字签名（Digital Signature）。公钥的形式就是数字证书（Digital Certificate）。

举个例子，银行发布一个客户端补丁供所有用户更新。

①为了确保客户下载的是完整、正确、没有被窜改的补丁，银行为这个补丁打上一个数字签名，就是用银行的私钥对这个程序加密，然后发布。

②小明的计算机里已装有银行的数字证书，就是银行对外发布的公钥。

③小明下载补丁，用数字证书（公钥）去解密这个补丁的数字签名，只有解密成功，才能安装使用补丁。

通过数字证书（公钥）解密，小明知道这个补丁确实是银行发布的，是完整的、正确的、没有被窜改的，可以放心使用。

总之，使用非对称加密的安全性相比对称加密来说会大大提高。但是，非对称加密的算法通常比对称密钥算法复杂得多，因此会带来性能上的损失。因此，一种折中的办法是使用对称密钥来加密数据，而使用非对称密钥来加密对称密钥。这样既可以利用对称密钥的高性能，又可以利用非对称密钥的可靠性。

2. SQL Server 的加密层次结构

在 SQL Server 中，加密是分层级的，根层级的加密保护其子层级的加密，其分层体系结构如图 11-19 所示。

服务主密钥（Service Master Key），位于层次结构的最顶端。每个数据库实例都有一个服务主密钥。这个密钥是整个实例的根密钥，在实例安装的时候自动生成，其本身由 Windows 操作系统提供的数据保护 API（Data Protection API）进行保护，服务主密钥除了为其子节点提供加密服务之外，还用于加密一些实例级别的信息，比如实例的登录账号密码或者链接服务器的信息。在第一次通过 SQL Server 使用服务主密钥来加密证书、数据库主密钥或链接的服务器主密码时，服务主密钥会自动生成，并且使用 SQL Server 服务账户的 Windows 证书来生成它。如果必须改变 SQL Server 服务账号，微软公司建议使用 SQL Server 配置管理器，因为这个工具将执行生成新服务主密钥需要的合适的解密和加密方法，而且可以使加密层次结构保持完整。

在服务主密钥之下的是数据库主密钥（Database Master Key），这个密钥由服务主密钥与密码共同加密。这是一个数据库级别的密钥，可用于为数据库级别的证书、非对称密钥提供加密。创建非对称密钥时，可以决定在加密非对称密钥对应的私钥是否包含密码。如果包含密码，就使用数据库主密钥来加密私钥。每个数据库只能有一个数据库主密钥。

下面将通过 T-SQL 语句来完成数据库层的数据加密操作。

步骤1：数据库主密钥由 DMK 密码和服务主密钥共同保护。由于服务主密钥已经在创建数据库实例时自动生成，因此创建数据库主密钥时不用特别申明。

```
/* 创建数据库主密钥,DMK 密码为 DMK_WIN_TEACHER */
USE [新学籍信息管理系统]
GO
CREATE MASTER KEY ENCRYPTION BY PASSWORD = 'DMK_WIN_TEACHER'
```

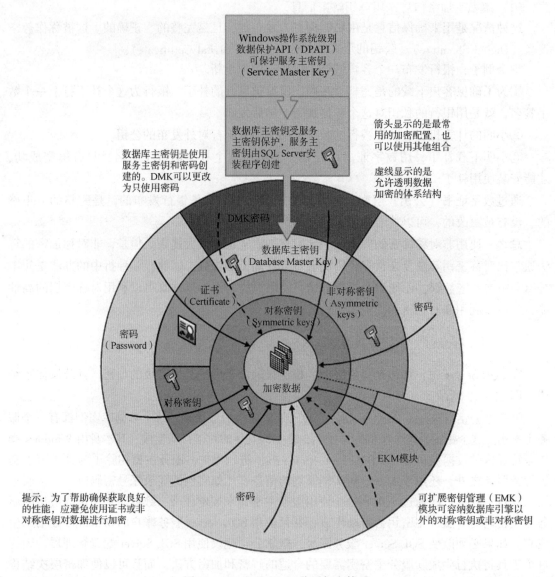

图 11–19　SQL Server 分层加密体系

步骤 2：使用数据库主密钥创建证书、非对称密钥。

/* 使用数据库主密钥加密创建的证书，所有者为 DB_WIN_TEACHER */

```
CREATE CERTIFICATE CERT_WIN_TEACHER
    AUTHORIZATION DB_WIN_TEACHER
    WITH SUBJECT = 'MY TEST CERTIFICATE.'
```

/* 使用数据库主密钥加密创建的非对称密钥，加密算法为 RSA_2048，所有者为 DB_WIN_TEACHER */

```
CREATE ASYMMETRIC KEY ASY_WIN_TEACHER
    AUTHORIZATION DB_WIN_TEACHER
    WITH ALGORITHM = RSA_2048
```

步骤3：使用非对称密钥加密创建的非对称密钥。

/*使用非对称密钥加密创建的对称密钥,加密算法为 AES_256,所有者为 DB_WIN_TEACHER */

CREATE SYMMETRIC KEY SYM_WIN_TEACHER

    AUTHORIZATION DB_WIN_TEACHER

    WITH ALGORITHM = AES_256

    ENCRYPTION BY ASYMMETRIC KEY ASY_WIN_TEACHER;

步骤4：模拟 DB_WIN_TEACHER 环境，使用对称密钥加密数据。

/*切换用户为 DB_WIN_TEACHER

EXECUTE AS USER ='DB_WIN_TEACHER';

/*使用非对称密钥解密对称密钥并使其可供使用 */

OPEN SYMMETRIC KEY SYM_WIN_TEACHER

    DECRYPTION BY ASYMMETRIC KEY ASY_WIN_TEACHER;

/*用对称密钥加密班级表的学生人数,并插入班级表 */

INSERT INTO [SIMS_SCHEMA].[学生表](学号,姓名)

    VALUES(EncryptByKey (KEY_GUID ('SYM_WIN_TEACHER'),'2005070103'),'赵杰试');

/*关闭对称密钥 */

CLOSE SYMMETRIC KEY SYM_WIN_TEACHER;

/*查看使用对称密钥输入的新数据 */

SELECT * FROM [SIMS_SCHEMA].[学生表] WHERE 姓名 ='赵杰试';

执行结果如图11-20所示。

学号	姓名	性别	出生日期	民族	所属班级	家庭住址	上级班委
阀09踊　莖襦橲	赵杰试	女	NULL	汉族	NULL	NULL	NULL

图11-20　将学号加密后的结果

步骤5：模拟 DB_WIN_TEACHER 环境，解密数据并查看。

OPEN SYMMETRIC KEY SYM_WIN_TEACHER

    DECRYPTION BY ASYMMETRIC KEY ASY_WIN_TEACHER;

/*解密学号数据并查看结果 */

SELECT CONVERT (VARCHAR,DecryptByKey (学号)) AS 解密的学生编号,姓名

    FROM [SIMS_SCHEMA].[学生表]

    WHERE 姓名 ='赵杰试';

CLOSE SYMMETRIC KEY SYM_WIN_TEACHER;

执行结果如图11-21所示。

解密的学生编号	姓名
2005070103	赵杰试

图11-21　将学号解密后的结果

注意事项：

（1）上述示例只是针对分层体系中的某种简单加密措施，以帮助读者理解 SQL Server

加密办法。在实际应用中，加密分层体系提供了多种灵活多样的加密办法，可参考图 11 – 19 中的内容。

（2）囿于篇幅，上述示例各创建语句未列出全部对应语法约定与参数，建议读者查阅微软官方在线帮助以更详细地了解其应用。

11.9　SQL Server 的高级安全性

1. 通知服务安全

通知服务（Notification Services）向数据库管理员（DBA）提出了一些独特的安全方面的挑战。DBA 不仅要考虑数据库的安全，还要考虑用于创建通知服务应用的 XML 文件的安全。在许多组织中，文件系统安全是由网络（或系统）管理员负责的。这是数据库管理员必须与其他团体密切合作的领域。

微软公司建议在脆弱的域或本地账户下不要使用本地系统、本地服务或网络服务账号及系统管理员组的任何账号。如果运行服务所使用的传送协议需要具有其他特权的账号，就必须具有更高的权限。例如，使用 IIS SMTP 服务发送通告，要求在实例的 Windows 服务运行下的账号是本地管理员组的一个成员。

2. SQL Service Broker 安全

SQL Service Broker 为消息和队列应用程序提供 SQL Server 数据库引擎本机支持，这使得开发人员可以轻松地创建和使用数据库引擎组件，在完全不同的数据库之间进行通信。开发人员可以使用 SQL Service Broker 轻松生成可靠的分布式应用程序，因此需要为其提供良好的安全机制。SQL Service Broker 有两种安全类型——会话安全、传输安全。

（1）会话安全：对单个会话信息进行加密，并检验会话参与者的身份。会话安全还提供远程认证和消息完整性检查。会话安全在两个服务之间建立认证和加密的通信。

（2）传输安全：防止未认证的数据库向本地数据库实例传送服务代理消息。传输安全在两个数据库之间建立认证的网络连接。

SQL Service Broker 使用证书为本地和远程服务器之间的通信进行认证。

3. 分析服务的安全性

微软公司在 SQL Server 7 中就已经推出分析服务（Analysis Services），直到最近几年，分析服务/商业智能市场才成为主流。商业智能（Business Intelligence，BI）应用通常位于信息金字塔的顶部，只有某些部门能够访问重要的商业报表。随着 BI 成为主流，更好地控制访问和报表日益重要。

在用户连接到分析服务后，用户在分析服务中的许可权由分配给用户所属的分析服务角色的权限决定，可以直接或通过 Windows 角色的成员关系进行。让操作系统执行认证，分析服务就可以利用 Windows 操作系统的安全特性了，包括安全验证、密码加密、审计、密码过期、最小密码长度及多次无效登录后账号锁定。注意：分析服务要求对客户和分析服务实例之间的所有通信都加密。

分析服务提供了两种固定的角色来管理对分析服务的访问——服务器角色、数据库角色。

- 服务器角色与 DBO 角色相似，它可以授权访问服务器上的所有对象。服务器角色为数据库实例访问控制提供了管理方面的控制。

- 数据库角色既可以是单个实例也可以是多个实例。这意味着数据库角色可以有层次，每层都可以有自己的许可集。服务器角色的成员在每个数据库中创建这些数据库角色，为它们赋予管理权限或用户权限。例如，可以赋予多维数据集、维度、单元、挖掘结构、挖掘模型和数据资源对象的读/写权限，然后给它们增加 Windows 用户和组。

尽管服务器角色的成员自动拥有完整的管理员权限，但是数据库角色的成员没有这些权限。数据库角色可以被赋予全部控制权限（又称管理权限），或者下面列表中有更多限制的管理权限的集合：

- 处理数据库。
- 处理一个（或多个）维度。
- 处理一个（或多个）多维数据集。
- 处理一个（或多个）挖掘结构和模型。
- 读取数据库元数据。
- 读取一个（或多个）维度的定义。
- 读取一个（或多个）多维数据集的定义。
- 读取一个（或多个）挖掘结构的定义。
- 读取一个（或多个）挖掘模型的定义。
- 读取一个（或多个）数据资源的定义。

只有具备全部控制权限的服务器角色的成员和数据库角色的成员，才能在不需要额外许可权的情况下读取分析服务数据。只有用户的数据库角色清晰地为分析服务中的数据对象（如维度、多维数据集、单元和挖掘模型）赋予读/写权限时，用户才能读取分析服务数据。

4. 集成服务安全特性

集成服务是 SQL Server 中面向高性能数据集成的功能组成，它有一个配套的数据流机制和控制流机制，并且可以为数据分析服务提供必要的 ETL（数据仓库技术）支持，在 SQL Server 中，SQL Server 集成服务（SQL Server Integration Services，SSIS）已经整理了它的安全模型。集成服务提供任务级和包级安全基础设施，该设施充分利用 Windows Server 和 SQL Server 中的证书技术。

5. 报表服务安全

在 SQL Server 提供的所有关键技术中，SQL Server 报表服务（SQL Server Report Services，SSRS）无疑是最值得注意的一项。因为它是整个组织能够直接访问的。报表在大多数组织中正在逐步变成主流，了解它是如何实现的极其重要。从管理者的角度看，报表服务需要协调一些团队的功能。报表服务是属于 IIS（互联网信息服务）并基于 Internet 的应用。

因此，IIS 管理员和 Windows 管理员都要使用正确的许可级来配置 IIS 和 Windows 操作系统。另外，报表数据本身需要通过某些账号导出，数据库管理员（DBA）需要配置这些。对于新的报表生成器功能，必须做一些额外的工作来保护报表模型，因为它以报表模型的形式向用户显示元数据。

本章小结

本章首先介绍了数据库存在的安全问题，举例说明了威胁产生的安全后果，由此指出广义上的数据库分层安全框架体系。本章重点介绍了本地环境下的数据库安全管理。数据库的安全机制有用户标识与鉴别、存取控制、视图安全、模式安全、审计、数据加密、推理控制、隐蔽信道与数据隐私等。

SQL Server 的安全性介绍内容主要说明了身份验证模式的概念与设置；登录账号的语法约定、Windows 登录账号与 SQL Server 登录账号管理示例；数据库用户的语法约定、示例；数据库角色的语法约定、示例；权限控制的授予、收回与拒绝操作的语法约定、示例；模式安全管理的语法约定、示例；审计对象构成、创建审核的步骤，审计对象的语法约定与示例；对称加密与非对称加密的概念、SQL Server 的加密层次结构、数据加密操作示例等内容。这部分内容较多，需要理论与实践相结合才能更好地完成对这部分内容的学习。

最后，本章还扩展介绍了通知服务安全、SQL Service Broker 安全、分析服务的安全性、集成服务安全特性、报表服务安全等 SQL Server 高级安全性的基本概念。

思考题

1. 理解术语：用户标识、自主存取控制、强制存取控制、基于角色的存取控制、审计、数据加密、明文、密文、密钥、推理控制、隐蔽信道、数据隐私、对称加密、非对称加密。

2. 请简述存取控制的机制。

3. 请尝试说明视图安全与模式安全要解决的问题。

4. 请简要说明自主存取控制、强制存取控制、基于角色的存取控制的区别。

5. 请简要列举审计事件的类型与功能。

6. 请简要说明数据库加密技术分类。

7. 请自行设计并完成 SQL Server 的登录账号的创建与修改操作。

8. 请自行设计并完成数据库用户与角色的创建与修改操作。

9. 请自行设计并完成数据库权限的控制操作。

10. 请自行设计并完成视图与模式的安全操作。

11. 请自行设计并完成审计的安全操作。

12. 请自行设计并完成数据库加密的安全操作。

参考文献

[1] 王珊，萨师煊. 数据库系统概论［M］. 5 版. 北京：高等教育出版社，2014.

[2] CONNOLLY T M，BEGG C E. 数据库系统：设计、实现与管理（基础篇）［M］. 6 版. 宁洪，贾丽丽，张元昭，译. 北京：机械工业出版社，2016.

[3] MICK. SQL 基础教程［M］. 2 版. 孙淼，罗勇，译. 北京：人民邮电出版社，2017.

[4] MICK. SQL 进阶教程［M］. 吴炎昌，译. 北京：人民邮电出版社，2017.

[5] LAHDENMÄKI T，LEACH M. 数据库索引设计与优化［M］. 曹怡倩，赵建伟，译. 北京：电子工业出版社，2015.

[6] 孙亚男，郝军. SQL Server 2016 从入门到实践［M］. 北京：清华大学出版社，2018.

[7] DELANEY K，RANDAL P S，TRIPP K L，等. 深入解析 SQL Server 2008［M］. 陈宝国，李光杰，薛赛男，等译. 北京：人民邮电出版社，2010.

[8] 王俊，郑笛. 深入浅出学 SQL Server［M］. 北京：电子工业出版社，2011.

[9] 马晓梅. SQL Server 实验指导［M］. 4 版. 北京：清华大学出版社，2019.

[10] 耿素云，屈婉玲. 离散数学［M］. 5 版. 北京：清华大学出版社，2013.

[11] 孟宪虎，马雪英. 大型数据库系统管理、设计与实例分析［M］. 北京：电子工业出版社，2008.

附录

实验教程

实验 1　数据库管理系统的安装

【实验说明】

【实验目标】

1. 知识目标：
(1) 加深对数据库管理系统的结构体系了解。
(2) 加深对 SQL Server 的结构体系了解。
(3) 理解 SQL Server 安装设置的含义与作用。
2. 技能目标：
(1) 提高数据检索能力，学会检索与数据库相关的信息。
(2) 尝试使用简洁可视的方式表达安装过程中的问题与解决方案。
(3) 学会总结并表达安装过程中的心得与体会。

【数据素养指标】

(1) 能认识到收集数据库相关数据对科研、生活等方面是具有重要意义的。
(2) 能根据不同的需求（如个人需求或研究需求等）提取对数据的需求。
(3) 能将数据需求明确、细化与具体化。
(4) 能使用明确的语言表达数据需求。
(5) 能全面、准确地收集数据库安装所需的各类数据。
(6) 能有效利用数据收集工具（如问卷、检索工具等）对数据进行收集。

（7）能有效选择数据收集方式（如调查、访谈、实验、检索等）对数据进行收集。

（8）能够安装配置合适的管理工具，为数据管理打下基础。

（9）掌握可视化工具的运用，会用多种可视化形式展示数据。

（10）能分析评价具体流程设计中的不足之处，并对其进行改进。

（11）能对操作方案做整体的评价，并找到优缺点。

（12）能够利用数据、基础知识等信息完成最终的实验报告。

【实验重点与难点】

1. 重点：SQL Server 的安装与设置。

2. 难点：

（1）对 SQL Server 的安装设置含义的理解与调整。

（2）使用简洁可视的方法总结安装过程中的问题。

（3）尝试给出安装过程中异常情况的解决方案。

【实验过程设计】

（1）检索与 SQL Server 相关的学习资料。

（2）SQL Server 软件下载。

（3）SQL Server 数据库的安装。

（4）编写实验步骤的内容。

（5）编写实验总结内容。

【实验内容】

1. 检索数据库信息。

请使用简洁可视的方式说明检索到的相关信息。如果对下列检索示例有补充，可自行添加。

（1）各类数据库的信息网址。

（2）SQL Server 的版本类型。

（3）SQL Server 的安装软件信息（如网址、插件等）。

（4）数据库的其他信息（如发展趋势、企业认证、论坛等）。

2. SQL Server 数据库的下载与安装。

请使用简洁可视的方式表达操作步骤的内容。如果对下列操作步骤示例有补充，可自行添加。

（1）请使用简洁可视的方式说明数据库具体下载与安装步骤。

（2）请使用简洁可视的方式描述数据库安装过程中的问题；尝试给出对应问题的解决方法与步骤说明。

3. 实验总结。

请使用简洁可视的方式表达总结内容。如果对下列总结示例有补充，可自行添加。

（1）安装过程需要准备哪些信息与资料？

（2）收集数据库在安装过程中的各类问题信息以及解决方案的信息来源有哪些，工具有哪些，方法与方式有哪些？

（3）对上述实验内容进行分类总结，如术语、信息采集、问题与解决方案等。尽可能采用可视化的方式，以便查阅。

（4）自己的心得体会。

（5）对本次实验的意见与建议。

实验 2　创建与管理数据库

【实验说明】

【实验目标】

1. 知识目标：

（1）加深对数据库管理系统的组成结构的了解。

（2）加深对 SQL Server 的逻辑与物理存储结构的了解。

（3）加深对 SQL Server 的 T-SQL 语法约定的了解。

（4）加深对数据库对象操作的 T-SQL 语法约定的了解。

（5）加深对标识符规则的理解，并学会将其应用于实践。

2. 技能目标：

（1）提高数据检索能力，学会检索 SQL Server 数据库对象操作的资料。

（2）熟练使用 T-SQL 语句完成 SQL Server 数据库对象的各类操作。

（3）尝试使用简洁可视的方式表达数据库对象操作过程中的问题与解决方案。

（4）学会总结并表达数据库对象操作过程中的心得与体会。

【数据素养指标】

（1）能够安装、配置合适的管理工具，为数据管理打下基础。

（2）能全面、准确地收集所需的各类数据。

（3）能有效利用数据收集工具（如问卷、检索工具等）对数据进行收集。

（4）能有效选择数据收集方式（如调查、访谈、实验、检索等）对数据进行收集。

（5）掌握可视化工具的运用，会用多种可视化形式展示数据。

（6）能分析评价具体流程设计中的不足之处，并对其进行改进。

（7）能对操作方案做整体的评价，并找到优缺点。

（8）能够利用数据、基础知识等信息完成最终的实验报告。

【实验重点与难点】

1. 重点：SQL Server 数据库对象的创建与修改。

2. 难点：

（1）对 SQL Server 数据库对象的参数设置含义的理解与调整。

（2）进入 SQL Server 的命令行方式。

（3）使用简洁可视的方法总结数据库对象管理操作中的问题。

（4）尝试给出数据库对象管理操作过程中异常情况的解决方案。

【实验过程设计】

（1）检索与 SQL Server 后台引擎相关的学习资料。

（2）使用图形或命令行的方式进入 SQL Server 以进行 T-SQL 语言操作。

（3）使用 T-SQL 语言完成数据库对象的创建、修改与删除操作。

（4）编写实验步骤的内容。

（5）编写实验总结内容。

【实验内容】

1. 检索 SQL Server 后台引擎信息。

请使用简洁可视的方式说明检索到的相关信息。如果对下列检索示例有补充，可自行添加。

（1）SQL Server 后台引擎的名称与作用。

（2）SQL Server 其他引擎的名称与作用。

（3）SQL Server 后台引擎的查看方法。

（4）SQL Server 后台引擎的启动与关闭操作。

（5）SQL Server 后台引擎的其他信息收集。

2. 说明进入 SQL Server 的方式。

请使用简洁可视的方式表达操作步骤的内容。如果对下列操作步骤示例有补充，可自行添加。

（1）请使用简洁可视的方式说明图形式方式的进入操作步骤。

（2）请使用简洁可视的方式说明命令行方式的进入操作步骤。

3. 管理数据库。

（1）创建数据库。要求如下：

①建立数据库 sqltest1，数据文件有两个，都保存在 d:\ test1 目录下，文件大小默认为 10 MB，按 10% 增长；主数据文件放在主文件组中，次数据文件放在文件组 fielgroup_1 中；日志文件也保存在 d：\ test1 目录下，默认大小为 5 MB，最大 50 MB，按 1 MB 增长。

②查看 sqltest1 数据库信息。

（2）修改数据库。要求如下：

①将创建的主数据文件默认大小改为 15 MB，按 5% 增长。

②将次数据文件移除。

③向数据库 sqltest1 添加一个新的文件组 filegroup_2。

④向数据库 sqltest1 添加一个新的次数据文件，名称为 sqltest1_n_data2，保存在 D：\ test1 目录下，其余自定义。该文件属于文件组 filegroup_2。

⑤将文件组 filegroup_2 改名为 filegroup_3。

（3）删除数据库。要求：删除数据库 sqltest1。

（4）说明上述创建、修改与删除数据库的操作步骤（附命令与结果截图）。

（5）通过创建数据库操作，写下你对数据文件、日志文件文件组的理解。

（6）（可选）分析上述创建、修改与删除数据库操作参数的调整与决定因素。

（7）（可选）除上述创建、修改与删除数据库操作还有哪些注意事项？

4. 实验总结。

请使用简洁可视的方式表达总结内容。如果对下列总结示例有补充，可自行添加。

（1）数据库的管理操作内容的自我完成情况。

（2）数据库的管理操作过程需要收集哪些信息与资料？可分类说明。

（3）收集数据库管理操作的各类问题及其解决方案的信息来源有哪些，工具有哪些，方法与方式有哪些？

（4）对上述的实验内容进行分类总结，如术语、信息采集、问题与解决方案等。尽可能采用可视化的方式，以便查阅。

（5）自己的心得体会。

（6）对本次实验的意见与建议。

实验3　模式与表的管理

【实验说明】

【实验目标】

1. 知识目标：

（1）加深对数据完整性概念与机制的了解。

（2）加深对数据库三级模式结构的理解。

（3）学会对不同数据类型的选择，并举一反三将其应用于实践。

（4）加深对模式操作、数据表操作的 T-SQL 语法约定的了解。

2. 技能目标：

（1）提高数据检索能力，学会检索 SQL Server 里模式与数据表操作的相关资料。

（2）熟练使用 T-SQL 语句完成 SQL Server 中模式与数据表对象的各类操作。

（3）尝试使用简洁可视的方式表达模式与数据表对象操作过程中的问题与解决方案。

（4）学会总结并表达模式与数据表对象操作过程中的心得与体会。

【数据素养指标】

（1）区分不同数据源、不同类型的数据，进行分类收集存储。

（2）在对数据进行操作处理的一系列与数据相关的活动中，能将数据进行分类保存。

（3）能检验判断收集到的数据的正确性，并能剔除明显错误或无效的数据。

（4）能全面、准确地收集所需的各类数据。

（5）能有效利用数据收集工具（如问卷、检索工具等）对数据进行收集。

（6）能有效选择数据收集方式（如调查、访谈、实验、检索等）对数据进行收集。

（7）掌握可视化工具的运用，会用多种可视化形式展示数据。

（8）能分析评价具体流程设计中不足的地方，对不足之处进行改进。

（9）能对操作方案做整体的评价，并找到优缺点。

（10）能够利用数据、基础知识等信息完成最终的实验报告。

【实验重点与难点】

1. 重点：SQL Server 数据表对象的创建与修改。

2. 难点：

（1）创建模式的参数设置含义的理解与调整。

（2）数据库完整性概念在实际情况中的应用。

（3）数据类型选择在实际情况中的应用。

(4) 使用简洁可视的方法总结数据库对象管理操作中的问题。

(5) 尝试给出模式与数据表操作过程中异常情况的解决方案。

【实验过程设计】

(1) 使用 T-SQL 语言完成模式对象的创建、删除操作。

(2) 使用 T-SQL 语言完成数据表对象的创建、修改与删除操作。

(3) 编写实验步骤的内容。

(4) 编写实验总结内容。

【实验内容】

1. 管理模式。要求如下：

(1) 将当前数据库切换到 sqltest1 数据库，使用 CREATE USER 命令创建一个数据库用户。

(2) 在 sqltest1 数据库中创建一个模式（架构），名称为 sqlSchema1，所有者为前面创建的数据库用户。

(3) 在 sqltest1 数据库中创建一个模式（架构），名称为 sqlSchema2，无所有者参数。

(4) 查看模式 sqlSchema1 与 sqlSchema2 的信息。

(5) 删除 sqlSchema2 模式。

(6) 说明上述创建与删除模式的操作步骤（附命令与结果截图）。

(7)（可选）分析模式在实际中的应用意义。

(8)（可选）分析上述两种方法创建的模式的区别。

(9)（可选）上述创建、修改与删除模式操作还有哪些注意事项？

2. 管理数据库。要求如下：

(1) 在 sqltest1 数据库中，创建属于 sqlSchema1 模式的医生表、患者表与病历表三个数据表，其结构要求如下。

①创建医生表，其表结构见表（附）3－1。

表（附）3－1 医生表的表结构

属性名	数据类型	宽度	是否为空	默认值	约束
医生编号	定长字符型	9	否		主键，约束名为 PK_Doc
医生姓	变长字符型	8	否		
医生名	变长字符型	16	否		
科室	变长字符型	25	是		
电话	变长字符型	15	是	0591－8347125	取值范围：'0591－'+'七个整型字符'，约束名：CK_Doc_Phone

②创建患者表，其表结构见表（附）3－2。

表（附）3－2　患者表的表结构

属性名	数据类型	宽度	是否为空	约束
患者编号	定长字符型	9	否	主键，约束名为 PK_Pat
患者姓	变长字符型	8	否	
患者名	变长字符型	16	否	
保险公司名称	变长字符型	25	是	
年龄	整型		是	
电话号码	变长字符型	16	是	

③创建病历表，其表结构见表（附）3－3。

表（附）3－3　病历表的表结构

属性名	数据类型	宽度	是否为空	默认值	约束1	约束2
患者编号	定长字符型	9	否		主键：患者编号＋住院日期，约束名：PK_Case	外键约束，约束名：FK_PatId
住院日期	日期时间型		否			
医生编号	变长字符型	9	否			外键约束，约束名：FK_DocId
病床号	整型		是			
出院日期	日期时间型		是	当前日期		
病历	变长字符型	1024	是			

（2）查看创建完成的医生表、患者表与病历表结构。

（3）修改患者表结构：

①"患者名"长度为可变字符（18），允许为空。

②增加一个新的属性"出生年月"，其为日期型、非空，默认约束：约束名为 DF_Pat_Old、值为 1949 年 7 月 1 日。

③删除上面新创建的属性"出生年月"。（注：先删除与"出生年月"属性相关的约束，再删除该属性）。

④为属性"电话号码"添加唯一约束，约束名为 Un_Pat_Phone。

⑤将新创建的唯一约束（Un_Pat_Phone）删除。

⑥暂时让约束（CK_Doc_Phone）失效，然后让其重新有效。

⑦创建一个约束，将"年龄"属性的可能值限制在 18～80 岁，名称为 CK_Pat_Old，不检查已输入的数据。

⑧将表中的"年龄"属性进行重命名。新的名称为"患者年龄"。

（4）删除患者表。

（5）说明上述创建、修改与删除数据库的操作步骤（附命令与结果截图）。

（6）说明修改表结构操作可分成几类操作。

（7）在实验中用到的数据类型是否可以替换成别的数据类型？说明原因。

（8）创建表时，除了要求中提到的完整性约束外还可以创建什么约束？

（9）（可选）分析表单独创建与模式和表一起创建的差异性。

（10）（可选）分析上述创建、修改与删除数据库操作参数的调整与决定因素。

（11）（可选）分析上述创建、修改与删除数据库操作还有哪些注意事项。

3. 实验总结。

请使用简洁可视的方式表达总结内容。如果对下列总结示例有补充，可自行添加。

（1）模式与数据表操作内容的自我完成情况。

（2）模式与数据表操作过程需要收集哪些信息与资料？可分类说明。

（3）收集模式与数据表操作的各类问题及其解决方案的信息来源有哪些，工具有哪些，方法与方式有哪些？

（4）对上述的实验内容进行分类总结，如术语、信息采集、问题与解决方案等。尽可能采用可视化的方式，以便查阅。

（5）自己的心得体会。

（6）对本次实验的意见与建议。

实验4 查 询

【实验说明】

【实验目标】

1. 知识目标：
（1）加深对关系代数的理解。
（2）加深对数理逻辑的理解。
（3）加深对查询操作 T-SQL 语法约定的了解。
2. 技能目标：
（1）提高数据检索能力，学会检索 SQL Server 里查询的相关资料。
（2）熟练使用 T-SQL 语句完成 SQL Server 中的单表查询、分组查询、多表查询、嵌套查询以及集合查询等查询操作。
（3）能够举一反三地应用 T-SQL 语句完成各种实际查询问题。
（4）能够综合应用函数提高查询语句编写质量。
（5）尝试探索查询性能的问题。
（6）尝试使用简洁可视的方式表达查询操作过程中的问题与解决方案。
（7）学会总结并表达查询操作过程中的心得与体会。

【数据素养指标】

（1）能够利用基本语言工具，从数据模型中提取基本信息。
（2）了解不同数据模型之间的内在逻辑关系，完成多表或多数据源的数据连接。
（3）能够利用基本语言工具，从复杂数据模型中提取信息。
（4）能够使用应用 SQL 的常用函数进行统计来描述数据。
（5）能全面、准确地收集所需的各类数据。
（6）能有效利用数据收集工具（如问卷、检索工具等）对数据进行收集。
（7）能有效选择数据收集方式（如调查、访谈、实验、检索等）对数据进行收集。
（8）掌握可视化工具的运用，会用多种可视化形式展示数据。
（9）能分析评价具体流程设计中的不足之处，并对其进行改进。
（10）能对操作方案做整体的评价，并找到优缺点。
（11）能够利用数据、基础知识等信息完成最终的实验报告。

【实验重点与难点】

1. 重点：单表查询、分组查询以及多表连接查询的所有知识点；常用函数的综合应用。

2. 难点：

（1）自连接查询的应用。

（2）嵌套查询对于复杂情况的综合应用与测试。

（3）存在谓词与全称谓词在嵌套查询中的应用。

（4）查询操作中容易出错的细节了解与调整。

（5）使用简洁可视的方法总结查询操作中的问题。

（6）尝试给出查询操作过程中异常情况的解决方案。

【实验过程设计】

（1）使用 T-SQL 语言完成单表查询与分组查询的操作。

（2）使用 T-SQL 语言完成多表连接查询的操作。

（3）使用 T-SQL 语言完成嵌套查询的操作。

（4）使用 T-SQL 语言完成集合查询的操作。

（5）编写实验步骤的内容。

（6）编写实验总结内容。

【实验内容】

1. 将 Test. mdf 与 Test_log. ldf 文件导入 SQL Server，数据库名为 Test。其内有医生表、患者表与病历表三个数据表，并包含测试数据。

2. 单表与分组查询。

（1）单表查询。

①查询患者表，显示所有患者的患者编号、保险公司名称、电话号码（别名：患者电话）。

②查询患者表，显示患者编号、患者姓名（患者姓 + 患者名）、保险公司名称，并在每个"电话号码"前面显示字符串"患者电话:"。

③查询患者表，要求显示保险公司名称，并消除重复的值。

④查询患者表，要求只显示前 5 条的全部患者信息。

⑤查询患者表，要求显示最年轻的前 6 位患者的患者编号、患者姓名、患者年龄。

⑥给医生表取别名 doctors，并用别名显示医生表的所有信息。

⑦要求查询在"人民保险公司"投保的所有患者的信息。

⑧要求查询患者年龄在 20 ~ 60 岁之间的所有患者信息。

⑨要求查询姓"王"、姓"李"或姓"关"的所有患者的信息。

⑩查询电话号码为空的患者信息。

⑪要求按年龄从大到小显示患者信息。

⑫要求先按患者的姓氏升序来排序显示患者信息；如果姓氏一样，就按年龄降序来显示患者信息。

⑬要求查询电话号码的最后一个数字为 6 的患者编号、患者姓名、电话号码。

⑭要求查询倒数第 2 个数字为 7 的患者编号、患者姓名、电话号码。

⑮要求查询除区号外的第 2 个数字为 2 的患者编号、患者姓名、电话号码（注：手机号码不算）。

⑯要求查询电话号码的最后一个数字为6或3或1的患者编号、患者姓名、电话号码。

⑰要求查询电话号码的最后一个数字是除1、3、6以外的患者编号、患者姓名、电话号码。

（2）分组查询。

①查询患者表，要求显示最大年龄值、最小年龄值、平均年龄值。

②查询患者表，要求统计在"太平洋保险公司"投保的患者数。

③查询患者表，要求统计有电话号码的患者数。

④查询患者表，要求统计在各个保险公司投保的各自患者人数。

⑤查询患者表，要求统计投保人数2人以上（含2人）的保险公司名称与投保人数。

⑥查询病历表，要求统计患者编号为Pat0002的患者结算总金额。注：结算金额相同的只算一次记入总金额。

（3）说明上述查询的操作步骤（附命令与结果截图）。

（4）（可选）列出关系代数与查询语句的映射关系。

（5）（可选）从实际使用角度出发，现有实验的哪些查询内容是否可以调整？

（6）（可选）哪些查询可用多种查询方法实现？

（7）（可选）除实验中的分组查询外，是否还可以贴合实际情况的分组查询？

（8）（可选）HAVING筛选与WHERE筛选在实际应用时的不同点有哪些？

3. 多表连接查询。

（1）多表连接。

①查询所有有就诊记录的患者编号、患者姓名、住院日期、病历。

②查询所有患者的患者编号、患者姓名、住院日期、病历（注：如果有的患者暂时还没有就诊记录，则相应内容显示为NULL）。

③显示"王太山"患者的所有就诊资料（患者编号、患者姓名、住院日期、病历）。

④统计"柳四二"患者的就诊次数，以及结算总金额。

⑤查询医生编号为docek001的医生诊过的所有患者资料（患者编号、患者姓名、医生编号）。

⑥查询"张明仁"医生诊过的所有患者资料（患者编号、患者姓名、医生姓名）。

⑦显示出院日期在2008年间每位患者的最高的一笔结算金额。显示的信息：患者编号、患者姓名、最高结算金额。

⑧查询具有相同专业（即：相同科室下至少要有两名医生）的医生。显示的信息：医生编号、医生姓名、科室。

（2）说明上述多表连接操作步骤（附命令与结果截图）。

（3）哪些多表连接还可有其他查询方法？

（4）（可选）现有多表连接实验中有哪些查询需要调整数据源与连接方式？

（5）（可选）现在多表连接查询中是否有需要去除重复信息之处（包括列与行）？

（6）（可选）除现有实验外，是否还可以提出切合实际情况的多表连接查询？

（7）（可选）自连接查询有哪些需要注意的事项？

4. 嵌套查询与集合查询。

（1）嵌套查询。

①查询病历表，要求统计患者编号为Pat0002的患者结算总金额。注：结算金额相同的

不记入总金额。

②请用"相关子查询作为表达式"方法写出 SELECT 语句，统计并显示每位医生的医生编号、医生姓名以及每位医生诊过的患者数。要求：对于还没诊过患者的医生，则显示诊过的患者数为 0。

③请用"派生表"的子查询方法写出 SELECT 语句，统计并显示每位医生的医生编号、医生姓名以及每位医生诊过的患者数。要求：对于还没诊过患者的医生，则显示诊过的患者数为 0。

④请用"相关子查询作为表达式"的子查询方法写出 SELECT 语句，统计并显示每位医生的医生编号、医生姓名以及每位医生诊过的患者数。要求：对于还没诊过患者的医生，则不显示信息。

⑤请用"派生表"的子查询方法写出 SELECT 语句，统计并显示每位医生的医生编号、医生姓名以及每位医生诊过的患者数。要求：对于还没诊过患者的医生则不显示信息。

⑥查询具有相同专业的医生。显示的信息有：医生编号、医生姓名、科室。

⑦查询诊过所有医生的患者信息。

⑧查询至少诊过患者编号为 Pat0004 就诊过的全部医生的患者编号。

⑨查询结算总金额最多的患者编号、患者姓名和相应的结算总金额。

（2）集合查询。

①查询儿科医生与产科医生的并集。要求显示医生编号、医生姓名、科室，结果按医生编号升序排列。

②查询"李明"医生诊过的患者与"张明仁"医生诊过的患者的交集。

③查询"李明"医生诊过的患者与"张明仁"医生诊过的患者的差集。

（3）说明上述多表连接操作步骤（附命令与结果截图）。

（4）现有嵌套查询实验中，哪些题还可使用其他嵌套查询方式？

（5）现有查询实验中，同一题是否可以替换成 EXISTS 查询？

（6）如果不用集合查询关键字，哪些题可以换成不同的查询方法实现？

（7）（可选）除现有全称量词查询实验外，是否还可以自己设计全称量词查询？

（8）（可选）除现有集合查询实验外，是否还可以自己设计集合查询？

5. 实验总结。

请使用简洁可视的方式表达总结内容。如果对下列总结示例有补充，可自行添加。

（1）查询操作内容的自我完成情况。

（2）自行设计综合应用函数进行数据统计。

（3）模式与数据表操作过程需要收集哪些信息与资料，可分类说明。

（4）收集模式与数据表操作的各类问题及其解决方案的信息来源有哪些，工具有哪些，方法与方式有哪些？

（5）对上述的实验内容进行分类总结，如术语、信息采集、问题与解决方案等。尽可能采用可视化的方式，以便查阅。

（6）自己的心得体会。

（7）对本次实验的建议与意见。

实验5 数据管理

【实验说明】

【实验目标】

1. 知识目标：
(1) 加深对数据管理的理解。
(2) 加深理解数据类型，特别是数据完整性对数据管理影响。
2. 技能目标：
(1) 提高数据检索能力，学会检索 SQL Server 里数据管理的相关资料。
(2) 熟练使用 T-SQL 语句完成 SQL Server 中添加、删除与修改等数据操作。
(3) 能够举一反三地应用 T-SQL 语句完成各种实际数据操作问题。
(4) 尝试使用简洁可视的方式表达数据管理操作过程中的问题与解决方案。
(5) 学会总结并表达数据管理操作过程中的心得与体会。

【数据素养指标】

(1) 能够熟练并正确完成基本的更新操作。
(2) 能全面、准确地收集所需的各类数据。
(3) 能有效利用数据收集工具（如问卷、检索工具等）对数据进行收集。
(4) 能有效选择数据收集方式（如调查、访谈、实验、检索等方式）对数据进行收集。
(5) 掌握可视化工具的运用，会用多种可视化形式展示数据。
(6) 能分析评价具体流程设计中的不足之处，并对其进行改进。
(7) 能对操作方案做整体的评价，并找到优缺点。
(8) 能够利用数据、基础知识等信息完成最终的实验报告。

【实验重点与难点】

1. 重点：数据添加、修改与删除的语句操作。
2. 难点：
(1) 数据添加、修改与删除批量操作或跨表操作。
(2) 数据添加、修改与删除的综合应用与测试。
(3) 使用简洁可视的方法总结查询操作中的问题。
(4) 尝试给出查询操作过程中异常情况的解决方案。

【实验过程设计】

(1) 使用 T-SQL 语言完成数据添加的操作。

（2）使用 T-SQL 语言完成数据修改的操作。

（3）使用 T-SQL 语言完成数据删除的操作。

（4）自行完成数据管理内容扩展与设计。

（5）编写实验步骤的内容。

（6）编写实验总结内容。

【实验内容】

1. 数据添加。

（1）向医生表插入记录，见表（附）5－1。注：用不指定列名的方式插入数据。

表（附）5－1　记录1

医生编号	医生姓	医生名	科室	电话
docjzk013	李	光民	NULL	默认值

（2）向医生表插入记录，见表（附）5－2。注：用指定列名的方式插入数据。

表（附）5－2　记录2

医生编号	医生姓	医生名	科室	电话
docjzk014	黄	洪山	急诊科	NULL
docjzk015	林	更新	急诊科	默认值

（3）再建一个新表"医生备份表"，要求将医生表中的所有内科医生的资料插入"医生备份表"。

2. 数据修改。

（1）将新插入的医生编号为 docjzk013 的"科室"属性值改成"内科"。

（2）将病历表中的，医生编号为 docnk003 医生诊过的患者结算金额上浮15%。

（3）将姓名为李三一的患者的出院日期延后一天。

3. 数据删除。

（1）将"科室"属性值为 NULL 的医生资料删除。

（2）将"科室"属性值为"心血科"，且医生编号靠前2位的两位医生资料删除。

（3）使用 TRUNCATE TABLE 命令删除新建的"医生备份表"中的所有信息。

4. 数据添加、修改与删除操作问题。

请使用简洁可视的方式表达内容。如果对下列总结示例有补充，可自行添加。

（1）自行总结单行数据插入与批量数据插入方式的不同之处。

（2）除实验已有插入操作外，是否还有其他自行设计完成的插入操作？

（3）除实验已有修改操作外，是否还有其他自行设计完成的修改操作？

（4）除实验已有删除操作外，是否还有其他自行设计完成的删除操作？

（5）除教材已有的注意事项外，数据插入、删除与修改是否还有其他事项补充？

5. 实验总结。

请使用简洁可视的方式表达总结内容。如果对下列总结示例有补充，可自行添加。

（1）数据添加、修改与删除操作内容的自我完成情况。

（2）数据管理操作过程需要收集哪些信息与资料？可分类说明。

（3）收集数据管理操作的各类问题及其解决方案的信息来源有哪些，工具有哪些，方法与方式有哪些？

（4）对上述的实验内容进行分类总结，如术语、信息采集、问题与解决方案等。尽可能采用可视化的方式，以便查阅。

（5）自己的心得体会。

（6）对本次实验的意见与建议。

实验6　视图与索引

【实验说明】

【实验目标】

1. 知识目标：
(1) 加深对数据库三级模式结构与外模式的理解。
(2) 加深对视图的作用与应用的理解。

2. 技能目标：
(1) 提高数据检索能力，学会检索 SQL Server 里视图与索引管理的相关资料。
(2) 熟练使用 T-SQL 语句完成 SQL Server 中创建、删除、修改与查询视图的操作。
(3) 熟练使用 T-SQL 语句完成 SQL Server 中创建、删除、修改索引的操作。
(4) 能够举一反三地应用 T-SQL 语句完成各种实际视图与索引的操作问题。
(5) 尝试使用简洁可视的方式表达视图与索引操作过程中的问题与解决方案。
(6) 学会总结并表达视图与索引操作过程中的心得与体会。

【数据素养指标】

(1) 了解使数据便于使用的基本理念、管理方式与数据组织结构等。
(2) 能够结合实际情况采取合适的工具，提高数据使用性能与效率。
(3) 能全面、准确地收集所需的各类数据。
(4) 能有效利用数据收集工具（如问卷、检索工具等）对数据进行收集。
(5) 能有效选择数据收集方式（如调查、访谈、实验、检索等）对数据进行收集。
(6) 能掌握可视化工具的运用，会用多种可视化形式展示数据。
(7) 能分析评价具体流程设计中的不足之处，并对其进行改进。
(8) 能对操作方案做整体的评价，并找到优缺点。
(9) 能够利用数据、基础知识等信息完成最终的实验报告。

【实验重点与难点】

1. 重点：视图与索引的操作语句。
2. 难点：
(1) 视图创建操作中的可选项含义与使用。
(2) 创建索引的列选择。
(3) 视图与索引的综合应用。
(4) 使用简洁可视的方法总结视图与索引操作中的问题。

（5）尝试给出视图与索引操作过程中异常情况的解决方案。

【实验过程设计】

（1）使用 T-SQL 语言完成视图的创建、修改、删除与查询操作。
（2）使用 T-SQL 语言完成索引的创建、修改、删除操作。
（3）编写实验步骤的内容。
（4）编写实验总结内容。

【实验内容】

1. 视图。
（1）打开 Test 数据库，创建一个视图 View_SomePatient，要求显示在"人民保险公司"投保的患者姓、患者名、年龄与保险公司名称，并实现架构绑定。
（2）打开 Test 数据库，创建一个视图 View_GroupPatient，要求从患者表中按统计每个年龄段的患者数，显示的信息有患者年龄、每个年龄段的患者数。
（3）打开 Test 数据库，修改视图 View_GroupPatient，要求从患者表中统计每个年龄段（分成三个年龄段：1~60、61~80、80~100）的患者数，显示的信息有患者年龄、每个年龄段的患者数，并将视图定义内容加密。
（4）查询 View_GroupPatient 视图的数据。
（5）查看 View_SomePatient 与 View_GroupPatient 视图的定义内容。
（6）打开 Test 数据库，创建一个视图 test_orders1，要求从病历表中，查询住院日期在 2008 年期间的所有患者编号与患者姓名。
（7）使用 View_Orders 视图删除姓名为李三一的患者的信息，查看操作结果。
（8）其他要求：
①请列举创建视图的各可选项的作用。
②除实验要求外，还可以自行设计什么视图？说明原因。
③（可选）除教材中视图管理的注意事项外，是否还有其他补充内容？
④（可选）除教材中的视图查询数据与视图更新数据注意事项外，是否还有其他补充内容？
2. 索引。
（1）创建一张医生备份表，其结构见表（附）6-1。

表（附）6-1 医生备份表结构

属性	数据类型	长度
医生编号	变长字符型	10
医生姓名	变长字符型	15
年龄	small 整型	

（2）在医生备份表创建一个关于"医生编号"的唯一簇集索引，索引名为 Index_DocId。
（3）在医生备份表上建立一个关于"年龄"升序的唯一非簇集索引，索引名为 Index_

DocOld。

（4）在病历表上"出院年份"是 2019 年的"结算金额"列上创建非聚集索引 Index_ Cases。可选项设置要求如下：

①包含非索引列：病床号、患者编号、住院日期。

②打开非索引叶页填充设置功能（PAD_INDEX）、填充因子为 15。

③在默认文件组中创建索引。

（5）查看医生备份表上创建的所有索引信息。

（6）为视图创建非聚集索引。

①为 2009 年的病历创建视图 View_Cases，显示患者编号、患者姓名、医生编号、医生姓名、住院日期、病历、结算金额。

②在视图 Index_ViewCases 上，为"患者编号"列与"住院日期"列创建唯一聚集索引 Index_ViewCases。

③在视图 Index_ViewCases 上，为"结算金额"列创建非聚集索引 Index_ViewCases_Num。

（7）禁用索引 Index_DocOld。

（8）重新启用索引 Index_DocOld。

（9）删除已创建的名为 Index_DocOld 的索引。

3. 实验总结。

请使用简洁可视的方式表达总结内容。如果对下列总结示例有补充，可自行添加。

（1）查询视图与索引操作内容的自我完成情况。

（2）视图与索引操作过程需要收集哪些信息与资料？可分类说明。

（3）视图与索引操作的各类问题及其解决方案的信息来源有哪些，工具有哪些，方法与方式有哪些？

（4）对上述的实验内容进行分类总结，如术语、信息采集、问题与解决方案等。尽可能采用可视化的方式，以便查阅。

（5）自己的心得体会。

（6）对本次实验的建议与意见。

实验7　数据安全

【实验说明】

【实验目标】

1. 知识目标：

（1）树立数据安全管理意识。

（2）加深对数据库安全技术（身份标识与鉴别、存取控制、视图与模式安全、审计与数据加密等）的认识与理解。

2. 技能目标：

（1）提高数据检索能力，学会检索 SQL Server 里数据安全管理的相关资料。

（2）熟练使用 T-SQL 语句完成 SQL Server 中安全模式设置、登录账号管理、数据库用户与角色管理、权限分配、视图与模式安全管理、审计设置与数据加密等数据安全操作。

（3）能够举一反三地应用 T-SQL 语句完成各种实际安全操作问题。

（4）尝试使用简洁可视的方式表达数据安全管理过程中的问题与解决方案。

（5）学会总结并表达数据安全管理操作过程中的心得与体会。

【数据素养指标】

（1）能够灵活应用安全性管理工具完成安全操作工作。

（2）能够根据实际情况，制定安全管理机制。

（3）能全面、准确地收集所需的各类数据。

（4）能有效利用数据收集工具（如问卷、检索工具等）对数据进行收集。

（5）能有效选择数据收集方式（如调查、访谈、实验、检索等）对数据进行收集。

（6）掌握可视化工具的运用，会用多种可视化形式展示数据。

（7）能分析评价具体流程设计中的不足之处，并对其进行改进。

（8）能对操作方案做整体的评价，并找到优缺点。

（9）能够利用数据、基础知识等信息完成最终的实验报告。

【实验重点与难点】

1. 重点：登录账号管理、数据库用户与角色管理、权限分配的语句操作。

2. 难点：

（1）模式安全管理操作及其综合应用。

（2）数据权限分配规划的综合应用与测试。

（3）数据审计设置操作及其应用。

（4）数据加密操作及其应用。

（5）使用简洁可视的方法总结安全操作中的问题。

（6）尝试给出安全操作过程中异常情况的解决方案。

【实验过程设计】

（1）使用 T-SQL 语言完成登录账号、用户与角色的管理操作。

（2）使用 T-SQL 语言完成权限分配的操作。

（3）使用 T-SQL 语言完成视图与模式的安全管理操作。

（4）使用 T-SQL 语言完成审计设置操作。

（5）使用 T-SQL 语言完成数据加密操作。

（6）编写实验步骤的内容。

（7）编写实验总结内容。

【实验内容】

1. 登录账号、用户与角色。

（1）使用图形界面，查看服务器属性"安全性"，设置安全模式为混合模式。

（2）登录账号：

①建立患者登录账号 P1、P2、P3，默认数据库为 test，密码分别为 1、2、3，首次登录时需要修改密码，强制实施密码过期。

②建立医生登录账号 D1、D2、D3，默认数据库为 test，密码分别为 4、5、6，首次登录时需要修改密码，强制实施密码过期。

③建立超级登录账号 SuperAdmin，默认数据库为 test，密码为 7。

④删除登录账号 P3。

（3）数据库用户：

①设置当前数据库设置为 test。

②建立数据库用户与登录用户之间的映射关系，其用户名分别为 DB_P＊、DB_D＊、DB_SuperAdmin。其中，＊表示 1、2、3。

③删除数据库用户 DB_P3。

（4）数据库角色：

①创建数据库角色 role_SuperAdmins、role_Patients 与 role_Doctors，并且 role_Patients 与 role_Doctors 的所有者为 role_SuperAdmins。

②将患者、医生与超级用户分别添加为各自数据库角色的成员。

③自行创建一个数据角色并删除。

（5）其他要求：

①通过实验操作，总结不同登录账号作用的区别。

②通过实验操作，总结登录账号与数据库用户的区别。

③通过实验操作，总结用户与角色的区别。

④（可选）除上述实验要求外，是否还能设计出其他登录账号、用户与角色？

2. 权限管理。

（1）给数据库角色 role_Patients 授权，使得该角色拥有对患者表的查询权限。

（2）给数据库角色 role_Doctors 授权，使得该角色拥有对医生表的查询权限以及对病历表的查询、插入与修改权限。

（3）给数据库角色 role_SuperAdmins 授权，使得该角色拥有对患者表、病历表和医生表的所有权限，并允许该角色进行权限转授。

（4）把病历表的患者编号、医生编号、结算金额三个列的查询权限授予用户 DB_P1 和 DB_P2。

（5）模拟用户 SuperAdmin 登录环境，将对患者表的电话号码列的修改权限授予 DB_D1。

（6）模拟用户 DB_D1 登录环境，测试 Test_Schema.患者表的电话号码列查询权限是否已经获取。

（7）收回用户 DB_P1 对病历表的患者编号的查询权限。

（8）其他要求：

①除上述实验要求外，是否还有其他用户与角色需要设置权限？

②（可选）编写权限分配的安全测试用例。

3. 视图与模式的安全。

（1）创建视图 view_doc1，显示患者编号、患者姓名、医生姓名。

（2）将视图 view_doc1 的查询权限授予用户 DB_D2。

（3）创建模式 Test_MySchema，其所有者为 DB_SuperAdmin 用户。

（4）将患者表从当前模式迁移到 Test_MySchema 模式中。

（5）模拟 DB_SuperAdmin 用户环境，将 Test_MySchema.患者表的查询权限授予用户 DBD2。

（6）其他要求：

①（可选）除实验要求外，是否还有其他模式安全管理方案？

②（可选）除实验要求外，是否还有其他视图安全管理方案？

4. 审计设置。

（1）设置当前数据库为 master。创建审计对象 AUDIT_TEST，审核文件保存在 E:\MONITOR 目录；文件最大容量为 5 GB；最大累积文件数 50 个；预先分配大小功能打开；强制审计时间 10 s；审计记录写入失败时继续。

（2）启用审计对象 AUDIT_TEST。

（3）为审计对象 AUDIT_TEST 添加服务器审计规范对象 AUDIT_SERVER_TEST，添加登录成功、更改登录密码等审计事件类。

（4）启用服务器审计规范对象 AUDIT_SERVER_TEST。

（5）设置当前数据库为 test。创建数据库审计操作对象 AUDIT_DATABASE_TEST，添加由 role_SuperAdmins 角色引起的患者表、病历表与医生表删除操作事件。

（6）启用服务器审计规范对象 AUDIT_DATABASE_TEST。

（7）查看审计日志内容。

（8）删除数据库审计规范对象 AUDIT_DATABASE_TEST。

（9）其他要求：

①能否根据实际情况自行设计审计方案？

②（可选）除教材内容外，审计工作是否还有其他作用？

5. 数据加密。要求如下：

（1）设置当前数据库为 Test；创建数据库主密钥，DMK 密码为 DMK_TEST。

（2）使用数据库主密钥 DMK_TEST，加密创建证书 CERT_TEST_SUPERADMIN，所有者为 DB_WIN_TEACHER，证书主题名为 MY TEST CERTIFICATE。

（3）使用数据库主密钥 DMK_TEST，加密创建非对称密钥 ASY_TEST_SUPERADMIN，加密算法为 RSA_4096，所有者为 ASY_TEST_SUPERADMIN。

（4）使用非对称密钥 ASY_TEST_SUPERADMIN，加密创建对称密钥 SYM_TEST_SUPERADMIN，加密算法为 AES_256，所有者为 DB_SuperAdmin。

（5）查看数据库中的数据库主密钥与对称密钥、证书、非对称密钥。

（6）使用非对称密钥 ASY_TEST_SUPERADMIN，解密对称密钥 SYM_TEST_SUPERADMIN，使其可以使用。

（7）用对称密钥 SYM_TEST_SUPERADMIN，插入一行加密了"病历"值的数据到病历表中。

（8）未使用对称密钥解密字段"学号"，查看新插入的数据。

（9）使用对称密钥解密字段"学号"，查看新插入的数据。

（10）关闭对称密钥 SYM_TEST_SUPERADMIN。

（11）其他要求：

①通过实验操作，总结数据加密意义与作用内容。

②（可选）是否还有其他需要完成的数据加密方案？

6. 实验总结。

请使用简洁可视的方式表达总结内容。如果对下列总结示例有补充，可自行添加。

（1）数据安全管理操作内容的自我完成情况。

（2）数据安全管理操作过程需要收集哪些信息与资料？可分类说明。

（3）收集数据安全管理操作的各类问题及其解决方案的信息来源有哪些，工具有哪些，方法与方式有哪些？

（4）对上述的实验内容进行分类总结，如术语、信息采集、问题与解决方案等。尽可能采用可视化的方式，以便查阅。

（5）自己的心得体会。

（6）对本次实验的建议与意见。